高等学校适用教材

工程制图与三维设计（3D 版）

主　编　吴红丹　李　丽
副主编　刘自萍　张彦娥
参　编　梅树立　刘韶军　王海华
　　　　刘迎春　许睿涵　潘白桦
　　　　杨小平　乌云塔娜　戴　飞

机械工业出版社

本书是根据教育部高等学校工程图学课程教学指导委员会制定的《普通高等学校工程图学课程教学基本要求》，结合作者们多年的课程教学和教改经验的归纳和总结编写而成的。全书共10章，内容包括：三维实体造型软件基础、制图基本知识、投影基础、组合体的构形与表达、图样画法、轴测图、零件图与零件的建模、标准件与常用件、装配体三维建模与装配图、电气制图。本书在内容编排上突出基础性、实践性、创新性的特色，将经典投影理论与现代工程设计方法有机结合，注重培养学生图形表达能力、创新思维能力和基本工程素质。本书选择应用广泛、简单易学的SOLIDWORKS 2018三维设计软件作为软件平台，重点介绍了实体建模与生成零件、装配体工程图的方法。

本书为新形态教材，将互联网云资源与纸质教材充分融合。读者通过扫描书中的二维码，即可在手机上对一百多个复杂立体模型及装配体进行交互操作。读者可将模型自由放大、缩小、移动、旋转，也可按所需的投射方向进行剖切、线框投影等操作，查看装配体时能实现爆炸操作，并能实现对所属零件进行移动、隐藏等操作，直观了解模型及装配体的装配关系和工作原理。实现该功能无须安装任何App，方便读者利用"碎片化的时间"进行随时随地的学习。

本书是中国大学MOOC平台国家级精品在线开放课程"画法几何与技术制图基础"的配套教材之一，不仅可作为大学本科近机械类、非机械类各专业学生的教材，也可供函授大学、电视大学、成人高校等相关专业师生和工程技术人员参考。本书可独立使用，也可与同时出版的《工程制图与三维设计习题集（3D版）》配套使用。

图书在版编目（CIP）数据

工程制图与三维设计：3D版/吴红丹，李丽主编. —北京：机械工业出版社，2021.3（2023.8重印）
高等学校适用教材
ISBN 978-7-111-67568-6

Ⅰ.①工… Ⅱ.①吴… ②李… Ⅲ.①工程制图-高等学校-教材 Ⅳ.①TB23

中国版本图书馆CIP数据核字（2021）第031563号

机械工业出版社（北京市百万庄大街22号 邮政编码100037）
策划编辑：舒 恬 责任编辑：舒 恬
责任校对：刘雅娜 封面设计：张 静
责任印制：郜 敏
北京富资园科技发展有限公司印刷
2023年8月第1版第3次印刷
184mm×260mm·20.25印张·1插页·505千字
标准书号：ISBN 978-7-111-67568-6
定价：55.00元

电话服务 网络服务
客服电话：010-88361066 机 工 官 网：www.cmpbook.com
010-88379833 机 工 官 博：weibo.com/cmp1952
010-68326294 金 书 网：www.golden-book.com
封底无防伪标均为盗版 机工教育服务网：www.cmpedu.com

前 言

本书是根据教育部高等学校工程图学课程教学指导委员会2015年制定的《普通高等学校工程图学课程教学基本要求》和我国相关现行标准与规范，结合作者们归纳和总结多年的课程教学和教改经验编写而成的，是中国大学 MOOC 平台国家级精品在线开放课程"画法几何与技术制图基础"的配套教材之一，与本书配套的《工程制图与三维设计习题集（3D 版）》由机械工业出版社同时出版。

本书着眼于新工科建设对人才的要求，以落实立德育人、培养工匠精神为出发点，加强了对学生综合素质及创新能力的培养。本书的编写秉承"以图形表达为核心，以形象思维为主线，通过工程图样与形体建模培养学生工程设计与表达能力，提高工程素质，增强创新意识"的原则，创新教材编写体系。本书在内容编排上突出基础性、实践性、创新性的特色，将经典投影理论与现代工程设计方法有机结合，兼顾传统工程图和三维造型技术等图形技术需求，阐述技术制图相关内容。通过对本书的学习，学生可以增强三维实体建模能力、二维图形表达能力、读图能力和计算机辅助设计能力，拓展创新设计思维，树立现代工程设计理念。

本书具有如下特点：

（1）将传统制图与现代设计手段相结合，建立以三维实体结构表达为主线的教学思路，融入投影理论，使传统工程制图与现代设计表达方法融为一体。

（2）遵循学生从三维立体到二维图形的认知规律，以三维建模为主线，循序渐进地提高学生从三维空间转换到二维空间的认知水平。学生通过对三维建模软件的学习和实践，可以熟练应用三维建模方法构思三维形体，轻松提升空间想象能力。

（3）选择应用广泛、简单易学的 SOLIDWORKS 三维设计软件作为软件平台。该软件具有基于特征的参数化、过程全相关的实体造型特点，可以形象地模拟人工设计的思维过程和工作流程，使设计过程变得非常灵活直观。应用该软件，可以指导学生按设计思路进行建模，逐步渗透工程设计思想，培养学生创新意识。

（4）采用现行的技术制图、机械制图及相关的国家标准，并立足做到精选图例、解读示例、融入理论、落实画法。

（5）将互联网云资源与纸质教材充分融合。读者通过扫描书中的二维码，即可观看复杂立体模型及装配体的工作原理和装拆动画模型演示内容。三维模型均可进行旋转、放大、剖切等交互操作，且无须安装任何 App，方便教师教学和读者随时随地的学习，有利于提高学生的学习兴趣和学习效果。

（6）配套习题集不仅具有尺规练习和对三维建模实验过程的指导，而且还有练习方法的诠释，对实践训练有很好的指导作用，与本书结合使用会得到更好的效果。习题集中的重点、难点习题均附有二维码，扫码即可看到可交互操作的立体模型，方便教师教学和学生自学。

本书由吴红丹、李丽任主编，刘自萍、张彦娥任副主编。参加编写工作的还有：梅树立、刘韶军、王海华、刘迎春、许睿涵、潘白桦、杨小平、乌云塔娜、戴飞。严海军参与了数字资源的开发。

本书的出版得到了中国农业大学本科教材建设基金的资助，中国农业大学信息与电气工程学院领导给予了大力的支持，在此表示衷心的感谢！

在编写过程中，编者参考了一些优秀著作，在此特向这些著作的作者致谢！

敬请读者对本书中的不当之处批评指正。

编　者

目　录

绪　论

　　图形是人类最早使用的交流工具之一，由于其形象直观、信息丰富，一直是表达产品设计、传达技术思想、交流科学假设和技术构思等技术活动中不可替代的、最行之有效的语言工具，广泛应用于建筑与土木、水利与电力、机械与电子等诸多领域。

　　用于工程领域的图形表达统称为技术制图。技术制图区别于一般图画，它不仅表达形状或位置等形象信息，还含有与生产制造有关的技术信息。为了便于交流，其图形部分需要按照一定规范，准确和全面表达设计思想，以及技术活动中所需的信息，以达到指导生产、检验产品质量、控制生产过程的目的。

　　18 世纪 60 年代工业革命以后，工业发展逐渐走向规模化、系统化和标准化，标准已是人类生产活动中不可缺少的规范。标准在生产过程中不断发展，以适应技术不断进步提出的新需求。技术制图标准有国际标准化组织公布的国际标准（ISO）、我国质量技术监督局发布的国家标准及行业标准等。目前我国推荐使用国家标准。技术制图中的标准符号和绘制规范就是工业发展中的标准化产物。

　　技术制图是工科教育中的基础内容，是工程技术人员必须遵循的语言规范。

　　本书以机械产品为主，阐述技术制图和机械制图的理论及其必要的应用内容；介绍相应的国家标准和图样画法；本着参数化、特征化的关联设计理念，初步介绍具有参数化设计功能的三维软件造型。

一、设计技术与技术制图

1. 设计与技术制图

　　20 世纪 80 年代以来，计算机技术为设计制造业提供了新的辅助技术手段，使设计方法和制造过程产生了巨大变化。计算机软硬件及网络技术的发展，使设计数字化、并行化和智能化成为机械设计的发展方向。

　　图 0-1 给出了传统设计的一般流程。在传统设计过程中，技术制图起着非常重要的作用。为了能够将最初假设、功能分析、空间结构构思表述在图样上，必须应用一种严格的、能便于表达形状的、与空间结

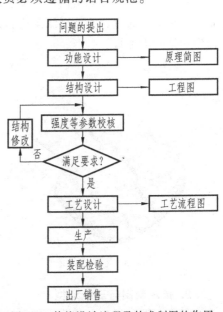

图 0-1　传统设计流程及技术制图的作用

构具有较好一致性的图形语言。1795 年，法国人蒙日提出了利用垂直两投影面进行直角平行投影的方法，构成了现代工程图的理论基础，为应用多面投影实现设计绘图奠定了基础。蒙日的画法几何学使图样画法有了规矩，并逐步形成绘制图样的标准，使图样超越了国界，成为工程界的通用语言。产品设计中，零件的结构构思和装配设计，是在三维空间进行分析而得到的。在传统设计中，这个过程通常是在设计者头脑中进行和完成，而准确地表达往往是用二维投影图样实现。用三维方式直接表达设计构思，会使得设计更容易被其他人理解。但是在传统设计条件下，实现这样的三维设计，需要的大运算量和复杂图形表达是人力所不能及的，其效率也不能被大工业所接受。现代设计过程中的一些高精度分析更是当时的计算理论和人力所无法实现。

随着 CAD/CAM 等工业技术的进步，参数化辅助设计软件广泛应用，空间分析的软件功能不断拓展，带来了设计思想的变化，现代设计往往采用并行方式完成。数据库技术和网络技术，将设计表达拓宽到产品生命周期的全过程。在现代设计制造中，产品从需求提出一直到销售使用，每个环节都需要设计表达且均需要遵循数据共享的原则，因此图形在其中的作用更加重要。

图 0-2 给出了现代设计中图形数据的作用。正是由于计算机图形输入和处理技术的发展，产品设计、制造过程中所需的图样可存储于计算机中，通过数据库技术实现科学化管理；人们可以很方便地调用图样，在网络上传输，使之成为协同设计的基础。工程图虽然是技术文档中不可缺少的表达手段，但是二维图样已不是唯一的图样载体了。

图 0-2 现代设计中图形数据的作用

在进行产品设计时，三维图形应用越来越广泛。三维造型（图 0-3），不仅可以直观表达设计结构，还可对结构进行实际受力、传热等方面特性的分析（图 0-4），以提高设计的精度；并且可以将计算机内部自动生成的数据文件传输给数控机床，实现制造过程的数字控制；甚至可以通过这些造型结果进行产品宣传、功能演示等商业性的宣传活动，使得生产和销售周期大大缩短。

图 0-3 零件三维造型

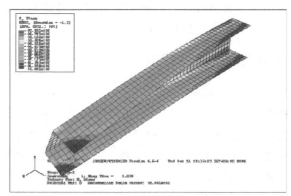

图 0-4 槽型直梁应力分析

2. 技术制图与三维造型

技术制图包括两大部分内容：设计者的构思表达和设计中涉及的技术标准与技术规范。

两部分内容相互关联，缺一不可，而标准和技术规范部分是技术制图区别于一般图形的重要标志，是指导设计加工的重要信息。因此，工程图仍然是设计中很重要的文件档案，工程图所用的表达方法就是符合标准规定的各种投影视图。

由于三维造型能直观反映设计者空间构思，具有有利于结构分析、便于理解（特别是非专业人士）等优点，因此逐渐成为设计过程中常用的结构设计工具，而计算机软硬件技术的迅速发展，又为三维造型的工程应用提供了可行的环境。通过软件可以进行三维模型设计；通过软件的标准数据库，可以直接设置和选用各种标准规范和标准件；可以应用标准允许的投影表达方法，对造型结果进行工程图显示和三维动态显示等功能。这样既直观、易于理解，又能满足技术图样的要求。

三维造型软件发展非常迅速，不再只是作为绘图的工具使用，而是具有参数化、特征化和与过程相关等特点的特征造型和设计工具。面向三维 CAD 技术的造型软件有很多，如能在 PC 上运行的软件：Creo、CATIA、NX、Inventor、SOLIDWORKS 等，这些软件都具有参数化驱动的设计功能，其中 SOLIDWORKS 系统使用简单，功能也较适用，而且包含了我国制图标准的大部分内容。

机械设计和生产技术，正处于传统设计方法和现代设计方法并存、并逐渐向现代设计方法过渡的阶段。因此，本课程立足于现实又着眼于发展，兼顾传统工程图和三维造型技术等图形技术需求，阐述技术制图相关内容。

二、本课程内容及目的

本课程是一门研究工程图样表达与技术交流的工科基础课程。课程以图形表达为核心，以形象思维为主线，通过工程图样与形体建模培养学生工程设计与表达能力，是提高工程素质，增强创新意识的知识纽带与桥梁。

1. 内容与目标

（1）形象思维训练　人的设计能力本身是创造性能力的一种，而人的形象思维是一切创造性活动的根本，因此空间形象思维的训练是本课程不可替代的重要内容，通过空间结构的想象和表达，达到训练空间形象思维的目的。

（2）技术设计表达　技术制图是技术设计表达的方式，依赖于国家标准而存在和发展变化，因此要在掌握国家标准的相应规范基础上进行图形表达方法的训练。

（3）图示设计方案　技术制图的主要作用是进行交流，用平面和实体几何形式产生正确且利于理解的表达方式，是技术制图学习中非常重要和较难掌握的内容。

（4）图形分析理解　能正确理解技术制图所表达的图形内容、理解设计者的空间构思是技术交流的另一个侧面，因此，能用投影理论和空间几何原理分析工程图和造型图，是工程师必须具有的能力。它与人的形象思维能力紧密相关，是形象思维训练的手段和重要内容。

（5）绘图技能训练　无论是传统的绘图工具，还是 CAD 软件，都是设计者的表达工具，能够应用它们表达设计者的思想是设计者应有的技能，要通过训练不断提高熟练程度。

（6）实现工程入门　技术制图一般是工程师学习的第一门真正面向工程的课程。虽然还停留在思维训练为主的层面上，但是关于国家标准以及常用规范都涉及工程技术本身的内容，因此在学习和掌握本课程的同时，要实现从理论到工程的入门。

2. 方法与建议

本课程是一门实践性很强的技术基础课，与设计生产和生活密切相关。为了读者顺利掌握课程内容、更好地实现课程目标，谨以编者对课程内容的理解，给读者一些学习的建议：

（1）理论方法重基础——举一反三　投影法，特别是正投影法是课程的基本理论和方法。空间立体形状千变万化，只有对投影法掌握熟练，才有可能用来正确表达设计思想。要掌握投影的基本性质，认识典型结构的投影特点，以达到逐步扩充、逐步熟练的目的。典型结构就像汉字中的偏旁部首，有规律可循，组合多变。

（2）国家标准重理解——活学活用　国家标准是技术制图核心内容之一。其实国家标准看似是各种规定，然而这些规定是从人们的设计活动中总结出来的、为了便于设计表达而规定的应用规范，因此虽然相关技术制图国家标准的基本规定条款很多，但是与工程技术存在着内在联系，应本着理解重于记忆的原则进行学习。

（3）形象思维重实践——循序渐进　任何一种思维的训练，必须是从认识到熟练的过程。而在这个过程中，不断强化是唯一的手段，因此学习中要重练习、重思维实践。

（4）工程训练重素质——精益求精　工程技术中的错误或者疏忽有时会带来生产过程中的重大经济损失，在现代设计方法中，市场需求已经逐渐成为设计的着力点之一，因此思维缜密和工作细致是本课程的工程训练内容之一。

第一章

三维实体造型软件基础

随着三维计算机图形技术的发展和微机平台性能的提高，三维 CAD 设计软件的应用已成为发展趋势。三维设计软件最大的特点在于能利用计算机的图形功能，直接实现设计者的三维构思，形成可被编辑的三维模型，并进行真实感显示，从而使设计便于理解和修改。基于特征参数化实体建模的三维 CAD 软件，一般采用特征建模技术。设计过程全相关的特征建模，使设计者可以在任何阶段对结构进行修改，其修改结果会直接影响到其他阶段，从而使设计过程变得非常灵活和轻松，大大提高了设计效率。

SOLIDWORKS 软件是一款基于特征参数化实体建模的三维 CAD 软件，具有设计过程全相关的技术特点，可以实现零件设计、虚拟装配和工程图绘制等功能，并外挂运动分析、公差分析、应力分析等功能模块。SOLIDWORKS 同时也是一款简单易学的设计工具。

为了便于读者，特别是工程制图和 CAD 技术的初学者概括了解 CAD 技术，能对本书所涉及的相关 CAD 的参数化造型技术和软件功能学习有更深入的理解，本章以简单、直观、易理解为目标，仅对该软件的主要功能和操作加以介绍，着眼于使读者对 SOLIDWORKS 有一个初步了解。所涉及的具体概念详见其他章节。

第一节　SOLIDWORKS 概述

在 SOLIDWORKS 软件平台上，用户可以尝试运用特征与尺寸制作模型，完成结构的三维设计；可以通过系统提供的装配体功能，实现机构和部件的虚拟装配和装配设计；运用系统提供的工程图功能，将零件或装配体转换成详细的零件图和装配图等用户所需的工程图样。

一、SOLIDWORKS 软件介绍

SOLIDWORKS 软件于 1995 年推出，是全球第一个基于 Windows 平台开发的三维 CAD 系统。1997 年，SOLIDWORKS 公司被达索公司收购，该软件成为其中端主推产品，也是目前全球使用最为广泛的三维造型设计软件之一。SOLIDWORKS 保持 Windows 应用软件的界面窗体风格，使初学者看起来更亲切，易于操作和学习。SOLIDWORKS 软件版本升级较快，近年来几乎每年都会有版本更新，本教材编写采用了 SOLIDWORKS 2018 版。同时，根据使用对象的不同，该软件分为商业版、试用版和教育版等，用户可以根据实际情况选择安装。软件安装完成之后，可以像一般 Windows 环境下的应用程序一样，通过鼠标双击桌面软件图

标或从"开始"菜单下选择菜单项来运行软件。

二、新文件创建

SOLIDWORKS 软件面向设计可以创建"零件"、"装配体"和"工程图"三种类型的文件，如图 1-1 所示为进入"新建 SOLIDWORKS 文件"对话框。

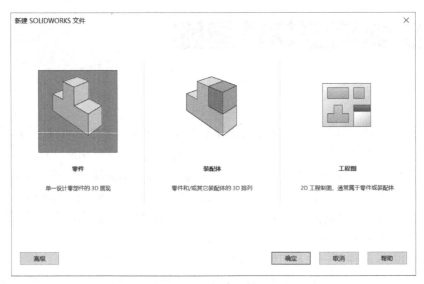

图 1-1　新建文件

机器和部件一般是多个零件装配而成、实现某种设计功能的设计对象，比如自行车、手表、飞机、汽车、发动机等等。本软件支持从设计装配体作为起点的"自上而下"的设计过程，可以生成表达产品装配关系的爆炸图。

零件是组装部件或整机的基本单元，也是 SOLIDWORKS 建模的基本实体文件。零件中可以包含三维建模过程的所有几何信息，其中主要包括：模型成型所需的草图信息和造型中拉伸，挖切，堆积，圆角等特征信息。

建模完成后，可以运用装配图功能进行产品的虚拟组装，以验证设计的结构合理性和进行运动分析；还可以对零件进行应力分析和强度校核，等等。

工程图即为技术图纸样式的平面图，软件提供了根据零件模型和装配体造型直接生成零件图和装配图的功能，并可以通过添加各种"注释"完成工程图中所需尺寸、技术要求等内容的功能。工程图功能也可以作为二维绘图软件直接使用。

三、用户界面

软件的窗体风格包括主菜单栏、标题栏、命令管理器、特性/属性/配置管理区和图形操作窗口、任务窗口、状态栏等，具体如图 1-2 所示。

1. 主菜单栏和标题栏

主菜单栏和标题栏（如图 1-3 所示）位于窗口的最上端，包括软件图标、主菜单、文件相关命令、选择、重建、文件属性、选项、当前正在操作的文件的名称信息和帮助等。主菜单栏几乎包含了所有的 SOLIDWORKS 命令。其中"插入"菜单如图 1-4a 所示，展开菜单项

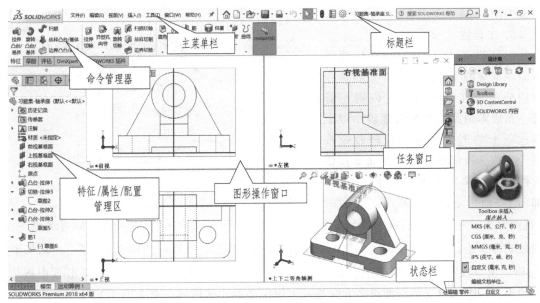

图 1-2 SOLIDWORKS 工作界面

图 1-3 主菜单栏和标题栏

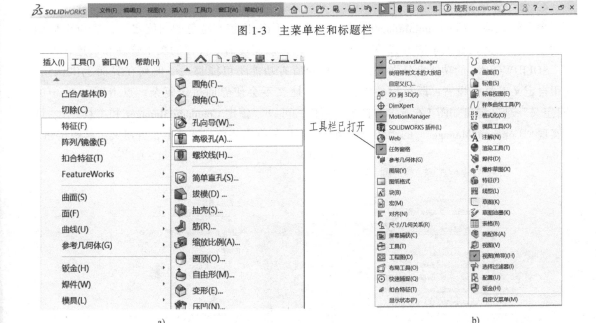

a)   b)

图 1-4 "插入"菜单与命令管理器快捷菜单

主要是相应的命令项，有的选项点击后会弹出参数设置对话框或展开下一级子菜单。

2. 快捷菜单

快捷菜单，又称为右键菜单，主要是在不同操作状态下，鼠标右键点击不同对象所弹出的菜单。其目的主要是便于操作，提高效率。

在命令管理器的任意命令按钮上右键点击所弹出的快捷菜单如图 1-4b 所示。此时，可以快速地设置工具栏的开启状态。左键点击勾选其中某选项可切换该选项所对应工具条的打开或关闭。

3. 工具栏

工具栏是 SOLIDWORKS 早期版本命令管理的主要方式，即是将命令按钮分类放在不同窗口栏内进行管理。新版本则是在命令管理器中以面板选项卡的形式来分类管理命令按钮。当然，我们可以通过在命令按钮上弹出右键菜单来弹出特定工具栏。如图 1-5 所示是打开控制图形显示的

图 1-5 "视图"工具栏

"视图"工具栏的效果，其中有些命令按钮右侧有小黑箭头"▾"，表示该图标可驱动一个层叠式命令组。单击"视图定向"按钮右侧小黑箭头，则展开"标准视图"、"正视于"和"视口数"等命令组选项，如图 1-5 中下拉展开面板所示。鼠标左键单击其中按钮，可按照该选项所定义的标准视图方向显示工作区中的实体内容。前文图 1-2 所示为选择了 4 个视口的窗口显示效果。

4. 命令管理器

命令管理器（CommandManager）是 SOLIDWORKS 比较有特色的功能之一，它位于标题栏的下方，以面板选项卡的方式替代浮动工具栏，以实现命令按钮的集中管理和快速切换。

SOLIDWORKS 的功能十分强大，但是它的所有功能不可能都一一罗列在界面上供调用，利用自定义工具栏设置，既可以使操作方便快捷又不会使界面过于复杂。点击图 1-4b 中的"自定义"项，弹出如图 1-6 所示的自定义面板，可以"锁定 CommandManager 和工具栏"、可以实现"CommandManager"的激活与关闭、还可以根据需要添加选项卡，自定义工具栏按钮。

图 1-6 命令管理器自定义面板

5. 工作窗口

工作窗口分为管理区和图形操作区。管理区在界面左侧，如图 1-7 所示，是一个层叠式的窗口，默认状态下包括特征管理、属性管理和配置管理等。图形操作区是建模时显示造型结果和工程图显示图形部分的区域。

（1）图形操作区　如图 1-7 所示，图形操作区是用户操作模型的主要区域，区域的左下角显示坐标轴和当前视图名称；区域右上角为确认角落，在对草图或特征进行编辑时将会出现相应的"退出"、"确认"和"取消"操作图标。

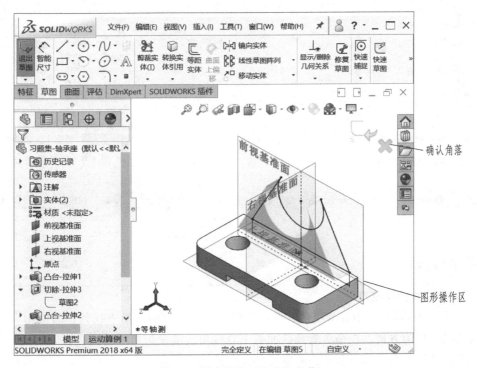

右侧标注：确认角落

右侧标注：图形操作区

图 1-7　图形操作区及确认角落

（2）管理区

1）FeatureManager 特征管理器。特征管理器以树状形式显示图形区域模型的结构。设计树中主要包括注解、基准面、原点、草图、特征等信息，如图 1-8 所示。设计树中特征按创建时间顺序从上到下排列，可以进行选择、查找、修改，甚至有必要时改变顺序等操作。在设计树的下部区域为回退区域，可以在不删除实体的情况下实现返回操作。

2）PropertyManager 属性管理器。属性管理器在建立和编辑实体时显示相关实体属性，相当于一个参数设置对话框，能够显示草图元素、特征、装配元件和工程图中所有内容的常用属性。图 1-9 所示为插入"异型孔" 时自动打开的属性管理区。

3）ConfigureManager 配置管理。配置管理用于管理 SOLIDWORKS 文件多类型配置，实现不同装配需求等。

6. 状态栏

状态栏主要用于显示当前操作状态和提示相应命令的操作等信息，如图 1-10 所示正在进行草图绘制，并且草图未完全定义。

图 1-8　特征管理器

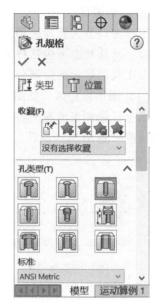

图 1-9　属性管理器

| 放置起点... | -4.65mm | 18.21mm | 0.00mm | 欠定义 | 在编辑 草图1 (锁定的焦点) | | 自定义 | · | |

图 1-10　状态栏

四、基本操作

1. 命令的执行与结束

（1）命令的执行　SOLIDWORKS 的命令均可以在相应的菜单中找到，而使用命令管理区可以使操作更为方便。在命令管理区面板上直接单击命令按钮可以快速执行相应命令。一般情况下，系统只显示特征和草图等常见的命令选项卡及有关命令。此外，用户可以通过在任意命令按钮上单击右键或者在菜单"工具→自定义..."中打开对应工具栏，并通过设置来控制面板上或工具栏中显示的命令按钮。

除了利用命令管理器和菜单的方式执行命令的方式外，默认情况下，如果直接按<Enter>键也可以重复执行上一条命令。

（2）结束命令　命令执行完，或中断正在运行的命令，可以单击相应的"确认"或"取消"按钮来结束当前命令。

有些命令在默认系统设置情况下是循环执行的，如草图绘制中的"画线"／·、"画圆"⊙·等命令。此时，可以通过再次单击正在执行的命令按钮或执行其他命令来结束该命令。

此外，直接按<ESC>键也可以结束正在执行的命令。

2. 对象选择和取消选择

SOLIDWORKS 中的对象主要指命令所操作的对象，包括点、线、面、草图、特征和实体等。

（1）对象选择　在 SOLIDWORKS 中选择对象的方法比较多，具体介绍如下：

1）在图形区选择。若要在图形区选择一个图形对象，用户可在对象上直接单击鼠标左键，被选中的对象将以蓝色显示。可以选实体上的线、面等对象。

若需要一次选择多个对象，可以按住<Shift>键或<Ctrl>键依次单击对象。

对于连续的对象，如首尾相接的环线，则可以选中一条边后，在右键快捷菜单中选择"选择环"选项。

2）在特征管理器中选择。SOLIDWORKS除了可以在图形区选择对象外，还可以在特征管理器的设计树中选择操作对象。此时用户可以单击特征树中的实体对象，被选择的对象在图形区同时显示为绿色。

此外，还可以利用按住<Ctrl>键和<Shift>键方式用鼠标进行间隔选择和连续选择。

3）窗口选择。用户可以在图形区或特征管理器中拖动鼠标，以矩形窗口的方式选择多个对象。

在SOLIDWORKS的不同文件中，窗口选择方式能够选中的对象是不同的：零件文件选择零件模型中特征的边线；装配体文件选择装配体中的零件；工程图文件则选择工程图中的注释。

定义窗口时，需要通过鼠标确定窗口对角线上的两个顶点，当从左往右拖动鼠标获得时，将产生实线窗口，则被窗口完全包含的对象会被选择；当从右向左拖动鼠标获得窗口的对角点时，则会产生虚线窗口，此时不仅被窗口完全包含的对象会被选中，与虚线边框相交的对象也会被选择。

4）逆转选择。在图形中如果不需要被选择的对象远少于要选择的对象时，可以采用先选择不需选择的对象，然后在右键菜单中选择"逆转选择"项巧妙地选择对象。

（2）取消选择　取消选择是选择的反向操作。如果在选择过程中错误地选择了多余对象，则可以通过再次单击多余对象来取消选择。

用户还可以在属性管理器中的对象选择列表中，通过操作右键快捷菜单的方式来删除单个实体对象或消除所有被选择的实体，如图1-11所示。

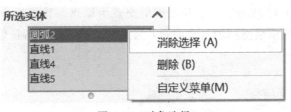

图1-11　对象选择

除此之外，取消所有选择操作还可以在没有打开对话框的情况下按<ESC>键。

第二节　SOLIDWORKS 建模初步

一、SOLIDWORKS 的建模特点

SOLIDWORKS是基于特征参数化实体建模三维CAD软件，具有参数化驱动、特征造型和过程全相关等特点。

在造型过程中，结构复杂的实体（零件）需定义多个基本几何单元（如柱、锥、标准螺纹孔等），使得它们满足一定的位置关系，通过合理的方式（叠加、挖切）组合而成。装配体是将完成建模的零件或标准件，按照装配关系组装而成。

1. 特征化建模

零件中的基本几何单元，一般以平面图形作为草图，按不同"特征"模板定义其实体生成轨迹而形成实体。比如：柱体的实体模型可以是由一个平面圆形作为草图，按照"拉伸凸台"特征直接形成；圆锥实体可以用直角三角形作为草图，以其中一个直角边为旋转轴，生成"旋转凸台"特征而得到；而圆孔可以是用圆作为草图按"拉伸切除"特征而生成；标准螺纹孔可以用系统提供的"异型孔向导"特征直接定义产生。

2. 参数化定义

造型时，实体生成过程中的相关尺寸、几何约束和拓扑关系等参数体现了设计者的建模思路。而设计者以定义基准、设定草图尺寸和形成特征参数等形式，确定了驱动实体形状的规则，使得可以根据改变尺寸和特征参数而实现实体的形状变化，以达到修改设计的目的。参数化有利于设计者对模型、特别是其中的常见结构和规范结构进行快速、方便地修改。

3. 过程全相关

过程全相关性是三维设计的重要特点，是指设计过程中，对于同一个设计整体，其"零件"、"装配体"和"工程图"三种文件是相互关联的，也即对零件的形状修改可以在与其相关的装配体和工程图中直接自动同步修改；而在装配体中所做的形状或特征参数修改，也会直接在相应的零件图和工程图中做相应修改。

二、模型的显示与操纵

1. 模型空间

三维设计软件为了符合设计者的空间思维，模型空间使用了相互垂直的三个面作为设计空间的基准面，如图 1-12 所示，三个基准面的交点为原点。建模操作一般以原点和三个基准面为基准进行，作为模型空间的基准面和基准点它们被显示在特征管理（FeatureManager）区中。

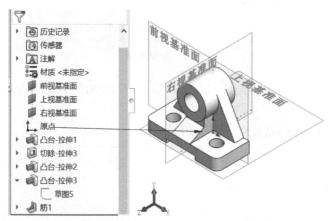

图 1-12　模型空间

2. 模型视图与操纵

（1）模型视图 根据预先定义的观察方向生成单一视图。为了便于观察和编辑模型，可以选择不同的观察方向。

（2）模型操纵 设计过程中常需要调整观察角度，SOLIDWORKS 软件提供了多种操作模型的方法，可灵活使用。

1）标准视图。从工作区的图形操作区上方或视图工具栏中选择"标准视图" 按钮，弹出标准视图菜单，如图 1-5 所示。"正视于" 可采用正视选定基准面方向观察模型。

2）视图修改。为快速地选择模型中的边线、顶点等对象，往往需要调整观察模型的角度。SOLIDWORKS 中通过缩放、平移和旋转等视图修改命令，配合鼠标的拖拉操作，可以实现对模型的灵活操纵。这些操作命令位于"视图"工具栏或菜单"视图→修改"中，如图 1-13 所示；也可直接选择工具栏上的选项；当图形区内没有任何对象被选中的情况下，在图形区单击鼠标右键也能弹出模型操纵的快捷菜单。

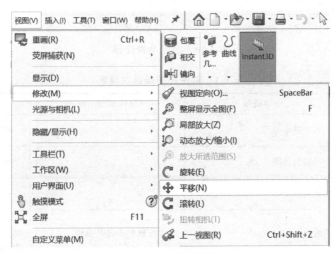

图 1-13　视图修改

3）鼠标中键及滚轮。通过鼠标中键、滚轮和拖动的配合也能方便地实现缩放、旋转和平移操作。其中，鼠标中键滚轮前后滚动，可以实现模型的缩放；按住<Shift>键，然后按住中键（先后顺序不可调换），并拖动鼠标也可以缩放模型；按住中键拖动鼠标可以实现旋转，在工程图中为平移操作；按住<Ctrl>键，然后按住中键并拖动鼠标可以平移窗口。

4）快捷键。许多软件为了提高操作效率，经常会通过快捷键的方式来快速运行操作命令。在 SOLIDWORKS 中的模型操纵也有相关的默认快捷键，用户也可通过菜单"工具→自定义...→键盘"来查看和修改系统快捷键，如图 1-14 所示。

为了便于理解，表 1-1 列出了常用视图工具栏命令与鼠标中键滚轮、快捷键的对照情况。

3. 模型显示

模型显示是用户对模型观察的一种直观效果。

在 SOLIDWORKS 的"视图"工具栏中有处于折叠状态的常见显示命令按钮，如图 1-15 所示。用户也可通过菜单"视图→显示"调用相应的命令操作，如图 1-16 所示。部分对应于各种方式的显示命令，效果见表 1-2。

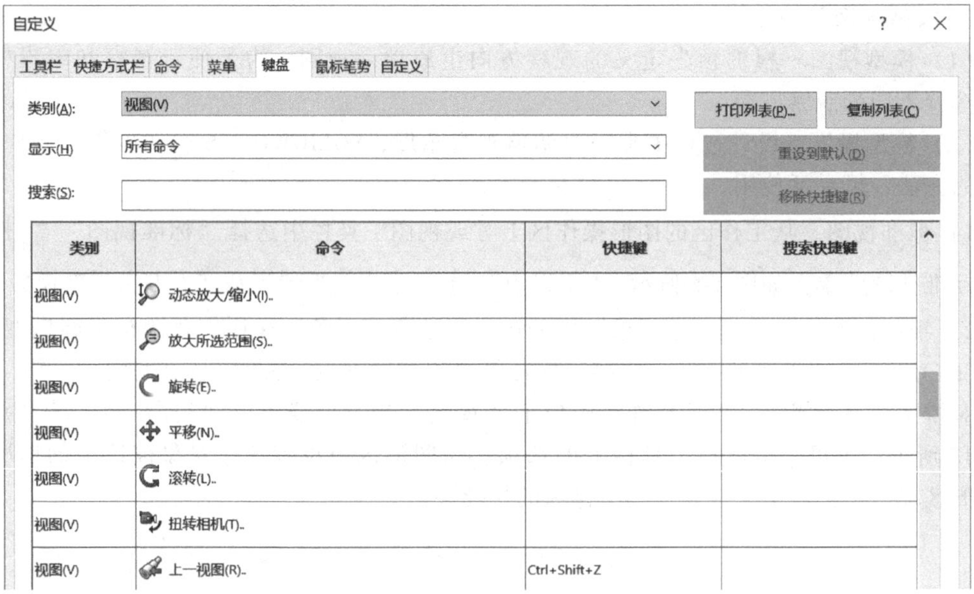

自定义				?	×

工具栏　快捷方式栏　命令　菜单　**键盘**　鼠标笔势　自定义

类别(A):	视图(V)	打印列表(P)...	复制列表(C)
显示(H):	所有命令		重设到默认(D)
搜索(S):			移除快捷键(R)

类别	命令	快捷键	搜索快捷键
视图(V)	🔍 动态放大/缩小(I)..		
视图(V)	🔍 放大所选范围(S)..		
视图(V)	↻ 旋转(E)..		
视图(V)	✥ 平移(N)..		
视图(V)	↻ 滚转(L)..		
视图(V)	扭转相机(T)..		
视图(V)	上一视图(R)..	Ctrl+Shift+Z	

图 1-14　自定义快捷键

表 1-1　常用视图操纵对照表

命令	命令说明	鼠标中键滚轮	快捷键
	六个基本视图		\<Ctrl>+\<1>～\<6>
	等轴测视图		\<Ctrl>+\<7>
	正视于		\<Ctrl>+\<8>
↻	旋转	按住鼠标中键并拖动	上下方向键绕水平轴转 左右方向键绕铅垂轴转按 住\<Alt>+左右方向键为绕
 ✥	执行 ↻，模型绕点，边或面 的法线旋转	鼠标中键单击模型的点、边、 面，然后按住中键并拖动	垂直屏幕的轴旋转，另外， \<Shift>+方向键以 90°增量 旋转
🔍	缩放模型	按住\<Shift>键，然后按住鼠标 中键并拖动	放大\<Shift>+Z 缩小 Z
✥	移动模型	按住\<Ctrl>键，然后按住鼠标 中键并拖动	\<Ctrl>+方向键
↻	翻滚模型	按住\<Alt>键，然后按住鼠标 中键并拖动	
	显示完整模型		\<F>
	上一视图		\<Ctrl>+\<Shift>+\<Z>
	打开方向对话框		\<Space>
	局部放大模型		
	选中模型上的对象，放大显示		

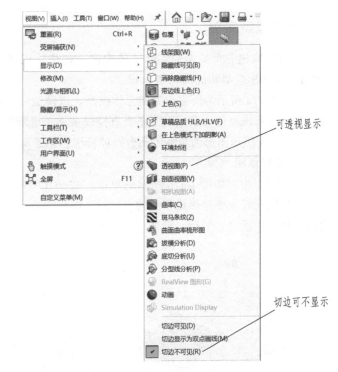

可透视显示

切边可不显示

图 1-15　"视图"工具栏　　　　　　　图 1-16　"视图"菜单栏

表 1-2　显示效果

显示方式	效果	显示方式	效果
线框		带边线上色	
隐藏线显示		上色加阴影[①]	
消除隐藏线		剖面视图[②]	

① 阴影只有在上色方式下有效
② 剖面视图仅是显示效果

15

三、简单造型实例

下面以构建一个简单的零件实体为例，初步认识建模的过程和简单命令操作，以形成对SOLIDWORKS造型功能的初步认识。

如图1-17a所示为所需造型的立体模型。该模型可以被理解为以一个带孔矩形为草图，拉伸给定高度形成立体，前端面两条竖直棱线被加工成圆角。因此，该造型分两步完成：第一部是以图1-17b所示图形为草图的凸台拉伸特征；第二部是建立两个尺寸大小一致的圆角特征。

1. 绘制草图

首先需要生成如图1-17b所示的草图。在SOLIDWORKS中，该平面图形被称为2D草图，其中的几何元素主要是形成草图的点、线、圆弧等。这些几何元素需要满足一定的几何关系，比如：水平、垂直、平行、重合、同心等；同时，几何元素的具体大小和定位要有尺寸约束。

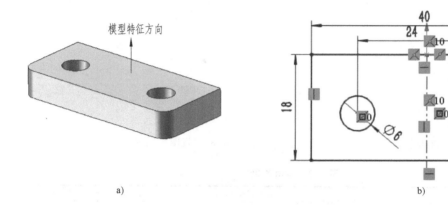

a)   b)

图1-17 模型与草图

（1）绘制拉伸特征所需草图形状

1）新建文件。新建零件文件并选择"文件→保存"或直接按<Ctrl>+<S>键将其保存为"草图 .sldprt"。

2）选择草图基准面。在特征管理器中选择上视基准面（水平面）作为草图绘制平面。采用"正视于"（<Ctrl>+<8>），将基准面平铺于绘图区，便于显示该图形的真实形状。基准面是无限延伸的参考平面，拖动表示基准面的矩形的八个控制点可以改变参考平面大小。

由于基准面在未选中状态下默认为隐藏。为了便于观察，可以在窗口左侧特征管理设计树中右键点击"上视基准面"，在弹出的快捷菜单中单击"显示"按钮 👁 来切换显示状态，如图1-18a所示。此时基准面将呈浅蓝色透明状显示，如图1-18b所示。

3）绘制矩形。在命令管理器中单击"草图绘制"按钮 或选择菜单"工具→草图绘制实体"，选择"矩形"命令 。将鼠标移至原点，然后往左移动，如图1-19a所示，将会出现一条水平虚线，且光标也要发生变化。其中的虚线称为推理线，相应的光标变化为分别显示系统的数值反馈和状态图标反馈（几何关系）。鼠标左键单击选择起点后，移动鼠标至接近矩形实际大小处，然后单击左键确定矩形右下角点，如图1-19b所示。

4）绘制两个圆。单击绘制"圆"命令按钮 ，如图1-20所示，具体位置和尺寸可以暂不考虑。

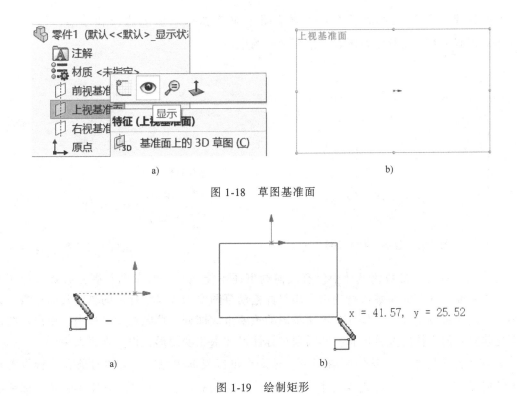

图 1-18 草图基准面

图 1-19 绘制矩形

（2）添加几何关系 从上述草图绘制过程中可以看出，绘制时 SOLIDWORKS 系统自动添加了矩形的起点与原点水平（图 1-21），另外使用矩形命令保证了矩形性质：对边平行且相等，邻边相互垂直。但目前草图尚处于欠定义状态，为了使草图的位置和形状完全确定，还必须添加必要的几何关系。本例中还需添加以过原点的竖直线为轴左右对称的几何关系。

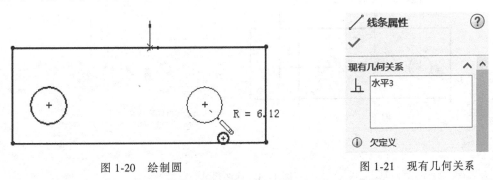

图 1-20 绘制圆

图 1-21 现有几何关系

1）绘制对称中心线。为了实现对称，在此必须先绘制一条通过原点的竖直构造线（中心线）。单击"中心线"命令 ，同样先将光标移至原点，单击并向下拖动，产生竖直推理线，如图 1-22 所示，将终点选择在底边上。图中 表示该点在底边直线上，而且所绘制线段保持竖直。

2）添加几何关系。绘制构造线后，以此线为对称轴约束草图的对称关系。按住<Ctrl>键或<Shift>键，连续选择左右两圆和构造线，属性管理器中将自动提示允许添加的几何关系，如图 1-23 所示，选择"对称"。矩形的左右对称可以通过选择左右边线和构造线完成。

容易忽略的是草图与原点的关系，在此草图中应该选择矩形上边线和原点，添加中点 ✏ **中点(M)** 几何关系，使整个草图在基准面上被约束。

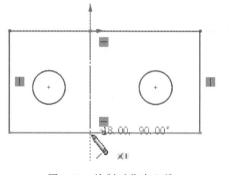

图 1-22 绘制对称中心线 　　　　　　　图 1-23 添加几何关系

（3）尺寸标注　参数化设计中仅有几何约束还不能完全定义草图轮廓，需要将几何元素的大小用准确的尺寸参数进行约束。用鼠标拖动草图中未经尺寸标注的重要几何元素，其大小和形状还可以被改变。尺寸是定义草图的重要组成部分，草图绘制过程中，用户一般情况下先建立几何实体的大致形状，然后通过标注尺寸来驱动图形，得到真实大小。

单击"智能尺寸"命令 ✏ 标注尺寸。该命令可以根据用户所选实体对象和放置位置自动推断所标尺寸类型，比如线性尺寸和圆弧等。图 1-24a 是草图中矩形的尺寸标注，标注时可以选边线的两端点，也可以直接选择边线来引出尺寸线。放置尺寸时将弹出尺寸修改对话框，如图 1-24b 所示直接输入数字。其中，过圆弧中心引出的尺寸可以直接选择圆弧，如图 1-24a 中尺寸 10 和 24 标注所示。

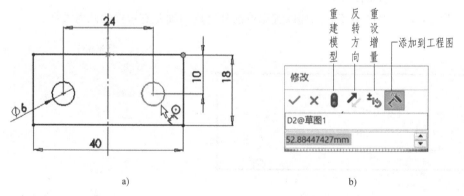

a)　　　　　　　　　　　　　b)

图 1-24 标注尺寸

（4）退出草图绘制　草图完全定义后，状态栏由"欠定义"状态显示"完全定义"，退出草图，可以点击右上确认退出，也可以选择工具栏上的"退出草图" ✏ 。

如果要建立拉伸、旋转或筋之类的特征，则可以直接在命令管理器的特征工具栏中选择特征，系统可以自动退出草图并开始建模。

2. 特征造型

（1）拉伸凸台特征形成底板　单击特征工具栏中的"拉伸凸台/基体"命令 ✏ ，设置拉伸方向为"给定深度",如图 1-25a 所示,其中, 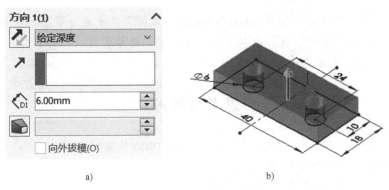可选择方向,输入 拉伸距离 6mm。侧面倾斜拉伸不需作特殊设置。单击"确定"按钮,结果如图 1-25b 所示。

图 1-25 底板拉伸特征

(2)生成圆角 "圆角" 特征是一种直接生成的特征。图 1-26a 所示为实现"圆角"特征时属性管理器,设置圆角大小为 3mm,选择所要完成圆角的棱(边)线,结果如图 1-26b 所示。

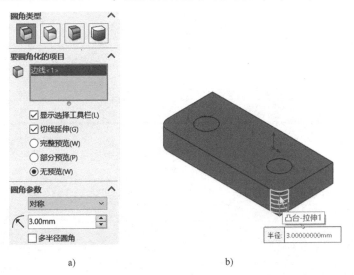

图 1-26 圆角特性

如果仅从建模角度,也可以在建立草图轮廓时,利用"工具→草图绘制工具"菜单中的"圆角" 命令修改草图为圆角矩形,然后拉伸直接形成底板。

至此完成了一个简单模型的造型。实际上,造型是复杂的技术工作,不仅仅是简单的软件使用问题,因此在后面的章节中,根据需要会更详尽的介绍相关技术内容。

另外也要说明:教材中介绍的 SOLIDWORKS 只是造型软件中的一种。本教材并不是只为使用该软件的用户而成文,目标在于将技术制图中的设计内容与三维设计思想相融合,因此可以为使用其他设计软件的读者,提供相应的技术参考。在教材中软件功能介绍是为技术内容服务的,特别是三维 CAD 软件往往具有很多设计本身的功能,因此读者在后续课学习中不断深化,可以有很大的拓展空间。

本 章 小 结

　　本章主要介绍了三维设计软件 SOLIDWORKS 及其特点。重点介绍了 SOLIDWORKS 功能界面、三维模型操纵与显示、软件的基本操作等内容。最后结合一个简单的实例让读者了解 SOLIDWORKS 的操作方法及建模过程。

思 考 与 练 习

1-1　SOLIDWORKS 的用户界面包括哪些？练习 SOLIDWORKS 的基本操作。

1-2　SOLIDWORKS 的建模特点是什么？

1-3　上机练习简单造型，选择不同的显示方式观察建立的三维模型。

第二章

制图基本知识

若要掌握工程图样的绘制，需要针对工具、软件的使用及图样画法进行一些基本训练。与技术制图相关的国家标准，是技术图样中必须遵循的基本规范，而绘图工具的使用和基本图形绘制方法的掌握是完成图样绘制的基本技能。

本章主要介绍与工程制图相关国家标准的基本条款，以及绘制二维草图和定义形状的基本方法。

第一节 《技术制图》和《机械制图》国家标准

工程图样是一种工程技术语言。为了便于技术信息的交流，国家质量技术监督局统一制定和颁布了《技术制图》和《机械制图》等一系列国家标准。

一、图纸幅面和格式（GB/T 14689—2008）

1. 图纸幅面

图纸幅面是图纸宽度与长度组成的图面。如图 2-1 和图 2-2 所示，绘制技术图样时，应优先采用表 2-1 所规定的基本幅面。

表 2-1 图纸幅面及尺寸 （单位：mm）

幅面代号	A0	A1	A2	A3	A4
$B \times L$	841×1189	594×841	420×594	297×420	210×297
e	20			10	
c	10			5	
a	25				

2. 图框格式

图框是在图纸上限定绘图区域的线框，必须用粗实线画出，有不留装订边和留有装订边两种格式，可根据需要选用，但同一产品的图样只能用同一格式。

图 2-1 所示为不留装订边图纸的图框格式，图 2-2 所示为留有装订边图纸的图框格式，其尺寸按表 2-1 的规定。如绘制图样时采用加长幅面图纸，其图框尺寸按所选用的基本幅面大一号的图框尺寸确定。

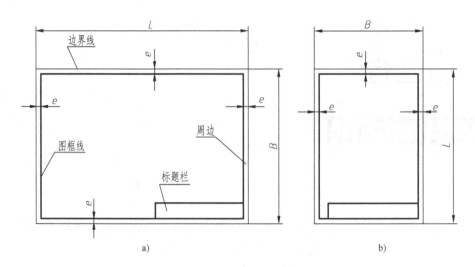

图 2-1　不留装订边的图纸图框格式

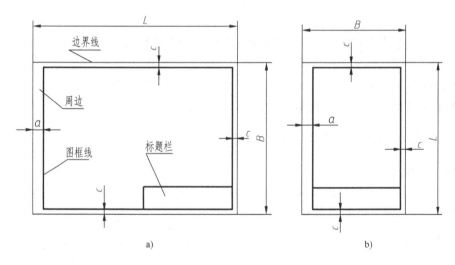

图 2-2　留装订边的图纸图框格式

3. 标题栏

标题栏一般由名称及代号区、签字区、更改区和其他区组成。每张图纸上都必须画出标题栏。标题栏的格式和尺寸按 GB/T10609.1—2008 规定绘制。标题栏的位置应位于图纸的右下角，如图 2-1 和图 2-2 所示。

图纸可以横向和纵向使用，标题栏的长边通常置于水平方向，看图的方向与看标题栏的方向一致。为了利用预先印制的图纸，也允许看图的方向与看标题栏的方向不一致，但此时必须画出方向符号，方向符号是画在图框下边线上的细实线正三角形。

图 2-3 所示是国家标准规定的标题栏格式，在课程学习过程中可采用如图 2-4 所示的简化标题栏。

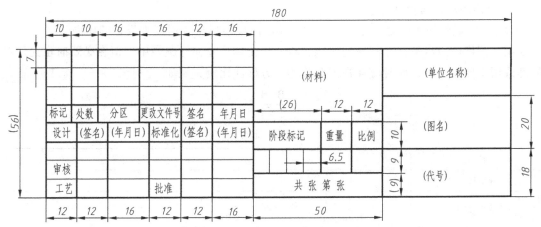

图 2-3 国家标准规定的标题栏格式

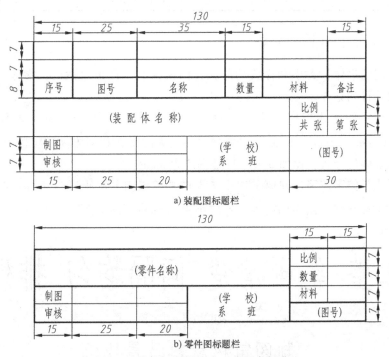

a) 装配图标题栏

b) 零件图标题栏

图 2-4 简化标题栏格式（非国家标准）

二、比例（GB/T 14690—1993）

1. 比例

比例是图中图形与其实物相应要素的线性尺寸之比。在绘制工程图样时，应根据实物的形状和大小，以及所选图纸规格，用适当比例完成。如果绘制图形与相应的实物大小一致，即比例＝1：1，比值＝1，则称为原值比例；如果绘制图形比相应的实物大，即比值>1，如2：1等，则称为放大比例；如果绘制图形比相应的实物小，即比值<1，如1：2等，则称为缩小比例。

2. 比例的选择与标注

表 2-2 中规定的比例为优先选用系列，绘图时应当尽量选用其中规定的比例。

同一图样中应尽量选择同样的比例，将所选比例注写在标题栏中。但在必要时也允许对局部选用不同的比例，此时应在视图名称的下方标注比例，例如：

$$\frac{B-B}{2:1}$$

表 2-2 比例

种类	比 例		
原值比例	1:1		
放大比例	5:1	2:1	
	$5 \times 10^n : 1$	$2 \times 10^n : 1$	$1 \times 10^n : 1$
缩小比例	1:2	1:5	1:10
	$1 : 2 \times 10^n$	$1 : 5 \times 10^n$	$1 : 10 \times 10^n$

三、字体（GB/T 14691—1993）

图样中使用的字体、大小和样式均应符合国家标准，且必须做到：字体工整、笔画清楚、间隔均匀、排列整齐。

国家标准规定的字体高度（用 h 表示）公称尺寸系列为：1.8mm、2.5mm、3.5mm、5mm、7mm、10mm、14mm、20mm。如需要书写更大的字，其字体高度应按 $\sqrt{2}$ 的比率递增。字体高度代表字体的号数，比如 5 号字即是字高为 5mm。

汉字应写成长仿宋体字，并应采用中华人民共和国国务院正式公布推行的《汉字简化方案》中规定的简化字。汉字的高度 h 不应小于 3.5mm，其字宽一般为 $h/\sqrt{2}$。汉字书写示例如图 2-5 所示。

字体工整 笔画清楚 间隔均匀 排列整齐

a) 10号字

制图审核材料数量比例

b) 7号字

机械电子汽车食品建筑水利电力生物工业管理

c) 5号字

螺纹齿轮刀具加工铸造切削

d) 3.5号字

图 2-5 长仿宋字示例

字母和数字分 A 型和 B 型，A 型字体的笔画宽度 d 为字高 h 的 1/14，B 型字体的笔画宽度 d 为字高 h 的 1/10。一般图样中使用 A 型。字母和数字可写成直体或斜体。斜体字的字头向右倾斜，与水平基准线成 75°。在同一图样上，只允许选用一种型式的字体。字母和数字书写示例如图 2-6 所示。

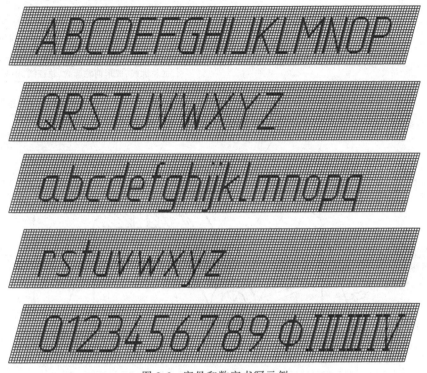

图 2-6 字母和数字书写示例

一般在字号选择时，用作指数、分数、极限偏差、注脚等的数字及字母，应采用比正文小一号的字体。

四、图线 （GB/T 17450—1998、GB/T 4457.4—2002）

1. 线型

图线标准中规定了图线的名称、型式、结构、标记及画法规则。其中规定了代码为 No.01 ~ No.15 的 15 种基本线型和波浪线、规则波浪线、螺旋线、锯齿线 4 种基本线型的变形；每种线型粗细不同在线型代码后面添加二级代码加以区分，比如细实线代码为 No.01.1，而粗实线代码为 No.01.2。机械制图中常用图线的名称、线型、代码及应用图例见表 2-3 和图 2-7。

表 2-3 机械制图中常用图线的名称、线型、代码及其应用

名称		线型	代码 No.	一般应用
实线	细实线		01.1	过渡线,尺寸线,尺寸界线,指引线,剖面线,重合断面的轮廓线,短中心线,螺纹牙底线等
	波浪线			断裂处的边界线,视图和剖视图的分界线
	双折线			断裂处的边界线

（续）

	名称	线型	代码 No.	一般应用
实线	粗实线	———————	01.2	可见轮廓线,可见棱边线,相贯线。螺纹牙顶线,齿轮顶圆(线)等
	细虚线	— — — — —	02.1	不可见轮廓线,不可见棱边线
	粗虚线	━ ━ ━ ━ ━	02.2	允许表面处理的表示线
	细点画线	—·—·—·—	04.1	轴线,对称中心线,分度圆(线),剖切线等
	细双点画线	—··—··—	05.1	相邻辅助零件的轮廓线,可动零件的极限位置的轮廓线,成形前轮廓线,轨迹线,中断线等

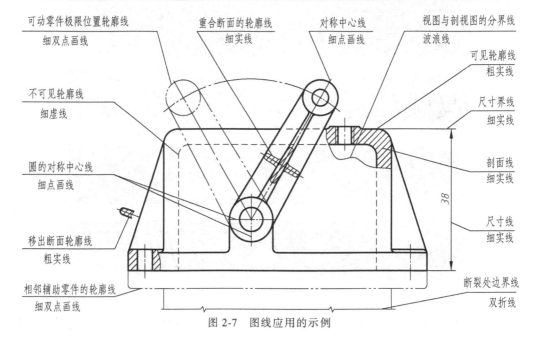

图 2-7　图线应用的示例

2. 图线的尺寸

所有线型的图线宽度 d 应按图样的类型和尺寸大小在下列数系中选择。该数系的公比为 $1/\sqrt{2}$（≈1∶1.4），具体数系为 0.13mm、0.18mm、0.25mm、0.35mm、0.5mm、0.7mm、1mm、1.4mm、2mm。

在机械制图中,图线按线宽分为粗线和细线,宽度比为 2∶1。

手工绘图时,图线和线素的推荐尺寸如图 2-8 所示。

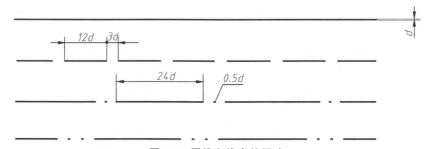

图 2-8　图线和线素的尺寸

3. 图线的画法及用途

为方便绘制和使图样清晰、易读，国家标准对图线画法有进一步说明和规定，以下列出常用的几点：

1）同一图样中，同类图线的宽度应一致。

2）对于非连续线，图线相交处应是画线段，不能是点或间隙，如图 2-9a 所示，图线相交时应为线段中的画相交，不应该为点或间隙处相交。

3）点画线和双点画线的首末两端应是画，而不应是点。

4）小圆（一般直径小于 12mm）的中心线，小图形的点画线可用细实线代替，如图 2-9b 所示。

5）细实线、虚线与粗实线相接时，应留有 1mm 左右的空隙以示区分，如图 2-9c 中竖直虚线所示。

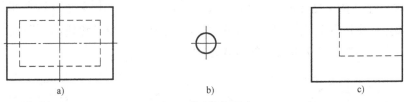

图 2-9　图线的画法

五、尺寸注法（GB/T 4485.4—2003、GB/T 16675.2—2012）

1. 尺寸标注的基本要素

尺寸标注是在图样中用图线、符号、数字表示物体大小的方法，是工程图中不可缺少的内容。尺寸标注通常包括三部分：尺寸线、尺寸界线、尺寸数字。有时为了表示尺寸数字的特殊含义还需要在尺寸数字之前，注上特殊符号，比如 ϕ、R 等。

（1）尺寸线　尺寸线表示尺寸的范围，用细实线单独绘制，其终端可以有两种形式：箭头或斜线，画法如图 2-10 所示。一般机械图样中采用箭头形式，土建图样中采用斜线形式，同一图样只能采用一种尺寸线终端形式。

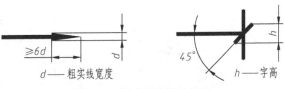

图 2-10　尺寸线终端的画法

（2）尺寸界线　尺寸界线表示所标注尺寸的界限。一般用细实线从图形的轮廓线、轴线或对称中心线处引出，其长度应超出尺寸线位置约 2~5mm；或直接用轮廓线、轴线或对称中心线代替。

（3）尺寸数字　其数值应为图形所表达几何元素的真实大小。

圆或大于半圆的圆弧标注直径尺寸，应在尺寸数字前加注符号"ϕ"；等于半圆或小于半圆的圆弧标注半径，应在尺寸数字前加注符号"R"；标注球面的直径或半径时，应在符号"ϕ"或"R"前加注符号"S"。

参考尺寸应在尺寸数字上加圆括号。

2. 尺寸的各种标注方法

尺寸分线性尺寸和角度尺寸两种，线性尺寸是指物体两点间的距离，如长、宽、高、直径、半径和中心距等；而角度尺寸是指两相交直线所形成的夹角或两相交平面所形成的两面角中任一正截面的平面角大小。

（1）线性尺寸　尺寸线必须与所标注的线段平行。线性尺寸数字的方向应采用如图2-11所示的方式注出，并尽可能避免在图示30°范围内标注尺寸。线性尺寸的数字也允许注写在尺寸线的中断处。

直径有如图2-12所示的两种标注方法；一般的半径标注方法如图2-13所示。

当直径和半径标注在圆或圆弧形状上时，尺寸线一般要通过圆心。

（2）角度尺寸　角度尺寸的尺寸线应画成圆弧，其圆

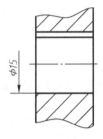

图2-11　线性尺寸数字的方向

心是该角的顶点。角度的数字一律写成水平方向，一般注写在尺寸线的中断处，如图2-14a所示。必要时也可以按图2-14b所示的形式标注。

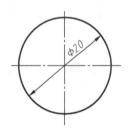
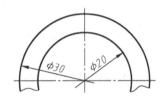

图2-12　直径尺寸的标注方法

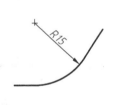
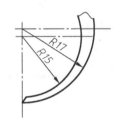
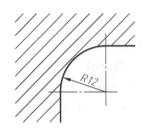

图2-13　半径尺寸的标注方法

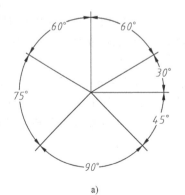
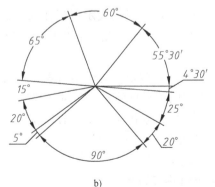

a)　　　　　　　　　　　　b)

图2-14　角度尺寸的标注方法

（3）其他标注方式　见表2-4。

表2-4　尺寸标注方法

内容含义	图　例
1）在光滑过渡处标注尺寸时，必须用细实线将轮廓线延长，从它们的交点处引出尺寸界线 2）尺寸界线一般应与尺寸线垂直，必要时才允许倾斜	
当线形尺寸无法避免标注在30°角范围内时可采取如下做法： 1）尺寸线引出水平线段 2）引出标注 3）也可直接标注	
1）当圆弧半径尺寸过大或在纸面范围内无法标出其圆心位置可将尺寸线用折线画出 2）空间球形的半径尺寸数字前加注"S" 3）当需要标注的半径尺寸由其他尺寸所确定时，用尺寸线和符号"R"标出，但不要注写尺寸数字	
标注断面形状为正方形的尺寸时，可在正方形边长尺寸数字前加注符号"□"或用"B×B"注出	
1）锥度①符号画法及其标注 2）斜度符号画法及其标注 （h为字体高度）	
在没有足够的位置画箭头或注写数字时可用点代替箭头，或将箭头画在尺寸界线外侧	
小直径尺寸的标注	
小半径尺寸的标注	

（续）

内容含义	图　例
1）标注弦长或弧长的尺寸界线应平行于该弦的垂直平分线 2）当弧度较大时，可沿径向引出	
1）在同一图形中，尺寸相同的孔、槽等成组要素，可仅在一个要素上注出其尺寸，并注写数量 2）均匀分布的成组要素（如孔等），当其定位与分布情况在图形中已明确时，可不标注其角度，并省略缩写词"EQS"	

① 锥度是指正圆锥直径与圆锥高度之比或正圆锥台两底圆直径之差与圆锥台高度之比，斜度指直线或平面对一直线或平面倾斜的程度。

3. 尺寸标注的原则

1）尺寸线不能用其他图线代替，一般也不得与其他图线重合或画在它们的延长线上，如图 2-15 所示。

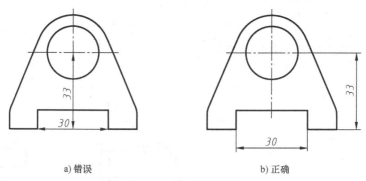

a）错误	b）正确

图 2-15　尺寸线的画法

2）尺寸数字不可被任何图线所穿过，否则必须将该图线断开，如图 2-16 所示。

3）当对称机件的图形只画出一半或略大于一半时，尺寸线应略超过对称中心线或断裂处的边界线，此时仅在尺寸线的一端画出箭头，如图 2-17 所示。

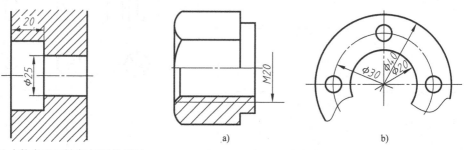

图 2-16　尺寸数字不可被任何图线穿过　　　　图 2-17　对称结构不完全表达时的尺寸注法

4）标注尺寸时，应尽量使用符号或缩写词。常用的符号和缩写词见表 2-5，常用的图例如图 2-18 所示。

表 2-5　常用的符号和缩写词

名称	符号或缩写词	名称	符号或缩写词
直径	ϕ	倒角(45°)	C
半径	R	深度	▼
球	S	沉孔或锪平	⊔
厚度	t	均布	EQS
正方形	□	埋头孔	∨

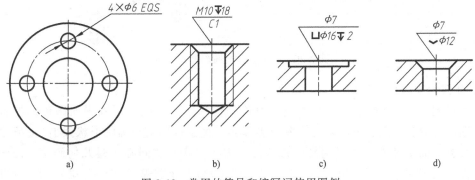

图 2-18　常用的符号和缩写词使用图例

第二节　平 面 图 形

无论是对平面图形进行表达还是立体造型，都必须进行形状定义及其尺寸约束，以正确表达形状设计意图，这也是产品结构形状设计的关键内容之一。只有形状唯一确定，才可能达到指导生产的目的。

一、平面图形的确定

众所周知，基本立体单元一般可以看成某平面图形按照一定运动轨迹规律运动形成（见图 2-19），继而简单基本立体由基本立体单元经堆砌或者切割构成复杂立体（见图 2-20）。因此在零件结构设计中，特别是在三维造型建模中，平面图形起着举足轻重的作用。

图 2-19　平面图形与立体形成

结构设计是比较复杂的工程技术问题，要通过较长时间的学习实践才能真正掌握。本节初步介绍结构形状的表达，只就软件中定义约束、尺寸和常见形状的问题进行讨论，以满足对平面图形尺寸和形状进行分析和三维造型草图设计的需要。

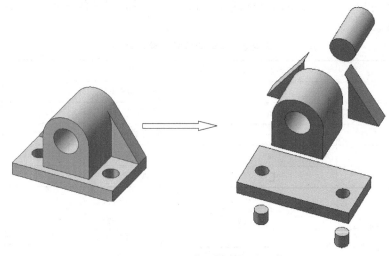

图 2-20　复杂立体与简单基本立体

1. 几何约束和尺寸驱动

下面以图 2-21a 所示平面图形为例，讨论如何用图形或尺寸明确平面图形的形状和大小。该图形可以分为上、下两部分。其上半部分，直径 ϕ 确定小圆的形状大小，h 确定圆心的高度位置。而半径 R 定义了同心圆弧的形状大小，这里"同心"是几何约束；而两侧的斜线是由该斜线端点与下面矩形的顶点"重合"和与上面圆弧"相切"确定的。因此，只需给出 ϕ、R 和 h，上半部分的形状即确定了。

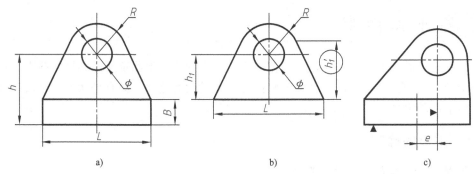

a)　　　　　　　　　　b)　　　　　　　　　　c)

图 2-21　平面图形的尺寸分析

而下半部分是一个矩形。只需 L 和 B 两个尺寸即可确定。而对边平行，邻边相互垂直，则是由矩形的形状特征决定的几何约束条件。

如果把上半部分单独分析，如图 2-21b 所示 h_1' 定义了当前切点到底边的距离，如果仍保持"相切"关系，半径 R 或长度 L 变化，切点位置即会随之变化。通常将 h_1' 这种由几何约束控制而形成的形状尺寸称为派生尺寸。按国家标准规定，一般派生尺寸不能注出，如确需注出，只能作为参考（软件中称为从动）尺寸。需在尺寸数字上加注"（）"。

2. 尺寸约束与尺寸标注

平面图形的尺寸可以分为两类：定形尺寸和定位尺寸。

确定平面图形中形状大小的尺寸称为定形尺寸。如图 2-21a 中描述矩形长宽的 B、L 和

描述圆的直径 ϕ 和半径 R，均为定形尺寸。而确定构成图形各结构元素间相对位置的尺寸称为定位尺寸。如图 2-21a 中的 h 和图 2-21c 中的 e。其中 h 定义了圆与底线的距离，而 e 定义了圆心相对矩形对称线的偏移。

（1）定形尺寸　定形尺寸与几何元素的形状有关，应有规范的定义方法。每个基本形状一般有其基线或对称中心，比如圆弧或者圆的中心是圆心，这些基线和对称中心会影响尺寸标注。以三角形为例，等腰三角形以底边为基线且有对称线，高和底边长度两个尺寸参数就可以完全确定其形状了；而一般三角形，没有了对称约束条件，只有底边长度和高则不足以确定形状。

图 2-22 给出了几个简单形状定形尺寸的尺寸标注。

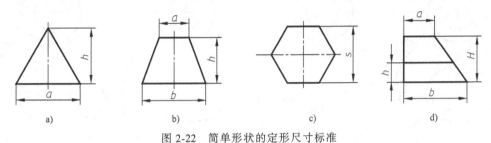

图 2-22　简单形状的定形尺寸标准

（2）定位尺寸与尺寸基准　定位是一个相对的概念，必须有基准（即参照对象），才能谈到定位。仍以图 2-21a 为例，不妨将矩形的底边定义为上下方向的定位基准，则圆的定位尺寸 h 的尺寸界线从底边线引出。

一般定义复杂图形需用共同的基准元素，通常将该几何元素称为尺寸基准。定位尺寸进行标注时应选择合适的尺寸基准。通常主要尺寸基准选取在图形的主要对称中心线、主要圆弧的对称中心线或图形中的主要直线上。

平面图形有两个自由度，因此应有上下、左右两个方向的尺寸基准，如图 2-21c 中"▲"所示。较为复杂的图形，除主要基准外，可以根据结构特点定义辅助尺寸基准。

如图 2-21a 所示，圆心在主对称线上，结构对称，即与尺寸基准距离为 0，故不需标注左右的定位尺寸。图 2-21c 所示的上下两部分左右方向没有公共对称线，需要增加尺寸 e 定义圆心与矩形对称线间距离，以确定结构形状。

定位尺寸不仅与图形定义有关，在工程上也是加工测量的重要依据。SOLIDWORKS 造型中的草图需要考虑尺寸标注和图形几何约束的协调，才能完全定义。

注意：定位方式并不唯一，上面述及的定位方式是基于直角坐标系确定的，有水平和垂直两个自由度。平面图形中几何元素，还可以采用极坐标形式定义其尺寸，多用于圆形分布所形成的结构。此时尺寸基准是点基准，尺寸约束定义直径和角度，如图 2-23 所示的小圆定位。

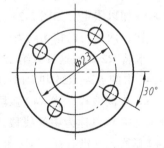

图 2-23　均匀分布结构的定位尺寸

二、平面图形设计分析与尺寸标注

1. 平面图形设计

平面图形是立体设计的基础，也是空间立体的投影图的表达形式。

（1）已知线段　图 2-24a 所示的平面图形，是一个拖钩设计的主要投影，其形状中所涉及的几何元素是连续相切的圆弧。该图形由上面同心圆和下面的钩子两部分构成，如图 2-24b 所示。两部分的相互位置关系是完全确定的。同心圆圆心是钩子定位的主要基准，$R22$ 和 2 是钩子两主圆弧的定位尺寸。直（半）径 $\phi9$、$\phi16$、$R7$ 和 $R16$ 是各圆和圆弧的定形尺寸。在平面图形中，将这种定形尺寸和定位尺寸（约束两个自由度的）完全确定的线（弧）段称为已知线（弧）段。

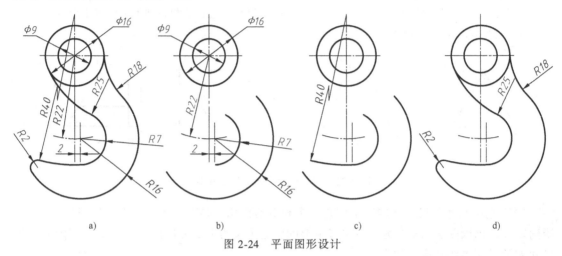

图 2-24　平面图形设计

（2）连接线段　图 2-24a 中的其他（弧）线段起连接作用。$R7$、$R16$ 两段已知圆弧的左侧，需用两段圆弧连续连接。假设两圆弧半径已经确定，该如何确定两段连接圆弧位置呢？

相切的几何约束，只限定了对接圆弧公共点的切线方向一致，圆心是可以沿着切线方向运动的，切点的位置并不能确定。需通过一个尺寸或者一个几何约束才能确定圆心。

如图 2-24a 所示，两段已知圆弧 $R7$、$R16$ 是以 $R40$ 和 $R2$ 两段圆弧接的。以上述分析可知，$R40$ 弧段的圆心可沿着与 $R7$ 弧段切点处切线方向移动的；而另一侧 $R2$ 弧段的圆心可沿着与 $R16$ 弧段切点处切线方向移动的；两者之间只一个相切约束不能同时限制住两个自由度的运动关系。也就是说，这个相切约束并不能确定 $R40$ 和 $R2$ 两段圆弧的圆心，需要增加一个尺寸加以限定。如图 2-24c 所示，将 $R40$ 圆心定义在主对称线上，便可确定 $R40$ 弧段。如此这样，两侧均以相切约束，则不需要定位尺寸便可确定。

一般将 $R2$ 弧段这种只给出定形尺寸，便可确定的线（弧）段称为连接线（弧）段。如图 2-24d 中的 $R2$、$R25$ 和 $R18$ 等弧段，是连接圆弧。

（3）中间线段　将 $R40$ 弧段这种给出线（弧）段的定形尺寸和一个定位尺寸，才能确定的线（弧）段称为中间线段。如图 2-24c 所示 $R40$ 弧段为中间线段。需要说明，图 2-24 中 $R40$ 弧段，并没有标注圆心的定位尺寸，这是因为定位尺寸为 0 时无须标注。

2. 平面图形的分析

以直线和圆弧光滑连接定义的平面图形中的（弧）线段均由下述三种（弧）线段构成：已知（弧）线段、中间（弧）线段和连接（弧）线段。两已知线段间可以由多段线段连接，但一定有一个是连接线段。当两个已知（弧）线段间出现多个（弧）线段连接时，仅有一个是连接（弧）线段，其他线段应为中间（弧）线段。

图形设计中，应按照各（弧）线段所起作用确定为已知线段、中间线段、连接线段。如果已知一个平面图形，要根据对该图形设计的理解，确定图中各线段的属性，继而确定其定位约束关系，合理的标注尺寸，完全定义图形。

3. 平面图形的尺寸标注

平面图形的尺寸应该按照平面图形分析中线段的属性进行标注，遵循不重复、不遗漏的原则，使平面图形中的几何元素形状和位置被唯一确定。

尺寸标注的步骤：

1）分析清楚图形各部分的关系，确定已知（弧）线段、中间（弧）线段和连接（弧）线段。

2）选择正确的尺寸基准。通常以主要对称线和主要线段作为尺寸基准。

3）注出已知（弧）线段和中间（弧）线段的定位尺寸。

4）注出已知（弧）线段、中间（弧）线段和连接（弧）线段的定形尺寸。

在工程上有些结构形状属于常见结构，这些结构一般称为典型结构。由于其规律性和普遍性，典型结构的尺寸标注方法有约定俗成的方式。图 2-25 给出了一些常见结构的尺寸标注，供参考和掌握。

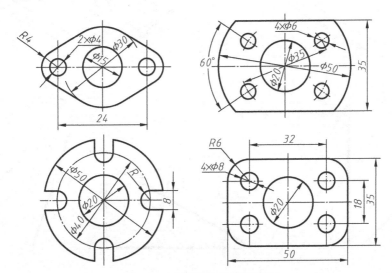

图 2-25 典型结构的尺寸标注

三、平面图形的绘制

1. 平面图形的绘制步骤

图 2-24 在给出图形设计的思路和定义分析的同时，也给出了平面图形的绘制步骤。对已知平面图形，一般应采用下面步骤完成平面图形绘制：

1）对平面图形进行尺寸分析，找出尺寸约束和几何约束的关系。

2）根据尺寸分析的结果进行线段分析，确定已知（弧）线段、中间（弧）线段和连接（弧）线段。

3）绘制已知（弧）线段。

4）绘制中间（弧）线段。

5）绘制连接（弧）线段。

6）标注尺寸，完成全图。

2. 平面图形绘制的方法

（1）手工绘制　在设计技术的转型阶段，虽然计算机绘图已经很普遍，但是仍有很多时候需要使用手工画图，特别是徒手绘图。

1）制图工具。手工绘图一般需要将图纸固定在图板上，用丁字尺和三角板作为绘制水平线和垂直线的工具；一般绘图时使用由45°三角板及30°（60°）三角板组成的一副三角板，绘制图中的倾斜直线；应用圆规完成圆的绘制。图2-26所示为这些基本仪器及其用法。其中，圆规是用来绘制圆和圆弧的仪器。画图时通常使用有平台的针尖，应将针尖完全扎入图板，使针尖尽可能与纸面垂直。画圆时应使铅芯略向转动方向倾斜，顺一个方向转动。圆规的铅芯一般磨成铲形。

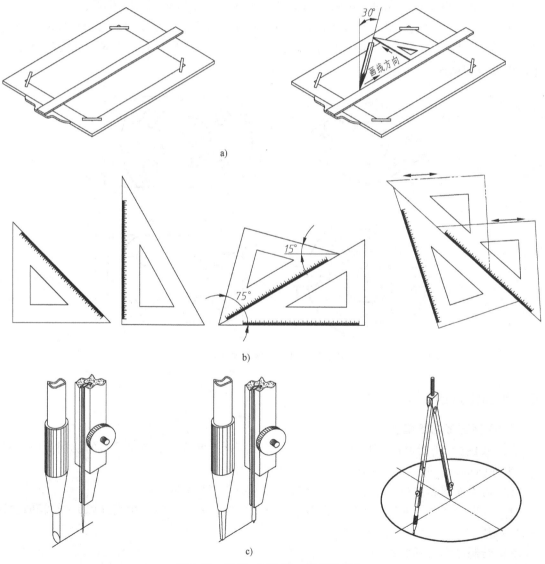

图2-26　图板、三角板、圆规及用法

比例尺刻有常用的六种比例，可按需要，直接在尺面上量取尺寸长度，不必再作换算。一般使用比例尺用来量取长度；分规是用来量取尺寸和等分线段的仪器，图 2-27 给出了分规和比例尺的用法。

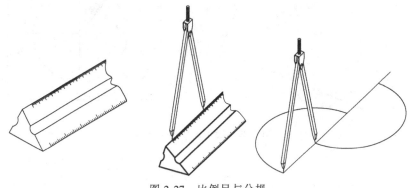

图 2-27　比例尺与分规

绘图应使用绘图铅笔，一般应准备 B 或 HB 铅笔分别用于绘制粗线和细线。绘制粗线的笔芯削成矩形柱状，而绘制细线的应削成锥形，如图 2-28 所示。

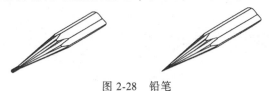

图 2-28　铅笔

2）绘图的一般步骤。

① 做好准备工作。在绘图之前，要准备好绘图用具；分析所画对象；根据所绘对象的大小和复杂程度选择适当的比例和图纸幅面，注意遵守国家标准；然后固定图纸。

② 画图框和标题栏。按照国家标准规定的尺寸和内容，绘制图纸幅面的线框、图框线和标题栏。

③ 布置图形绘制基线。将要绘制的图形合理、均衡地排布在图框范围内，画出基线。

④ 绘制底稿。用细线（要尽量的轻些以便于修改）绘制出图形的轮廓。

⑤ 加深。将图形部分完成后，再进行加深。一般为保持图面整洁，先加深细线，标注尺寸等，然后再加深粗线；加深一般应遵循从上到下，从左到右的原则；先加深圆和圆弧，再加深直线。

⑥ 检查。检查无误后，填写标题栏，在制图栏中填写姓名。

3）徒手绘图的方法。徒手绘制草图是工程技术人员应具有的一种基本技能。在设计过程中体现初步设计思想和现场测绘时，经常使用徒手绘图。

徒手绘制草图一般使用坐标纸，俗称方格纸。绘制直线时，铅笔与所画的直线始终保持 90°，眼睛要看着线的终点，使笔尖向着要画的方向运动。而画圆时，应先定出圆心和画出中心线，再根据半径大小在中心线上定出 4 个点或者 8 个点，然后过这些点画圆，如图 2-29 所示。图 2-30 给出了徒手绘制出的图样。

（2）计算机绘图　计算机绘制图形的过程因软件的功能而不同，本书以 SOLIDWORKS 2018 为应用软件进行介绍。

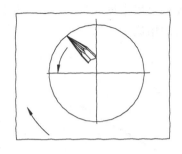

图 2-29　徒手画线的方法

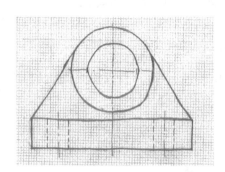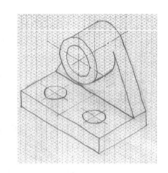

图 2-30　徒手绘图

第三节　SOLIDWORKS 草图绘制

一、草图概述

草图是生成立体特征时用于描述其基本形状的图形，也是 SOLIDWORKS 建模最基本的功能，是造型的基础。SOLIDWORKS 系统中，立体是通过一个或者多个草图，按照一定特征的规范生成的，其过程被称为建模或造型，造型特征不同所需草图的形式和个数也不同。

SOLIDWORKS 三维造型过程中，首先要进行草图定义，然后才能根据草图形状生成特征实体。软件提供了 2D（二维）草图和 3D 草图两种草图定义方式。本节根据平面图形定义的原理，着重介绍 2D 草图（平面图形）的定义方法。本书中除非特别注明，"草图"一词均指 2D 草图。

1. 草图和草图的状态与显示

（1）草图种类

1）闭环草图。指具有封闭边界的一个或几个独立连通域的平面图形。一般单一封闭边界的闭环草图比较常用，可以在三维造型时用于生成拉伸、旋转、扫描、放样等特征；当出现嵌套封闭边界的情况时，内环作为拉伸轮廓时会形成空洞；如果是分离的封闭边界，在造型特征实现时，会形成具有相同特征的两个实体。

2）开环草图。不具有封闭边界的平面图形。一般用于扫描或放样特征的引导线，或者放样的中心控制线，或者作为拉伸曲面或者薄壁特征的截面形状。

3）复杂（多闭环）草图。草图具有封闭边界，但有不相互独立的连通域，如图 2-31a 所示。这种复杂草图往往不能作为整体使用，可以在特征生成时选择图形中的特定轮廓来完成造型。

另外，可以定义孤立点作为拉伸特征的开始和截止的截面形状。

（2）草图轮廓 图 2-31a 为一个复杂草图，是由一个六边形和曲边三角形相交形成。该草图中，由于出现了自相交的情况，并不是一个具有独立封闭边界的图形，不能直接用于建立特征。而必须选择其中的某些封闭轮廓来完成特征。通常把草图中能够围成的轮廓或区域称为草图轮廓。以旋转特征为例，利用该草图可以通过选择草图轮廓形成不同的造型，如图 2-31b~f 所示列出了分别利用其中的六边形、三角形轮廓和两轮廓的交、并、差集所形成的立体形状。在激活草图的情况下，点击欲选择的轮廓区域内一点，便可以选择该轮廓区域作为旋转草图轮廓，该区域将高亮显示，所选轮廓显示在设计树中，如图 2-32 所示。

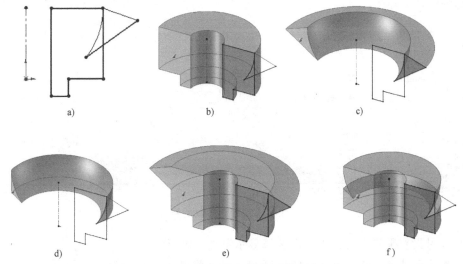

图 2-31 选择不同草图轮廓形成不同造型

（3）草图的状态 草图一经定义便具有唯一名称，且按先后顺序显示在 FeatureManager 设计树中，并且用不同图标和符号标记草图的状态，见表 2-6。

欠定义、完全定义和过定义是草图的三种主要状态。"过定义"是指草图内存在尺寸或几何约束的冲突，一般需要进行诊断和修改后才能进一步建模；而"欠定义"和"完全定义"的草图可以用来产生特征。如果草图是欠定义的，所造型的立体也是欠定义的后续相关结构有可能改变其形状。只有完全定义的图形才能产生完全确定的立体造型。

（4）草图的显示 系统为颜色设置了默认值，用户可以通过"工具"→"选项"命令，在如图 2-33 所示的对话框中进行修改。

图 2-32 选择草图轮廓

表 2-6　草图状态表

状态	意义	特征管理设计树显示	草图默认颜色
完全定义	草图元素完全受尺寸或几何关系约束	草图1	黑色
欠定义	草图某些元素大小或位置没有完全确定	(-) 草图1	蓝色
过定义	元素受尺寸或几何关系约束过多，造成冲突	⚠ (+) 草图1	红色
没有找到解	根据现有草图元素，不能求解所需几何关系等。如不相交直线求交点等		粉色
找到无效解	经系统计算，产生无效草图元素，如半径为 0 的圆等		黄色
悬空	由于之前的约束元素被删除，造成已有关系或尺寸无参考		褐色

图 2-33　系统颜色参数的修改

可以通过设置来确定是否在图形区域显示草图，如果草图处于被隐藏状态，将不显示在图形区域，如果草图已经生成了特征造型，则图形区域只显示造型结果；如果草图是显示状态，则会显示在图形区域，如果已经生成特征，草图和造型立体同时显示。在 FeatureManager 树中的草图名称上单击鼠标右键，可以弹出菜单，如图 2-34 所示。单击图标 👁 可将草图设置为显示。当设置为显示后，该图标变为 👁，可以再次单击切换为隐藏草图。

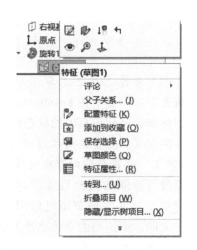

图 2-34　草图操作的选项菜单

利用草图建立特征后，草图在 FeatureManager 树中被收缩显示到特征项之内，一般情况下，草图被自动设定为隐藏状态。如图 2-35a 所示，为旋转特征的展开显示，可以看出"旋转 1"特征由"草图 1"建立。此特征前的三角箭头指向下，表示展开显示，默认情况下不显示草图信息，特征前的箭头指向右。一个草图可以通过选择其不同轮廓生成多个特征，此时草图为共享草图，系统在草图图标下加上共享"手"加以区别，如图 2-35b 所示，"拉伸 1"和"旋转 1"均由"草图 1"产生。

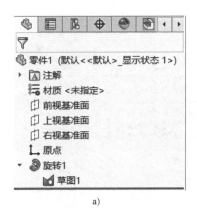

a)　　　　　　　　　　　　　　　　b)

图 2-35　产生特征后的草图状态显示

2. 草图绘制

（1）草图绘制工具栏　一般情况下，绘图窗口上方会显示常用命令组面板，单击"草图"面板标签即可出现草图绘制的常用命令，如图 2-36a 所示，点击"草图绘制"，便可开始草图绘制。

用户可使用"草图"工具栏中的命令绘制、编辑草图图元和标注尺寸。命令显示为黑色时，处于激活状态，可使用；显示为灰色的命令未被激活，不能使用。命令的激活状态与当前的草图绘制过程有关。草图图元绘制命令，包括圆、直线、圆弧和曲线等命令；编辑命令主要包括转换实体引用、镜像、等距复制和裁减等；除此之外，还有几何关系显示等命令。当命令后面具有黑色下三角时，是个命令组，点击该三角时会显示出该组所有的命令，如图 2-36b 所示三种直线选项。

a)　　　　　　　　　　　　　　　　　　　　　　　　b)

图 2-36　草图绘制

工具栏上可以根据需要添加命令。添加的方法是：单击"工具"→"自定义"，出现如图 2-37 所示对话框，单击"草图"项，在右侧的命令列表中选择所需，将其图标拖入当前工具栏里即可。例如可以将"动态镜像实体"命令 🔄 添加到常用菜单中，方便绘制对称草图。为了草图绘制方便，也可以同时把"标准视图"类别中的"正视于" ⬆ 添加到位于绘图区顶侧的常用显示命令表列中，如图 2-38 所示。

草图绘制一旦开始，FeatureManager 树中便出现新草图的记录提示。系统按照定义的先后顺序分别命名草图 1、草图 2……草图 n。注意，被弃之不用的草图，系统也会为其保留顺序号。

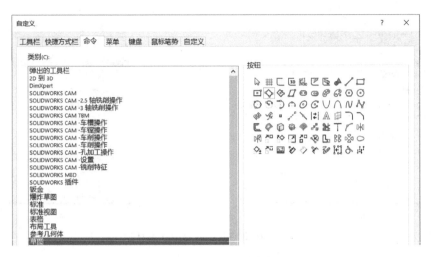

图 2-37　草图绘制命令

图 2-38　在工具栏中添加命令

（2）草图绘制中的系统反馈　开始绘图之前，先了解一下 SOLIDWORKS 提供的反馈功能，这些反馈功能起到操作的提示和辅助作用，可以帮助用户更便捷的建立图元间的几何关系，提高操作效率。反馈内容主要包括光标提示和推理线。

1）光标反馈。

① 命令状态反馈。在使用绘图命令时，光标形状是一只"笔"，在笔的左下角提示当前绘图的基本形状，如图 2-39a 中提示画线、图 2-40a 中提示画圆等。

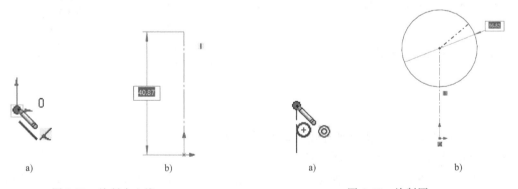

图 2-39　绘制中心线　　　　　　　　图 2-40　绘制圆

② 几何关系状态反馈。系统会自动捕捉到绘图过程中的特殊位置，比如水平、铅垂；或者与已有几何元素的几何约束关系，比如：重合、同心等。如果在出现这些反馈时拾取所需的点，系统将自动添加相应的几何关系。如图 2-39a 所示，笔端显示重合"　"的反馈符号，说明当前点与原点重合；如图 2-39b 所示笔端显示垂直"　"，说明现在所画线为垂直

线；如图 2-40a 所示笔端显示同心 "◎"，说明当前点与已有圆心重合，将要绘制的圆与已有圆具有同心的几何约束。一旦绘制，所具有的几何约束将以相应的标记显示在图形对象旁边，如图 2-40b 所示的垂直反馈符号 "▮"（底色成为绿色）即为当前设定的约束。另外常用的几何关系还有水平 "▬"、中点 "◢" 和相切 "◓" 等。见表 2-7，给出了常见的几何关系的图标样式及其效果和适用范围。

③ 尺寸反馈。在绘制实体命令执行中，显示图元的尺寸参数，如图 2-39b 所示，数字显示直线长度尺寸；如图 2-40b 所示，数字显示圆的直径尺寸。

表 2-7　常见的几何关系

几何关系	适用实体	效果
平行 ◨	直线	所选的实体相互平行
垂直 ⊥	直线	两直线相互垂直
共线 ◢	直线	共线，或延长后共线
重合 ◣	点和原点、其他元素	点位于原点、直线、圆弧、圆或椭圆上
相等 ═	可度量长度的图形单元	线段长度和圆弧半径等相等
同心 ◎	圆或圆弧	圆或圆弧共用同一圆心
全等 ◉	圆或圆弧	圆或圆弧同心且半径相等
对称 ▣	所有图形单元	关于直线对称

2）推理线。在画线时，系统计算出与已有几何元素间可能存在的几何约束的位置，用推理线将它们用蓝色或褐色虚线显示出来，以便于捕捉和自动添加几何关系。图 2-41b 中的虚线即为推理线，图中所示位置，出现 ◓ 的捕捉反馈，此时可绘制与圆具有相切约束且终点落在圆周上的线段。

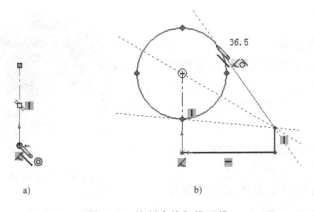

a)　　　　　　　　　　b)

图 2-41　绘制直线与推理线

（3）确定基准面　除了 3D 草图外，每一个草图都是绘制在特定平面上的，这个特定平面即为草图的基准面。

设计新零件时，第一个草图的基准面应选择在坐标平面上，即上视基准面、前视基准面或右视基准面，如图 2-42a 所示。在造型过程中，每个新草图开始时都需要确定它的基准（绘制）面，基准面应根据造型需要而定，可选择坐标平面、用户自定义的基准面，或立体已有特征上的平面。例如图 2-43 所示实例中前面拱形凸台造型时的草图基准面，可以选择图 2-42b 所示立板面，该面一经选定，则会显示出该工作面所处位置。需注意，这种形式所绘制的草图会依附于该立板而存在，并与之产生父子关系，一旦删除立板，该草图将成为悬挂草图，显示造型错误。

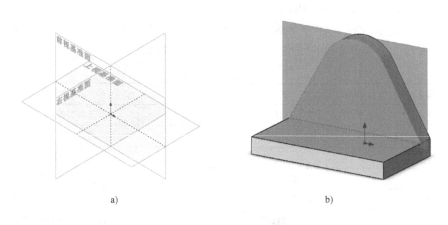

a)   b)

图 2-42　选择草图基准面

（4）草图原点与中心线　草图必须相对于原点有准确定位才能完全定义，因此，设计时一般将原点约束在立体的形状中心上为好。中心线是系统提供的特殊实体，通常只作为作图中的定位基准线，并不作为轮廓参与特征运算。比如可以用于定义对称结构，对称线不仅可以用来生成对称结构和图元，还可以作为尺寸标注的基线。用"中心线"命令 绘制对称图形的参考对称线。以原点为对称线的始点开始绘制图形，如图 2-41 所示。

二、绘制草图举例

1. 造型中的草图绘制

以图 2-43 所给立体造型为例，详解草图绘制的过程与常用命令。

（1）底板建模　绘制矩形草图，拉伸凸台特征完成底板建模。

1）底板的草图基准面应该选择"上视基准面"。

图 2-43　立体造型

2）从原点引出竖直中心线定位。在绘制过程中需要注意系统反馈的几何关系需要保证两点：中心线与原点"重合" 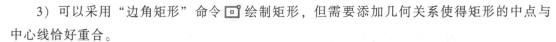 并保持"竖直" ▮ ，如图 2-44a 所示。

3）可以采用"边角矩形"命令 ▫ 绘制矩形，但需要添加几何关系使得矩形的中点与中心线恰好重合。

这里介绍一种动态对称绘制的方法。选择"动态镜像实体" ▨ （前面已添加到草图常用命令的工具栏中），特性树处出现如图 2-44b 所示的对话框，在绘图区选择中心线，则中心线即出现对称线标记，如图 2-44c 所示。

a)   b)   c)

图 2-44 绘制中心对称线

此时从原点出发向左绘制水平线，则图中会对称绘制出原点右侧的水平线。转折绘制竖直线，注意在端点处出现如图 2-45a 所示的反馈线时拾取点（鼠标左键）。然后，向右折返，绘制水平线到中心线的下端点，完成如图 2-45b 所示矩形。

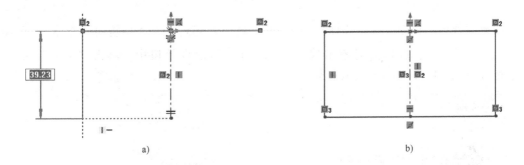

a)   b)

图 2-45 以动态对称模式绘制矩形

4）用"智能尺寸"命令 定义尺寸，矩形的长宽分别为 70mm 和 40mm。

5）拉伸凸台 特征完成底板建模。拉伸厚度为 10mm。结果如图 2-46 所示。

（2）立板建模 绘制立板草图，拉伸凸台特征完成立板建模。

1）选择草图基准面。将基准面选择在底板的后侧面上绘制草图。

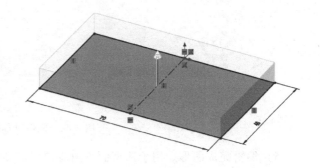

图 2-46 拉伸底板

2）绘制中心线。从底板的上边线中点处开始向上绘制竖直的中心线。

3）用"圆"命令 绘制圆。选择圆心在所绘制中心线的上方端点，光标移动到端点处出现"同轴" 几何关系标识时拾取点（鼠标左键）；然后拖动光标到适当位置，绘制成圆，如图 2-47a 所示。

4）绘制圆的切线。因为图形对称，可以在动态镜像状态下完成侧线，这里只有一条线需要镜像；也可以直接画出右侧的线，用"镜像实体"命令 ⋈ 完成。

先画右侧斜线。从右侧端点开始，如图 2-47b 所示，显示三条推理线，过圆心的线和与圆相切的两条线。当光标点出现如图显示的"相切" ◈ 和"重合" ◢ 两个反馈图标后拾取点，完成与圆相切的直线段。

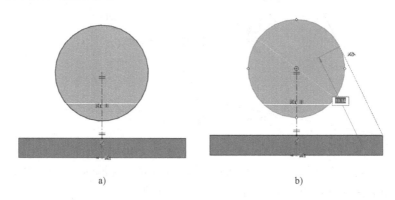

a)   b)

图 2-47   绘制草图圆和直线

画左侧斜线时可使用"镜向实体"命令 ⋈。选择右侧斜线为"要镜向的实体"，选择中心线为"镜向点"，选择的对象出现在如图 2-48a 所示设计树中，单击"确定"按钮"✓"，即可得到如图 2-48b 所示的图形。

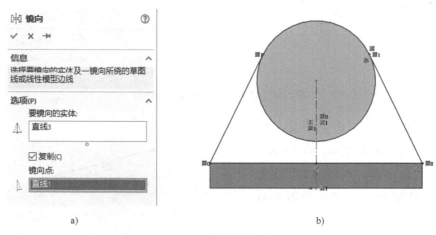

a)   b)

图 2-48   镜像对称图形

5）编辑完成图形。用于造型的草图应按照需要定义为封闭图形区域，这样需要将圆变成圆弧，也就需要剪切掉包含在图形区域中间的部分圆弧。"裁剪"命令 ✂ 执行时有多种选项，如图 2-49a 所示，这些选项提供了裁剪的各种方式，当前选择的是"强劲裁剪"方式。此时，按下鼠标左键拖动，如图 2-49b 所示，光标所经过的实体段被裁剪掉（图中的浅灰色线条为光标运动的轨迹）。注意光标不可经过中心线，如果经过，图形的基准线将不复存在，会给图形的完全定义制造麻烦。建议选择"裁剪到最近端"方式。

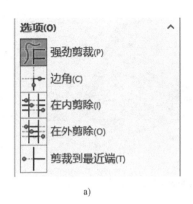

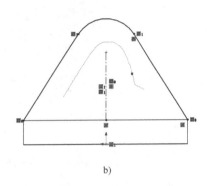

a)   b)

图 2-49 裁剪

与此同时，图形的底边还处于开环状态，应补画底边线。因为底边线恰好在底板的顶面上，可以通过单击"转换实体引用"命令 ⬡，将底板顶面的边线投影到草图平面作为草图轮廓线。如图 2-50a 所示，选择边线，单击"转换实体引用"命令 ⬡ （草图工具栏），或单击主菜单栏中的"工具"，选择"草图工具"中的"转换实体引用"；或单击鼠标右键，在弹出的快捷菜单中选择"转换实体引用"选项，在该元素旁边便会出现 ⬡ 的约束提示。

6）给草图定义尺寸，圆心距离底板顶面的高度为 25mm，圆弧半径为 15mm。

7）使用"拉伸"命令 ⬡ 完成立板建模。拉伸特征厚度为 10mm。拉伸操作时需注意拉伸方向，如图 2-50b 所示，便可生成所需立体。

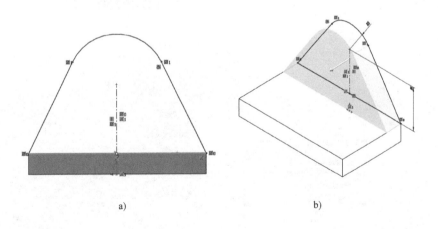

a)   b)

图 2-50 完成立板

（3）拱形凸台建模 绘制拱形凸台草图，拉伸凸台特征完成建模。

1）以立板前面作为草图基准面，如图 2-51a 所示。

2）以同心圆绘制圆弧部分实现图形定位。当基准面确定后，单击"绘制圆"命令，将光标移动到圆心附近，会出现圆心位置的提示，拾取圆心位置完成同心圆，如图 2-51b 所示。

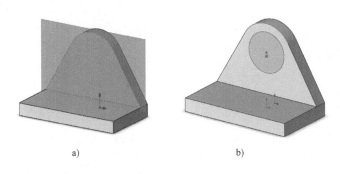

a)　　　　　　　　　　　　　b)

图 2-51　拱形凸台的基准面及同心圆约束关系

3）完成拱形的草图。拱形的圆部分与立板的圆弧半径完全一致，可以通过添加几何约束，不必标注尺寸便可实现。在草图面板上单击"显示/删除几何关系"下面的三角形按钮，出现如图 2-52a 所示的菜单，选择"添加几何关系"，特性栏中出现对话框如图 2-52b 所示。此时选择刚绘制的圆和立板上的边线圆弧，在"所选实体"便会出现所选图形元素，而"添加几何关系"的选项中便出现可以被选择的几何关系。单击"全等"按钮 ⊙，即可使拱形的圆和立板上圆弧的形状和定位完全一致。

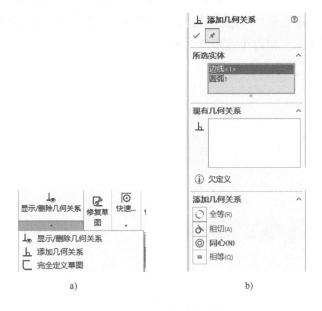

a)　　　　　　　　　　　　　b)

图 2-52　添加几何关系

使用"画线"命令绘制两条竖直切线；使用"转换引用实体"命令绘制底边线，如图 2-53a 所示。注意此时的边线是底板的全长，而草图只需要中间部分，通过"裁剪"去掉底边两侧和下侧的圆弧，成图如图 2-53b。

4）使用"拉伸"功能 🗔 完成拱形凸台建模。拉伸长度为 35mm，结果如图 2-54 所示。

（4）切除通孔　切除通孔完成模型

1）选择拱形的前面为基准面，绘制通孔草图：一个与拱形圆弧同心的圆，如图 2-55a 所示。

2）拉伸切除 ⬜ 特征，选择"完全贯穿"，结果如图 2-55b 所示，完成立体造型。

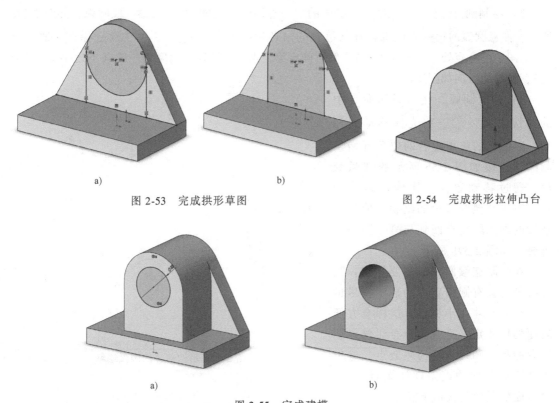

图 2-53　完成拱形草图　　　　　　　　　　　　图 2-54　完成拱形拉伸凸台

a)　　　　　　　　　　　　　b)

图 2-55　完成建模

2. 草图的完全定义

（1）多圆弧连接时的画法　下面以如图 2-56a 所示吊钩建模为例，了解多圆弧连接草图绘制中可能会遇到的图形定义问题。其尺寸可参考图 2-56b 所示的平面图形。

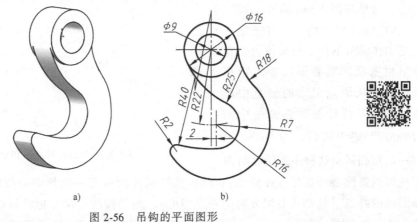

a)　　　　　　　　　　　　　b)

图 2-56　吊钩的平面图形

首先，上面的吊环部分以前视基准面为草图基准面，绘制以原点为圆心的同心圆草图，使用"拉伸"命令 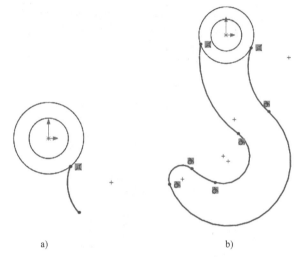，方向1中选择"两侧对称"的形式，拉伸高度为10mm，完成造型。接着进行下面的钩子部分。

1）选择基准面仍为前视基准面。

2）绘制圆弧部分。使用圆弧命令中的"三点圆弧"功能 定义第一段圆弧，如图2-57a所示，注意圆弧的第一点应选择在与已有的吊环外圆边线"重合"，第二点选择在一般位置（不与图中已有点处于竖直或水平）。然后确定第三点，使圆弧的角度为一般（不是半圆或1/4圆），且弯曲方向如图所示。

3）其他圆弧。使用圆弧命令中的"切线弧" ，将光标移动到与第一段圆弧的终点重合的位置开始绘制圆弧。按如图2-56所示的圆弧顺序，通过移动鼠标依次确定第二个点，完成其他圆弧段的绘制，使整段连续的圆弧段终点回到与第一段圆弧重合，如图2-57b所示。

在绘制连续圆弧时需要注意：圆弧绘制时会有圆弧直径的显示，尽量与已给的尺寸大小相近，这样会方便后面的尺寸定义。其次，要注意保证所有的起点和终点均为一般点，避免不必要的几何约束条件被无意代入，给后面的图形定义留下隐患。

4）定义已知的几何约束。使用"添加几何关系"命令，分别设置第一段圆弧和最后一段与已知边线圆相切；$R7$ 和 $R16$ 两段圆弧同心。结果如图2-58a所示。

5）标注尺寸约束。首先定义主要工作部分的同心圆弧位置。在这里根据原图需要添加参考中心线。绘制从原点引出的竖直中心线，然后选择绘制圆弧命令中的"圆心/起/终点圆弧"命令 绘制一段短圆弧，这种圆弧绘制时需

图 2-57　吊钩部分的圆弧绘制

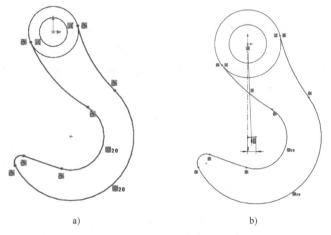

图 2-58　添加几何关系和定位尺寸

要先取圆弧圆心（这里选择原点）；然后选择圆弧的起点（选择中心线的下端点）；最后选择圆弧的终点（选择在右侧方向上一点即可）。然后按所给尺寸标注该圆弧的终点到中心距离为2mm，圆弧半径为22mm。最后添加这段圆弧的端点和 $R7$ 圆弧的圆心点的几何关系为

合并。结果如图 2-58b 所示。应把此小段圆弧改为中心线，修改方法：拾取该圆弧段后，单击鼠标右键，绘图区中出现如图 2-59a 所示的菜单，选择其中的"构造几何线"。

按图 2-56b 所给尺寸标注所有圆弧尺寸。先标注已知圆弧 $R7$，$R16$，然后按顺序标注其他段尺寸。结果如图 2-59b 所示。

此时会发现图形仍是欠定义的，$R40$ 和 $R2$ 两段圆弧仍为蓝色。这就是在平面图形尺寸分析部分讲到的两个已知圆弧段（$R7$ 和 $R16$）之间只能有一段连接圆弧，所以需要再给其中某段圆弧一个定位尺寸。此时如果想了解欠定义的意义，不妨拖动其中的一个圆心，观察图形的变化趋势。图 2-56b 给出了定义尺寸方式是 $R40$ 的圆弧圆心在竖直的中心线

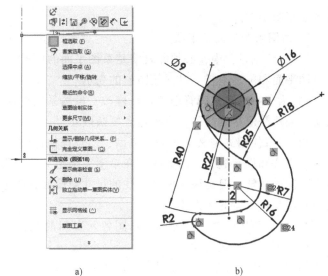

a)　　　　　　　　　　　　b)

图 2-59　构造几何线及添加尺寸约束

上，因此添加该圆心与中心线的几何关系为"重合"即可完全定义该圆弧。

6）完成草图并拉伸吊钩。使用"转换实体引用"命令，生成圆吊环部分的外圆边线，并裁剪保留有效线段与多段圆弧图形形成闭环草图。使用"拉伸"命令完成造型，方向 1 中选择选择"双侧对称"、厚度为"8"，结果如图 2-56a 所示。

三、绘制草图的其他问题

1. 退出草图

完成草图绘制，或者编辑草图完成后，可以直接用当前草图进行造型。如果需要退出草图绘制状态进行其他操作，在绘制草图的工具栏中，直接单击"退出草图绘制"命令以终止绘制过程。

2. 草图的编辑修改

如果发现之前的草图形状、几何约束或尺寸有错误或不理想的地方，可以随时进行修改。只要在图形区域或 FeatureManager 树中选中要编辑的草图，单击鼠标右键，出现快捷菜单，如图 2-60 所示，单击菜单中的"编辑草图"命令按钮，即可重新返回到草图绘制状态，对所选草图进行编辑和修改。

（1）修改几何关系　如果发现几何关系的设置有错误，可以通过删除已有几何关系进行修改。单击工具栏中的"显示/删除几何关系"按钮，选择属性表中列出的几何关系，单击鼠标右键，即可在快捷菜单中单击"删除"；也可在绘图区选择几何关系的图标，此时图标成为紫红色，然后选择删除，或者按<Del>键直接删除。

（2）修改尺寸　双击欲修改的尺寸，可以在修改尺寸数值的窗口中直接修改数值，或者在属性表中修改相应项，便可完成尺寸修改。如果已经标注的尺寸需要删除，只需选择要

删除的尺寸，按<Del>键即可。

（3）修改草图基准面　单击如图 2-60 所示菜单中的"编辑草图平面"命令✍，便可以改变草图绘制的基准平面。

3. 草图绘制的注意事项

1）在绘制过程中，必须非常清楚草图平面的位置，一般情况下可使用"正视于"命令使草图平面和屏幕平行，以方便图形的表示。

2）为了有利于草图管理和特征修改，虽然系统允许通过轮廓实现特征造型，但是习惯上每一幅草图应尽量简单，不要包含复杂嵌套。

3）可以使用欠定义草图进行造型，但合理地标注尺寸和添加几何关系，反映了设计者的思维方式和设计概念，因此应该在草图完全定义后，再进行造型。系统具有自动生成完全定义草图的功能，但是往往那样标注的尺寸与设计者的想法存在偏差，因此能设计好完全定义的草图是设计者的能力体现。

4）一般草图绘制，应先确定草图各元素间的几何关系，其次是位置关系和定位尺寸，最后标注草图的形状尺寸。

5）中心线不参加特征造型，可以用来作为辅助绘图线。

4. 草图诊断

对于正在编辑的过定义草图，可以单击状态栏中的过定义，会出现 SketchXpert 属性管理器，如图 2-61 所示。单击的"诊断"按钮，可以在"更多信息"中显示草图中列出造成草图过定义的可能错误原因。可以根据显示，用"手工修复"的功能进行尺寸和几何关系的修改。也可以直接选择系统提供的自动修改方案，但是那样可能会出现与设计者初衷不同的解决方案，因此在进行草图修改中建议使用手工修复完成修改。

图 2-60　草图编辑

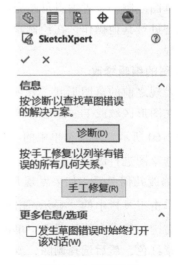

图 2-61　草图诊断

本 章 小 结

本章主要介绍工程制图的基础知识、平面图形定义、设计绘制等内容，并介绍了 SOLIDWORKS2018 草图绘制的相关内容。

思考与练习

2-1 为什么要制订关于技术制图的国家标准？本章介绍的相关内容包括哪些？

2-2 平面图形尺寸标注时，为什么要选择尺寸基准？它的选择原则是什么？

2-3 练习徒手画线和仿宋字体书写。

2-4 试设计一个平面图形，在平面图形中要包括连接两个圆弧的连接圆弧，并标注尺寸。

第三章

投影基础

本章介绍投影法的基本概念、空间几何元素的投影特性、几何元素间的相对位置；在分析研究立体形成方法的基础上，以 SOLIDWORKS 为工具介绍基本形体的建模方法，并介绍平面与立体相交、立体与立体相交的基本作图。

第一节 投影方法概述

一、投影法基本概念

物体在灯光或日光的照射下，就会在地面或墙面上产生影子，投影法就是根据这一自然现象抽象概括而产生的。投射线通过物体向选定的面投射，在该面上得到图形的方法称为投影法。

投影法中选定的面称为投影面，在投影面上得到的图形称为投影图，简称投影，投射线的源点称为投射中心。如图 3-1 所示，自投射中心 S 通过 $\triangle ABC$ 上各点向投影面 P 投射，就可得到 $\triangle ABC$ 的投影 $\triangle abc$。

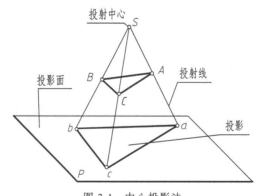

图 3-1　中心投影法

二、投影法分类

根据投射线间的相对位置，投影法分为中心投影法和平行投影法。

所有投射线都汇交于一点的投影法称为中心投影法，如图 3-1 所示。用中心投影法得到的投影图直观性强，在建筑工程上常用中心投影法的原理来绘制透视图和效果图；目前由于电子技术和计算机图形技术的飞速发展，中心投影法已普遍应用于计算机实体造型、实时仿真、图像识别等方面，图 3-2 为电话机三维造型透视图。

投射线相互平行的投影法称为平行投影法。在平行投影法中，根据投射线与投影面是否垂直，分为正投影法和斜投影法。

投射线与投影面倾斜的投影法称为斜投影法，如图 3-3a 所示；投射线与投影面垂直的投影法称为正投影法，如图 3-3b 所示。正投影法能完整、真实地表达物体，度量性好，作图方便，在工程设计中得到广泛应用。

图 3-2　电话机三维造型透视图

本课程主要介绍正投影法，不加特殊说明的投影都是指正投影。

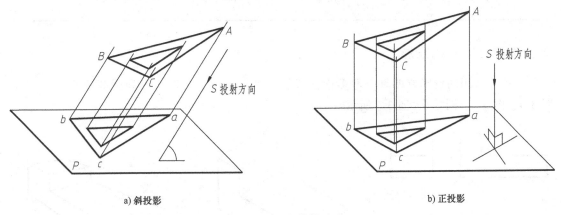

a) 斜投影　　　　　　　　　　　　　　　　　b) 正投影

图 3-3　平行投影法

三、平行投影的投影特性

平行投影具有同素性、从属性、定比不变性、平行性、积聚性、真实性和类似性等基本特性，见表 3-1。

表 3-1　平行投影的投影特性

名称	同素性	从属性及定比不变性	平行性
直观图			
投影特性	点的投影仍然为点；直线的投影在一般情况下仍然为直线	若点在直线上，则点的投影必定在该直线的投影上；同一直线上两线段长度之比等于其投影长度之比	两平行直线的投影一般仍互相平行；两平行线段的长度之比等于其投影长度之比

（续）

名称	积聚性	真实性	类似性
直观图	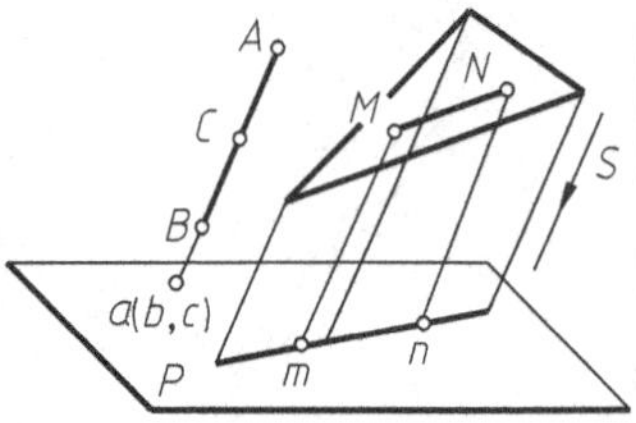 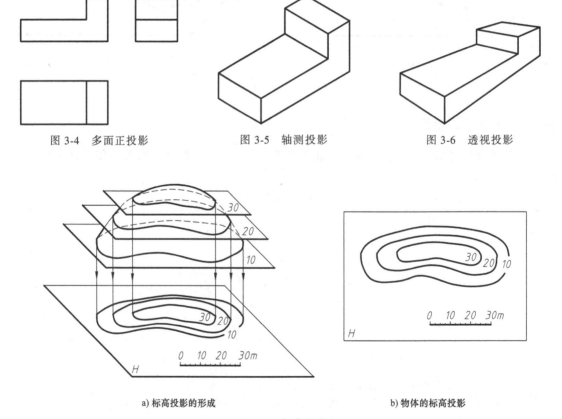	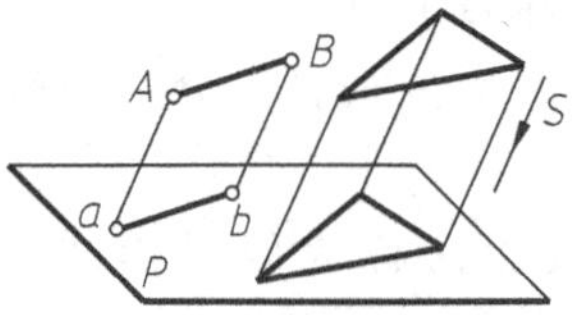	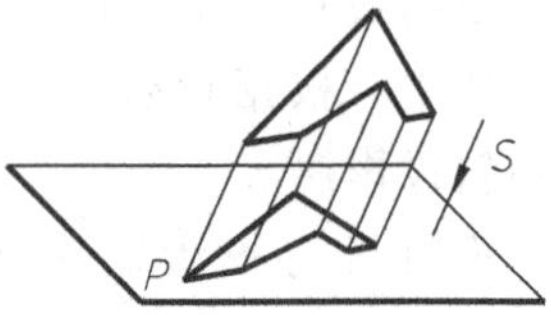
投影特性	当直线或平面与投射方向平行时,直线或平面在投影面上的投影积聚为一点或一条直线	当直线或平面与投影面平行时,直线、平面在该投影面上的投影反映直线段的实长或平面的实形	当平面与投影面倾斜且与投射方向不平行时,平面的投影为原来图形的类似形

四、工程上常见的投影

工程上常用的投影有四种，即多面正投影、轴测投影、透视投影和标高投影，分别如图 3-4、图 3-5、图 3-6、图 3-7 所示。

图 3-4　多面正投影　　　　图 3-5　轴测投影　　　　图 3-6　透视投影

a) 标高投影的形成　　　　　　　　　　　b) 物体的标高投影

图 3-7　标高投影

五、三视图的形成及其投影规律

1. 投影体系的建立

如图 3-8 所示，当两个不同形状的物体在投影面 V 上的投影相同时，仅用一个投影不能唯一确定物体的形状。因此，为了确切表达物体的形状，通常选择三个互相垂直的平面建立三投影面体系，如图 3-9 所示。在三投影面体系中，正立的投影面称为正面投影面，用 V 表示，简称正面或 V 面；水平的投影面称为水平投影面，用 H 表示，简称水平面或 H 面；侧立的投影面称为侧面投影面，用 W 表示，简称侧面或 W 面；两投影面的交线称为投影轴，V 面与 H 面交于 OX 轴，H 面与 W 面交于 OY 轴，V 面与 W 面交于 OZ 轴。三投影轴交于一点 O，称为原点。这三个投影面将空间分成八个区域，分别称为第一、第二、第三、第四、第五、第六、第七和第八分角，用 Ⅰ、Ⅱ、Ⅲ、Ⅳ、Ⅴ、Ⅵ、Ⅶ、Ⅷ表示，如图 3-9 所示。

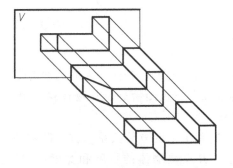
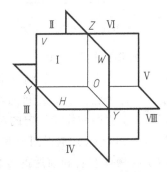

图 3-8 一个投影不能唯一确定物体的形状　　　图 3-9 多投影面体系

将物体放在第一分角内进行投影的方法称为第一角投影法，根据国家标准规定，我国主要采用第一角投影法，而英美等国家采用第三角投影法。本书主要介绍第一角投影，如无特殊说明，都是指物体放到第一角中进行投影。

2. 三视图的形成

如图 3-10 所示，把物体放到三投影面体系中向三个投影面作正投影，在三个投影面上的正投影分别称为正面投影、水平投影和侧面投影，这些投影统称为物体的多面正投影图。

在工程制图中，可以把投射线看作是观察者的视线，物体在投影面上的投影称为视图。把物体放到三投影面体系的第一分角中，由前向后投射所得的正面投影称为主视图，由上向下投射所得的水平投影称为俯视图，由左向右投射所得的侧面投影称为左视图。通常把主视图、俯视图和左视图统称为三视图。

如图 3-11 所示，为了将三个视图画在同一个平面上，国家标准规定，以正面 V 面为基准，保持不动；H 和 W 面沿 OY 轴分开，在 H 面上的 OY 轴用 OY_H 表示，在 W 面上的 OY 轴用 OY_W 表示。将 H 面绕 OX 轴向下旋转 $90°$，W 面绕 OZ 轴向后旋转 $90°$，使这三个投影面展开摊平到一个平面上。

画三视图是为了表达物体的形状和大小，投影面的大小以及物体相对于投影面的距离不会影响物体的形状，因此在三视图中通常不画出投影面的边界和投影轴，如图 3-12所示。同时，三个视图的相对位置由三个投影面的相对位置和展开的过程而确定，俯视图在主视图的正下方，左视图在主视图的正右方，画图时不能随意错开或变动，因此各视图的名称也不用标出。

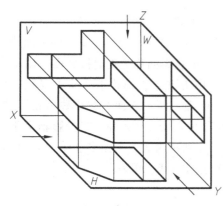

图 3-10　三视图的形成

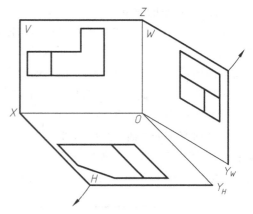

图 3-11　三投影面的展开

3. 三视图的投影规律

每个物体都有长、宽、高三个方向的尺寸，通常，把物体左右之间的距离称为长，前后之间的距离称为宽，上下之间的距离称为高，三视图恰好是从物体这三个方向投射而得到的。因此三个视图间保持一定的对应关系。

如图 3-13 所示，主视图反映物体左右和上下的方位关系，并反映物体的长度和高度；俯视图反映物体左右和前后的方位关系，并反映物体的长度和宽度；左视图反映物体上下和前后的方位关系，并反映物体的宽度和高度。显然，主视图和俯视图都反映物体的长度，即主视图与俯视图长相等；主视图和左视图都反映物体的高度，即主视图和左视图高相等；俯视图和左视图反映物体的宽度，即俯视图和左视图宽相等。因此三个视图的投影对应关系为：主视图和俯视图长对正；主视图和左视图高平齐；俯视图和左视图宽相等。

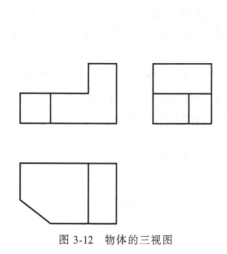

图 3-12　物体的三视图

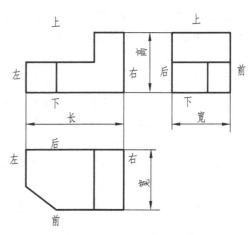

图 3-13　三视图的投影规律

"长对正，高平齐，宽相等"是物体三个视图之间的投影规律，适用于物体整体及各个局部结构的投影。

第二节 基本几何元素的投影

一、点的投影

1. 点在三投影面体系中的投影

点是最基本的几何元素，所有物体都可以看作是由点集合而成。为了根据点的投影确定点的空间位置，将点放在三投影面体系中，用正投影法向各投影面投射，在 H 面、V 面和 W 面上的投影分别称为水平投影、正面投影和侧面投影。

如图 3-14a 所示，在投影法中规定，空间点用大写字母表示，水平投影用相应的小写字母表示；正面投影用相应的小写字母右上角加一撇表示；侧面投影用相应的小写字母右上角加两撇表示，例如空间点 A 的水平投影为 a，正面投影为 a'，侧面投影为 a''。

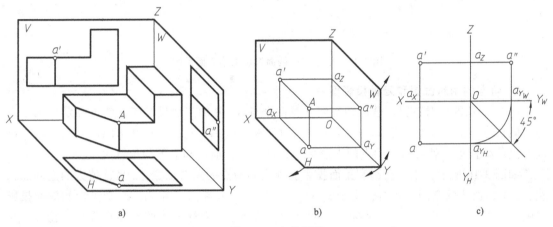

图 3-14 点的投影

将点 A 从物体上抽象出来，投影如图 3-14b 所示。规定 V 面不动，使 H 面绕 OX 轴向下旋转 $90°$ 到与 V 面重合；将 W 面绕 OZ 轴向右旋转 $90°$ 到与 V 面重合，即得点 A 的三面投影图，如图 3-14c 所示。在 H 面上的 OY 轴用 OY_H 表示，在 W 面上的 OY 轴用 OY_W 表示。由于投影面可以无限延伸，因此，在投影图上通常不画出投影面的边界，只画出投影轴。

如图 3-14b 所示，平面 Aaa_Xa' 与 OX 轴的交点为 a_X，它与 OX 轴垂直，因此，$a'a_X \perp OX$，$aa_X \perp OX$；在点的投影图上，如图 3-14c 所示，$a'a_X$ 与 aa_X 在同一条直线上，并且 $a'a \perp OX$。同理，在投影图上，$a'a_Z$ 与 $a''a_Z$ 在同一条直线上，$a'a'' \perp OZ$；并且 $aa_{Y_H} \perp OY_H$，$a''a_{Y_W} \perp OY_W$。由于点 a_{Y_H} 和点 a_{Y_W} 是由点 a_Y 拆分而得，因此，$aa_X = a''a_Z$。

根据以上分析，可以得出三投影面体系中点的投影规律：

1）点的正面投影和水平投影的连线垂直于 OX 轴，$a'a_Z = aa_{Y_H} = a_X O = x_A$。

2）点的正面投影和侧面投影的连线垂直于 OZ 轴，$a'a_X = a''a_{Y_W} = a_Z O = z_A$。

3）点的水平投影到 OX 轴的距离等于点的侧面投影到 OZ 的距离，$aa_X = a''a_Z = a_Y O = y_A$。

点在第一分角中的投影规律同样适用于其他分角。

在作图时，为了利用 $aa_X = a''a_Z$，可画出以点 O 为圆心的圆弧来辅助作图，如图 3-14c

所示；也可以画出过点 O 的直角 Y_HOY_W 的分角线来辅助画图，该直线也称为 45°辅助线。

【例 3-1】 如图 3-15a 所示，已知点 A 的正面投影 a' 和水平投影 a，求其侧面投影 a''。

分析：根据点的投影规律，侧面投影 a'' 与正面投影 a' 的连线垂直于 OZ 轴，因此，a'' 在过 a' 的水平直线上；a'' 到 OZ 轴的距离等于水平投影 a 到 OX 轴的距离，所以可以直接在过 a' 的水平线上量取 $aa_X = a''a_Z$，也可以通过作 45°辅助线确定侧面投影 a''。作图方法和步骤如图 3-15b 和图 3-15c 所示。

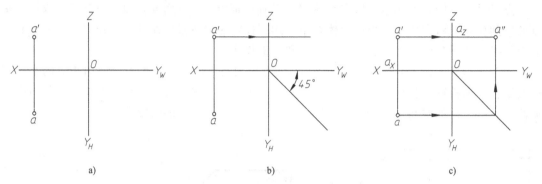

图 3-15　根据点的两面投影求第三面投影

2. 两点的相对位置和无轴投影图

（1）两点的相对位置　若已知空间任意两个点 A、B 的三面投影图，就可确定这两个点的空间位置，如图 3-16a 所示，也可获得点的坐标：$A(x_A, y_A, z_A)$ 和 $B(x_B, y_B, z_B)$。比较两点的坐标值，就可确定两点的方位关系，即左右、前后和上下的位置关系。

如图 3-16 所示，水平投影和正面投影反映空间两点的左右位置，x 坐标值大的空间点在左，x 坐标值小的空间点在右，由于 $x_B>x_A$，所以，点 B 在点 A 左侧；水平投影和侧面投影反映空间两点的前后位置，y 坐标值大的空间点在前，y 坐标值小的空间点在后，由于 $y_B<y_A$，所以，点 B 在点 A 后面；正面投影和侧面投影反映空间两点的上下位置，z 坐标值大的空间点在上，z 坐标值小的空间点在下，由于 $z_B<z_A$，所以，点 B 在点 A 下方。

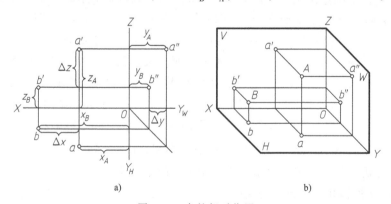

图 3-16　点的相对位置

（2）无轴投影图　根据两点的位置关系可以得出结论：平行移动投影面的位置，并不会改变空间两个点的相对位置，两个固定点的相对坐标也不会因移动投影面而改变，因此，在画两个或两个以上点的三面投影图时，常常不画出投影轴，这种省略投影轴的投影图称为无轴投影图，如图 3-17 所示。

3. 重影点的投影

若空间两个点在某一投影面上的投影重合，则这两个点称为该投影面的重影点。空间两点在某一投影面的投影重合，意味着在垂直于该投影面方向上，过空间这两点的投射线重合。如图 3-18a 所示，A、B 两点在 H 面上的投影 $a(b)$ 重合为一点，则 A、B 两点就称为 H 面的重影点，且点 A 在点 B 上

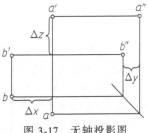

图 3-17　无轴投影图

方；B、C 两点在 V 面上的投影 $b'(c')$ 重合为一点，则 B、C 两点就称为 V 面的重影点，且点 B 在点 C 前方；C、D 两点在 W 上的投影 $d''(c'')$ 重合为一点，则 C、D 两点就称为 W 面的重影点，且点 C 在点 D 右侧。

将位于同一投射线上的点向投影面投射时，只有一个点可见，其余各点均被该点遮挡，被遮挡的点的投影就称为不可见投影。为表示重影点的相对位置，规定：在投影图中将不可见点的投影加上圆括号，例如：(c'')。因此，在画重影点的投影图时必须要判断其是否可见，亦称为判断可见性。

在判断可见性时，由各投影面的投射线方向可知：距离投影面较远的点是可见的。具体方法如图 3-18b 所示。

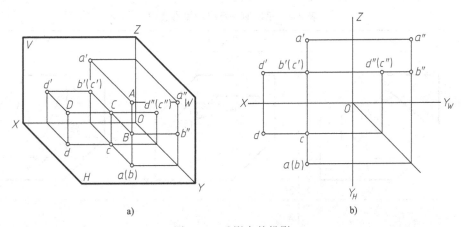

a)　　　　　　　　　　　　　　b)

图 3-18　重影点的投影

二、直线的投影

直线的投影一般仍为直线。空间直线的投影通常由直线上两点的同面投影（同面投影是指同一投影面上的投影）连线来确定。将图 3-19a 所示物体上的直线 AB 抽象出来，即如图 3-19b 所示，直线相对于水平面（H 面）、正面（V 面）、侧面（W 面）的倾角分别用 α、β、γ 表示，直线 AB 的三面投影图（ab，$a'b'$，$a''b''$）如图 3-19c 所示。

1. 各类直线的投影特性

在三投影面体系中，物体上的直线相对投影面的位置各不相同，一般可将其分为三类：一般位置直线：不平行于任一投影面的直线；投影面平行线：只平行于一个投影面而与另外两个投影面倾斜的直线；投影面垂直线：垂直于一个投影面的直线。下面分析这三类直线的投影特性。

（1）一般位置直线　如图 3-19b 所示，由于一般位置直线不平行于任一投影面，与三个

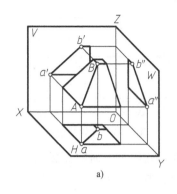
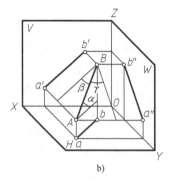
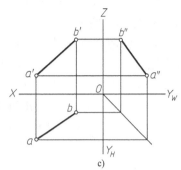

a)   b)   c)

图 3-19 直线的投影

投影面都倾斜，所以，直线段 AB 的投影 ab、$a'b'$、$a''b''$ 都小于实长，如图 3-19c 所示。

综上分析，一般位置直线的投影特性为：三个投影都与投影轴倾斜，并且都不反映实长；各个投影与投影轴的夹角都不反映直线对投影面的倾角。

（2）投影面平行线　在投影面平行线中，根据直线所平行的投影面不同，平行线分为三种，平行于正面的直线称为正平线；平行于水平面的直线称为水平线；平行于侧面的直线称为侧平线。各投影面平行线的投影特性见表 3-2。

表 3-2　投影面平行线的投影特性

名称	正平线	水平线	侧平线
直观图			
投影图			
投影特性	1. 在直线段平行的投影面上的投影为倾斜线段，反映实长，并且反映与另外两投影面的倾角 2. 另外两面投影与相应的投影轴平行		

以正平线为例说明其投影特性。正平线 AB 平行于正面，直线 AB 上所有的点到正面的距离都相等，因此，正平线具有以下投影特性：

1）水平投影 ab 平行于 OX 轴，侧面投影 $a''b''$ 平行于 OZ 轴，即 $ab/\!/OX$，$a''b''/\!/OZ$，这是正平线的明显特征。

2）正面投影 a'b' 反映线段 AB 的实长，即 a'b' = AB。

3）正面投影 a'b' 与 OX 轴的夹角反映直线 AB 对水平面的倾角，正面投影 a'b' 与 OZ 轴的夹角反映直线 AB 对侧面的倾角。

（3）投影面垂直线　在投影面垂直线中，根据直线所垂直的投影面不同，垂直线分为三种，垂直于正面的直线称为正垂线；垂直于水平面的直线称为铅垂线；垂直于侧面的直线称为侧垂线。各投影面垂直线的投影特性见表 3-3。

表 3-3　投影面垂直线的投影特性

名称	正垂线	铅垂线	侧垂线
直观图			
投影图			
投影特性	1. 在直线段垂直的投影面上的投影积聚为一点　2. 另外两个投影面上的投影反映实长		

以正垂线为例说明其投影特性。正垂线 AB 垂直于正面的同时平行于水平面和侧面，它平行于 OY 轴，因此正垂线 AB 的投影具有以下特性：

1）正面投影 a'b' 积聚成一点，这是正垂线的明显投影特征。

2）水平投影 ab 垂直于 OX 轴，侧面投影 a''b'' 垂直于 OZ 轴。

3）水平投影 ab 和侧面投影 a''b'' 均反映线段 AB 的实长。

投影面平行线和投影面垂直线都属于特殊位置直线。分析直线相对于投影面的位置时，最好能确定是属于何种直线，比如是正平线还是水平线，或者是侧平线。是铅垂线还是正垂线，或者是侧垂线。需要注意的是，虽然投影面垂直线与两个投影面都是平行的，但不能说投影面垂直线也是投影面平行线，因为投影面平行线与投影面垂直线的定义不同，例如，正垂线与水平面（H 面）、侧面（W 面）都平行，但不能把正垂线说成是水平线或侧平线。

2. 直线上的点的投影

分析图 3-20a 所示直线的点及其投影可知，若点 C 在直线 AB 上，将线段分成 AC 和 CB 两部分，则点 C 的三面投影 c、c'、c'' 必定分别在直线 AB 的同面投影 ab、a'b'、a''b'' 上，且线段及其投影的关系为：$AC : CB = ac : cb = a'c' : c'b' = a''c'' : c''b''$。

　　因此直线上点的投影特性为：若点在直线上，则点的各面投影必定在该直线的同面投影上，且点分割线段成定比，即点分割线段的各个同面投影之比等于其线段之比。

　　反之，若点的各面投影均在直线的同面投影上，或点的投影分割直线段投影保持定比不变，则该点一定在直线上。如图 3-20b 所示，点 C 的三面投影 c、c'、c'' 分别在直线 AB 的同面投影 ab、$a'b'$、$a''b''$ 上，$ac:cb=a'c':c'b'=a''c'':c''b''$，则点 C 必在直线 AB 上。

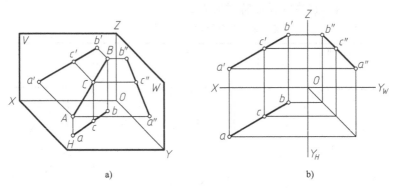

| a) | b) |

图 3-20　直线上的点

3. 两直线的相对位置

　　空间两直线的相对位置可以有三种情况：平行、相交和交叉。平行或相交的两直线都位于同一个平面上，因此平行直线和相交直线都称为共面直线；而交叉两直线不在同一平面上，故称为异面直线，空间两直线的相对位置及投影特性见表 3-4。

表 3-4　两直线的相对位置及投影特性

名称	平行	相交	交叉
直观图			
投影图			
投影特性	两直线空间平行，其各同面投影必互相平行	两直线空间相交，其各同面投影必相交，且交点符合点的投影规律	两直线空间交叉，其投影不具有平行直线和相交直线的投影特性

表3-4中，交叉两直线的同面投影相交，ab 与 cd 交于 e，$a'b'$ 与 $c'd'$ 交于 m'，e 与 m' 的连线不垂直于 OX 轴，所以两条直线没有交点。ab 与 cd 的交点实际上是直线 AB 和 CD 在 H 面上的一对重影点 $e(f)$，由于点 E 在点 F 之上（需通过 V 面投影判断），所以 e 可见，f 不可见；同理，$a'b'$ 与 $c'd'$ 的交点 m' (n') 是直线 AB 和 CD 在 V 面上的一对重影点，由于点 M 在点 N 之前，所以 m' 可见，n' 不可见。

4. 两垂直直线的投影特性

两直线相交或交叉时，可能处于一种特殊位置，就是垂直相交和垂直交叉，即垂直两直线。下面以两垂直相交直线为例，讨论其投影特性。两垂直相交的直线相对某一投影面的位置存在下面三种情况：

1）两垂直相交直线同时平行于某一投影面时，由平行投影的基本特性可知，两直线在该投影面上的投影反映实形，则两直线的投影仍然垂直。

2）两垂直相交直线均不平行于投影面时，由初等几何的定理可以证明，两直线在该投影面上的投影一定不垂直。

3）两垂直相交直线，其中一条平行于投影面时，两直线在该投影面上的投影互相垂直。此投影特性称为直角投影定理。

如图3-21a所示，若 $AB \perp BC$，$BC /\!/ H$ 面，则 $ab \perp bc$，即在投影图中垂直关系不变，如图3-21b所示，$ab \perp bc$。

反之，如图3-21b所示，若 $ab \perp bc$，$BC /\!/ H$ 面，则空间直线 $AB \perp BC$。

两垂直交叉直线的垂直投影特性与两垂直相交直线的垂直特性相同。

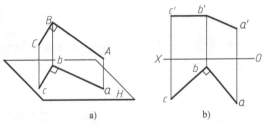

a)　　　　　　b)

图3-21　两垂直相交直线的投影特性

三、平面的投影

空间平面可用确定该平面的点、直线、平面图形等几何元素表示，因此这些几何元素的投影就可以表示平面的投影，即不在同一直线上的三点、直线及直线外的一点、相交两直线、平行两直线、任意平面图形（如三角形、平行四边形、圆形等）的投影均可表示平面的投影，如图3-22所示。

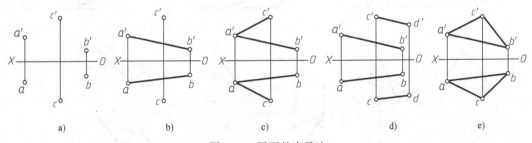

a)　　　　　　b)　　　　　　c)　　　　　　d)　　　　　　e)

图3-22　平面的表示法

1. 各类平面的投影特性

在三投影面体系中，平面相对于水平面（H 面）、正面（V 面）、侧面（W 面）的倾角分别用 α_1、β_1、γ_1 表示，根据平面相对投影面的位置不同，平面可分为三类：

一般位置平面：与三个投影面都倾斜的平面；投影面垂直面：垂直于一个投影面而与另外两个投影面倾斜的平面；投影面平行面：平行于一个投影面的平面。下面分析这三类平面的投影特性。

（1）一般位置平面　一般位置平面与三个投影面均倾斜，在三个投影面上的投影都不反映实形。如图 3-23 所示，$\triangle ABC$ 是一般位置平面，其三面投影都是 $\triangle ABC$ 的类似形（类似形是指与原来图形边数一致、凹凸一致的图形）。

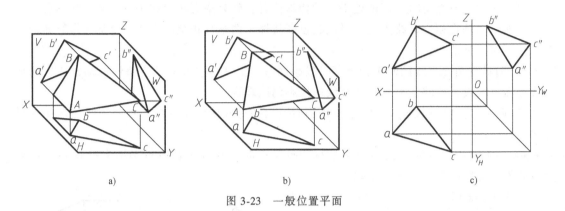

a)   b)   c)

图 3-23　一般位置平面

（2）投影面垂直面　投影面垂直面可分为三种：垂直于 V 面的平面称为正垂面；垂直于 H 面的平面称为铅垂面；垂直于 W 面的平面称为侧垂面。投影面垂直面的投影特性见表 3-5。

表 3-5　投影面垂直面的投影特性

名称	铅垂面	正垂面	侧垂面
直观图			
投影图			
投影特性	1. 在平面垂直的投影面上投影积聚成一直线，并且反映与另外两个投影面的倾角 2. 另外两面投影为类似形		

现以铅垂面为例说明其投影特性，铅垂面△ABC垂直于H面的同时与V面和W面都倾斜，因此，它具有如下特性：

1）水平投影△abc积聚成一段倾斜直线，它与OX轴、OY_H的夹角分别反映平面与V面、W面的倾角β_1、γ_1，水平投影积聚成直线是铅垂面的明显特征。

2）正面投影△a'b'c'和侧面投影△a"b"c"均为类似形。

（3）投影面平行面　投影面平行面可分为三种：平行于V面的平面称为正平面；平行于H面的平面称为水平面；平行于W面的平面称为侧平面。各投影面平行面的投影特性见表3-6。

现以水平面为例说明其投影特性。水平面△ABC平行于H面的同时与V面、W面都垂直，因此水平面的投影具有以下特性：

1）水平投影△abc反映实形。

2）正面投影a'b'c'和侧面投影a"b"c"分别平行于OX轴和OY_W轴，并且都积聚成一条直线，这是水平面的明显特征。

表 3-6　投影面平行面的投影特性

名称	水平面	正平面	侧平面
直观图	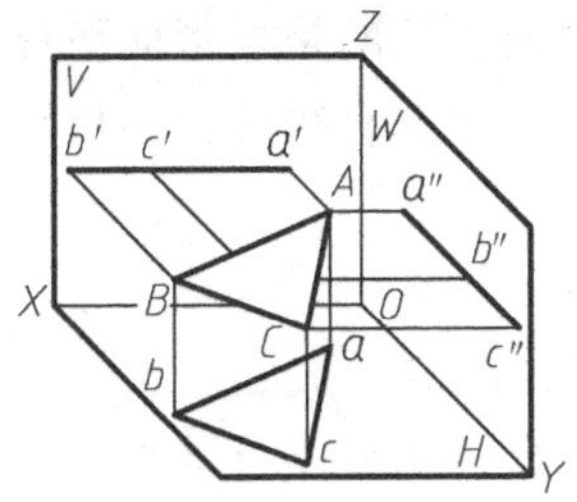	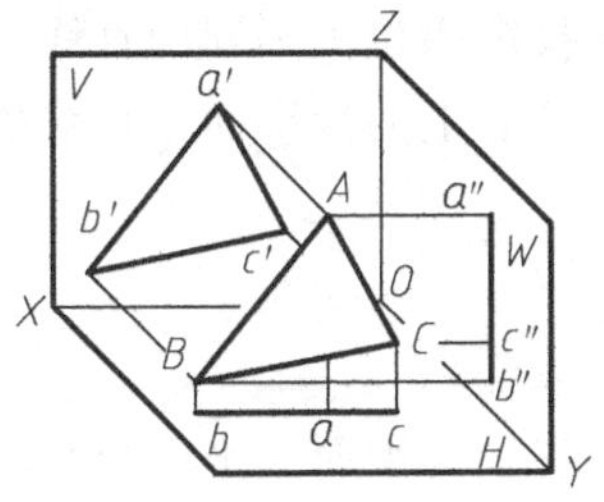	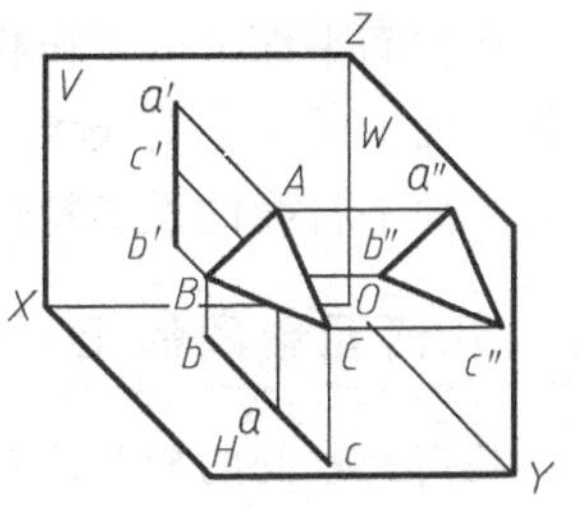
投影图	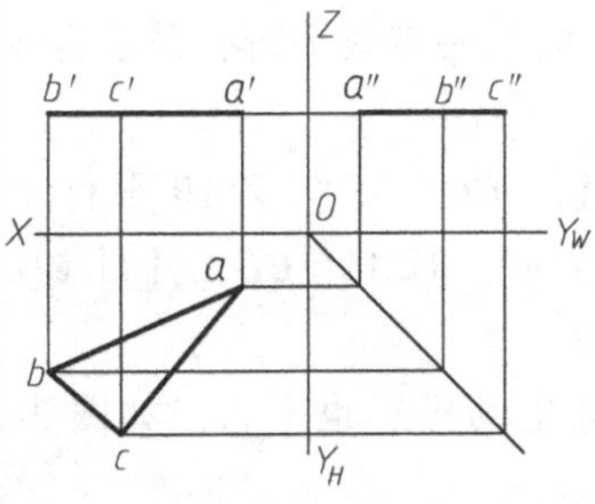	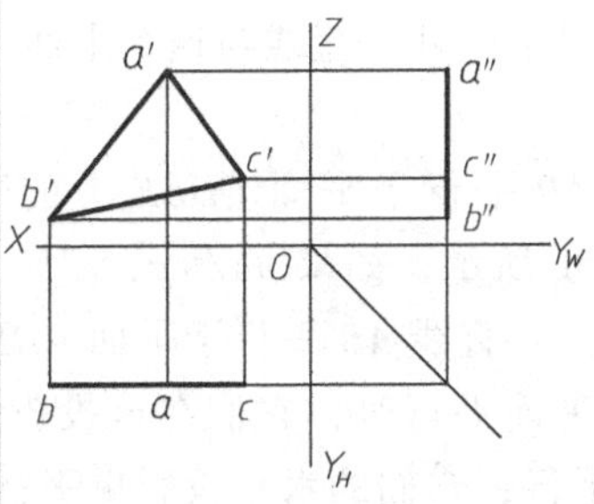	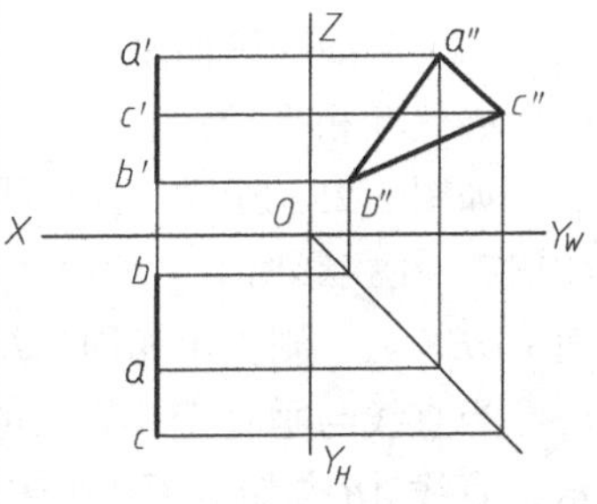
投影特性	1. 在平面平行的投影面上投影反映实形 2. 另外两面投影积聚成与相应的投影轴平行的直线		

投影面垂直面和投影面平行面又称为特殊位置平面。分析平面相对于投影面的位置时，与分析直线的相对位置类似，应确定是属于何种平面，比如是正平面还是水平面，或者是侧平面，是铅垂面还是正垂面，或者是侧垂面。需要注意的是，虽然投影面平行面与两个投影面都是垂直的，但不能说投影面平行面也是投影面垂直面，因为投影面平行面与投影面垂直面的定义不同，例如，正平面与水平投影面（H面）、侧面投影面（W面）都垂直，但不能把正平面说成是铅垂面或侧垂面。

2. 平面上的点和直线

如果点在平面内的任一直线上，则该点一定在该平面上；如果直线通过平面上的两点；或通过平面上的一点且平行于平面上的一条直线，则该直线一定在该平面上。

如图 3-24a 所示，相交直线 AB、AC 确定一平面 P，由于点 M 在直线 AB 上，点 N 在直线 AC 上，因此，点 M 和点 N 均在直线 AB、AC 确定的平面 P 上，投影如图 3-24b 所示；直线 MN 一定在平面 P 上，投影如图 3-24c 所示；直线 MK 平行于直线 AC，因此直线 MK 在平面 P 上，投影如图 3-24d 所示。

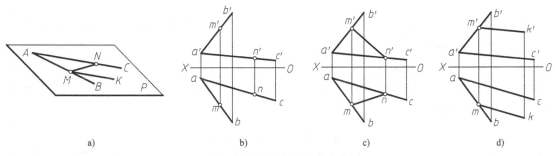

图 3-24 平面上的点和直线

在空间平面上可以作相对于投影面位置不同的直线，其中最常见的是投影面平行线，如空间平面上的正平线或水平线。平面上的投影面平行线既具有平面上直线的投影特性，又符合投影面平行线的投影特性。

四、几何元素间的相对位置

几何元素间的相对位置包括直线与平面、平面与平面的平行、相交以及垂直问题。

1. 平行问题

（1）直线与平面平行　如果平面外一直线与这个平面上的某一直线平行，则该直线与该平面必然互相平行。

如图 3-25a 所示，若直线 AB 平行于平面 CDEF 上的直线 CG，则直线 AB 平行于平面 CDEF；在投影图上，如图 3-25b 所示，如果 $ab /\!/ cg$，$a'b' /\!/ c'g'$，即 $AB /\!/ CG$，并且 CG 在平面 CDEF 上，则得出相同的结论：直线 AB 平行于平面 CDEF。

当直线与垂直于投影面的平面平行时，它们在该投影面上的投影也平行。如图 3-26 所示，直线 AB 与铅垂面 CDEF 平行，它们的水平投影也平行。

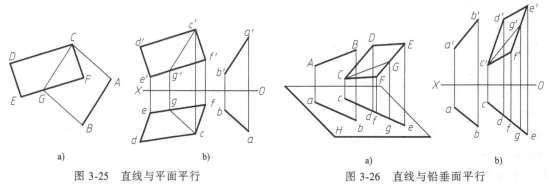

图 3-25 直线与平面平行　　　　图 3-26 直线与铅垂面平行

（2）平面与平面平行 由初等几何可知，如果一平面上的两相交直线对应地平行于另一平面上的两相交直线，则这两个平面互相平行。

如图 3-27 所示，两相交直线 *AB*、*AC* 构成平面 *P*，另两条相交直线 *DE*、*DF* 构成平面 *Q*，如果 *AB*//*DE*，*AC*//*DF*，则平面 *P* 平行于平面 *Q*。

当两个互相平行的平面垂直于投影面时，则它们在该投影面上的投影也一定平行。如图 3-28 所示，铅垂面 *ABC* 与铅垂面 *DEFG* 平行，因此它们具有积聚性的水平投影互相平行。

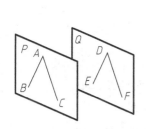

图 3-27 相互平行的两平面

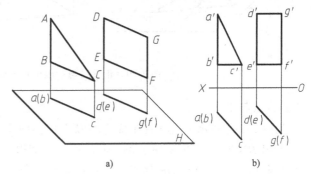

图 3-28 两平行的铅垂面

2. 相交问题

直线与平面不平行时必然相交，交点是直线与平面的共有点；平面与平面不平行时必然相交，交线是两平面的共有线。由于平面与直线、平面与平面相交时，各投影面的投影在重合区域内还会互相遮挡，因此相交问题除了讨论交点或交线的作图方法，还要区分各投影面投影在重合区域内的可见性。

直线与平面、平面与平面相交时，根据其中两几何元素相对于投影面的位置不同，可分为两种情况，一种是直线或平面中有一个在某一投影面上的投影具有积聚性的情况；另一种情况是直线或平面相对于投影面均处于一般位置。下面分别讨论这两种情况下求交点、交线的方法。

（1）积聚性法

1）直线或平面投影具有积聚性的情况。若直线与平面相交，并且直线或平面两几何元素中有一个相对于投影面处于特殊位置，即该几何元素的投影具有积聚性时，交点在该投影面上的投影可直接求出，然后利用在平面上取点或在直线上取点的方法求得交点的另一个投影。

【例 3-2】 如图 3-29b 所示，求正垂线 *DE* 与平面 *ABC* 的交点 *K*。

分析：如图 3-29a 所示，由题目可知直线 *DE* 为正垂线，其正面投影积聚成一点 *d'*(*e'*)，所以交点 *K* 的正面投影 *k'* 必然与 *d'*(*e'*) 重合。而交点 *K* 同时又是平面 *ABC* 上的点，因此，可利用在平面上取点的方法求出交点 *K* 的水平投影 *k*。

另外，直线与平面相交时，在直线与平面的重合区域，交点 *K* 把直线分成两部分，若将平面看作有界且不透明时，在投影图上一部分直线被平面遮挡变成不可见。因此交点 *K* 是直线可见与不可见的分界点，作图时，求出交点 *K* 后，还要对直线的可见性进行判断。

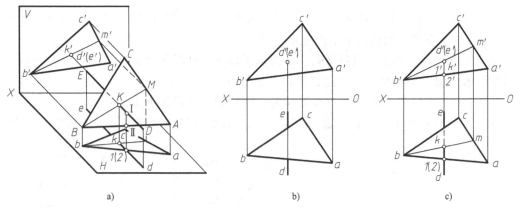

图 3-29　正垂线与一般位置平面的交点

作图方法与步骤：

① 如图 3-29c 所示，过 k' 在平面 $\triangle ABC$ 上作辅助线 BM 的正面投影 $b'm'$。

② 求出 BM 的水平投影 bm；bm 与 de 相交，即得点 K 的水平投影 k。

③ 判断可见性。直线 DE 的正面投影积聚为一点，不需判别可见性。而在水平投影上，一部分直线被平面遮挡，因此取 H 面上的一对重影点 1、2 判别直线与平面的位置关系。DE 上的点 Ⅰ（1，$1'$）与 AB 上的点 Ⅱ（2，$2'$）重影，从正面投影可以看出 Ⅰ 在 Ⅱ 之上，所以水平投影 1 可见、2 不可见。因此水平投影 $1k$ 画成粗实线；被平面遮住的另一段是不可见的，画成虚线；超出平面投影范围之外的部分未被遮挡，是可见的，画粗实线。

2）平面与平面相交的情况。两平面相交的交线是两平面的共有线，并且是直线。所以只要设法求出两平面的两个共有点或一个共有点和交线的方向，则所求交线就完全确定了。当两平面中有一个是投影面平行面或投影面垂直面时，利用该平面投影的积聚性就可以求出它们的交线。

【例 3-3】　如图 3-30b 所示，求正垂面 $DEFG$ 与一般位置平面 ABC 的交线。

分析：正垂面的正面投影 $d'(e')(f')g'$ 积聚成一直线，所以交线的正面投影 $m'n'$ 必定在 $d'e'f'g'$ 上；由于交线也在平面 ABC 上，可求出交线的水平投影 mn；然后判断可见性。

作图方法和步骤：

① 如图 3-30 所示，利用线面求交点的方法，分别求出平面 ABC 上的直线 AB、AC 与正

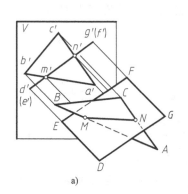

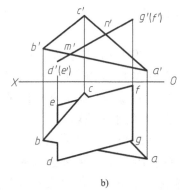

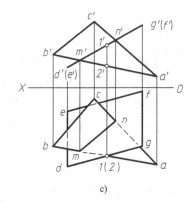

图 3-30　正垂面与一般位置平面相交

垂面 $DEFG$ 的交点 $M(m，m')$、$N(n，n')$，连接 $MN(mn，m'n')$ 即得两平面的交线。

② 判断可见性。交线是可见部分与不可见部分的分界线，交线的一侧可见，则另一侧必定不可见。因此判别可见性时，只取一对重影点即可。正面投影因平面 $DEFG$ 具有积聚性而不需判别。在水平投影上取 ab 与 dg 交点 $1(2)$，1、2 是 H 面上一对重影点的投影，从正面投影可知，DG 上的点 Ⅰ $(1，1')$ 在上，AB 上点 Ⅱ $(2，2')$ 在下，所以水平投影 1 可见、2 不可见。因此水平投影 $m2$ 段不可见，画成虚线，随之可确定其余各段的可见性。

（2）辅助平面法　如图 3-31 所示，当直线与平面、平面与平面均处于一般位置时，两几何元素的投影不再具有积聚的特性，无法直接从投影图上求出交点或交线，这时可利用作辅助平面的方法来求交点、交线。

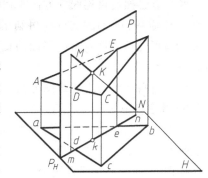

1）直线与平面均处于一般位置的情况。如图 3-32 所示，当直线与平面均处于一般位置时，无法直接从投影图上求出交点，这时可利用作辅助平面的方法来求交点，其原理如图 3-31 所示。直线 MN 与平面 ABC 相交，交点为 K，过点 K 可在平面 ABC 上作无数直线，而这些直线都可与直线 MN 构成一平面，该平面称为辅助平面。辅助平面与已知平面 ABC 的交线即为过 K 点在平面 ABC 上的直线，该直线与 MN 的交点即为点 K。由此可看出，求直线与平面交点的一般步骤如下：

图 3-31　用辅助平面法求交点的原理

① 包含已知直线做一辅助平面。为了使作图简化，一般都选择投影面的特殊位置面作为辅助平面。

② 求出辅助平面与已知平面的交线。

③ 求出此交线与已知直线的交点，即为所求直线与平面的交点。

【例 3-4】　如图 3-32a 所示，求直线 MN 与平面 ABC 的交点 K。

分析：利用辅助平面求交点。

作图方法和步骤：

① 如图 3-32b 所示，过 MN 作铅垂面 P。作图时，铅垂面 P 的水平投影 P_H 与 mn 重合。

② 作出平面 P 与平面 ABC 的交线 DE。由于 P_H 具有积聚性，所以水平投影 de 与 P_H 重合，可直接确定，然后可求出 $d'e'$。

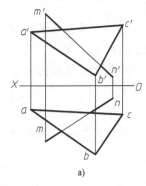

a)

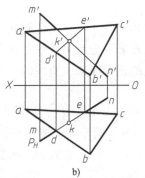

b)

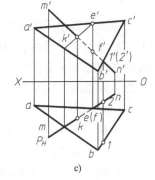

c)

图 3-32　一般位置直线与一般位置平面的交点

③ 作出 DE 与 MN 的交点 K。

④ 判别可见性。如图 3-32c 所示，BC 上的 Ⅰ 点与 MN 上的 Ⅱ 点是正面投影的重影点，由于 Ⅰ 点在 Ⅱ 点之前，所以正面投影 1′可见、2′不可见，$k'2'$ 画成虚线。同理可判别水平投影上的可见性。

注意：当直线和平面均处于一般位置时，正面投影和水平投影的可见性是彼此独立的，要分别判别。

2）平面与平面均处于一般位置的情况。两一般位置平面相交的交线，可采用先求出交线上两个点，然后再连线的方法求得。一般是在其中一个平面上任选两条直线，分别求出所选直线与另一个平面的交点（可利用辅助平面法求出），两交点连线即为两平面的交线，然后再判断可见性。这就是两平面的相交问题。当然利用三面共点的原理，也能求出两平面的共有点。

读者可自行练习上述作图方法，此处省略。

3. 垂直问题

（1）直线与平面垂直　若直线与平面垂直，则直线垂直于平面上的所有直线。反之，若直线垂直平面上的任意两相交直线，则直线垂直该平面。

如图 3-33 所示，若直线 MK 垂直于平面 ABC，则它垂直于平面 ABC 上的所有直线，也包括平面上的正平线 CE 和水平线 AD，即 $MK \perp CE$，$MK \perp AD$，因此根据直角投影定理可推理出：直线 MK 的正面投影 $m'k' \perp c'e'$，水平投影 $mk \perp ad$。

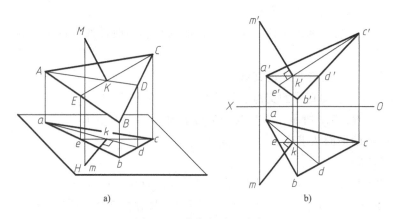

图 3-33　直线与平面垂直

由此可得出下述结论：若一直线垂直于一平面，则此直线的水平投影一定垂直于该平面上水平线的水平投影；直线的正面投影一定垂直于该平面上正平线的正面投影。反之，若直线的正面投影垂直于平面上正平线的正面投影，直线的水平投影垂直于平面上水平线的水平投影，则直线一定垂直该平面。

【例 3-5】 过点 A 作平面垂直于已知直线 MN，如图 3-34 所示。

分析：所作平面若垂直于直线 MN，则平面上的正平线和水平线均与 MN 垂直，因此分别作与 MN 垂直的正平线和水平线，即可确定直线 MN 的垂面。

作图方法如图 3-34 所示。

【例 3-6】 如图 3-35a 所示，求点 M 到铅垂面 ABC 的距离。

分析：平面 ABC 是铅垂面，其水平投影积聚成一条直线，与该平面垂直的直线 MN 一定是水平线，MN 的水平投影与平面 ABC 的水平投影垂直，因此可作出垂线 MN；点 M 到平面 ABC 的距离即点 M 与垂足之间的距离。由平面投影的积聚性可直接求出平面 ABC 与 MN 的交点 K，MK 的实长 mk 就是点 M 到平面 ABC 的距离。

作图方法如图 3-35b 所示。

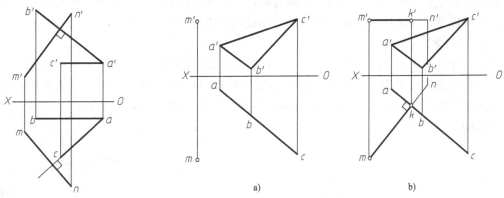

图 3-34 作平面垂直于直线　　　图 3-35 点到铅垂面的距离

（2）平面与平面垂直　若一平面通过另一平面的垂线，则两平面垂直。反之，若两平面互相垂直，则从第一平面上的任意一点向第二平面所作的垂线，必定在第一平面内。

如图 3-36a 所示，由于直线 AB 垂直于平面 P，则通过 AB 的平面 Q、R 都垂直于平面 P。如图 3-36b 所示，平面 P 与平面 Q 垂直，过平面 Q 上的任意点 A 向平面 P 作垂线 AB，则 AB 一定在平面 Q 上。

如图 3-37 所示，互相垂直的两平面 R、Q 均垂直于投影面 H，因此，它们的水平投影互相垂直，交线 AB 为铅垂线。

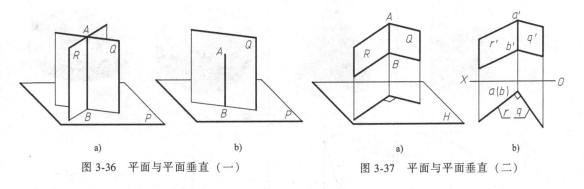

图 3-36 平面与平面垂直（一）　　　图 3-37 平面与平面垂直（二）

第三节　基本体的建模方法

在设计和表达零件时，首先要采用单一几何形体构造零件的几何模型，这些单一几何体称为基本立体。常见的基本立体可分为平面立体和回转体。基本立体的建模是零件设计表达的基础。

一、基本体的形成

1. 平面立体

表面由平面组成的立体称为平面立体，平面立体的侧面称为侧棱面，上、下两平面称为底面，侧棱面的交线称为棱线，侧棱面与底面的交线称为底边。棱线互相平行的平面立体称为棱柱，棱线相交于一点的平面立体称为棱锥。棱柱和棱锥是常见的基本平面立体，图3-38为正六棱柱和正三棱锥，以棱柱和棱锥为基础可构成各种平面立体。

2. 回转体

回转体是曲面立体的一种，由回转面或回转面和平面构成，回转面可由动线绕定线旋转而成，该动线称为母线，任意位置的母线称为素线，母线上任意一点的运动轨迹均为垂直于轴线的纬线圆，如图3-39所示。常见的回转体有圆柱、圆锥、圆球和圆环，表3-7为常见回转体的形成方式。

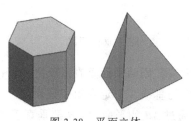

图 3-38　平面立体

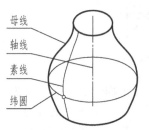

图 3-39　回转体的形成

表 3-7　常见回转体的形成方式

名称	圆柱	圆锥	圆球	圆环
直观图				
形成				
模型				

二、基本立体的三维建模方式

1. 常见建模方式

前面已经介绍过 SOLIDWORKS 基于草图的特征建模过程，有填料和除料两种方式，可以采用拉伸、切除、旋转、扫描、放样等常见特征实现，其建模功能如图 3-40 所示工具条。下面介绍最常用的拉伸特征和旋转特征。

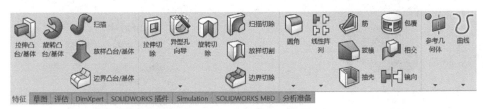

图 3-40 拉伸、旋转特征的工具条

（1）拉伸特征 拉伸特征是将某个轮廓沿一定方向延伸一段距离后所形成的特征，具有相同或相似截面，有一定长度的实体，如棱柱、圆柱、棱锥等都可以由拉伸特征来形成。拉伸特征分拉伸凸台和拉伸切除两种特征，如图 3-41 所示。拉伸特征基本要素，如图 3-42 所示。

1）草图：定义拉伸特征的基本轮廓。草图是拉伸特征最基本的要素，它描述拉伸特征的截面形状。拉伸特征通常要求草图或轮廓是封闭的。

2）拉伸方向：定义拉伸后形成的特征与草图平面的相对位置，拉伸特征有正反两个拉伸方向。默认情况下拉伸方向垂直于草图平面，也可设定一个与草图平面不垂直的其他方向。

3）终止条件：定义拉伸特征在拉伸方向上的长度，也可定义拔模斜度。

（2）旋转特征 旋转特征是将一个或多个轮廓绕中心线旋转一定角度所形成的特征。如图 3-43 所示，旋转特征基本要素有：

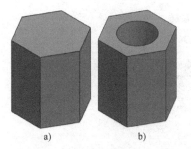

图 3-41 拉伸特征分类

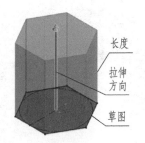

图 3-42 拉伸特征基本要素

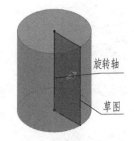

图 3-43 旋转特征基本要素

1）旋转轴：定义旋转的轴线。

2）草图：定义绕旋转轴旋转的特征轮廓，草图与旋转轴同侧，不能与其交叉。

3）旋转方向：定义草图或草图轮廓的旋转方向，有顺时针和逆时针之分。

4）旋转角度：定义绕旋转轴旋转的角度。

2. 基本体的建模

（1）柱体拉伸建模 棱柱或圆柱等具有相同底面的立体统称为柱体，柱体可利用 SOLIDWORKS 拉伸特征由其底面拉伸形成，图 3-42~图 3-44 分别是正六棱柱、圆柱、广义柱体的形成方式。柱体建模步骤如下：

1）绘制并完成草图。

2）选择拉伸特征建模方式。单击"拉伸凸台/基体"命令按钮 。设置属性管理区（图 3-45）主要参数值，完成柱体建模。

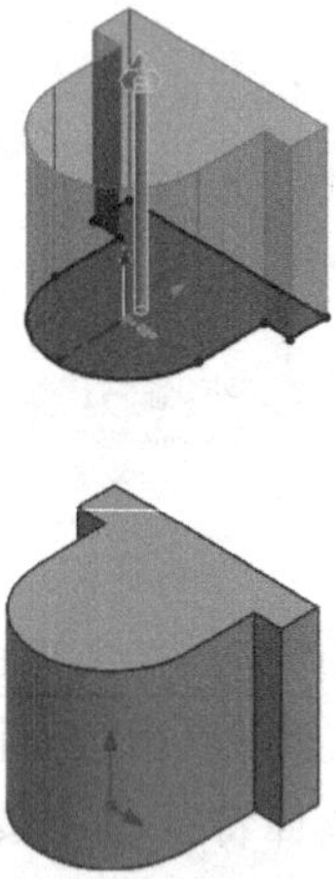

图 3-44　柱体的建模 　　　　　　　　图 3-45　拉伸特征参数设置

（2）回转体建模　常见回转体依据其形成方式，可应用 SOLIDWORKS 旋转特征形成，图 3-46 分别是圆柱、圆锥、球、圆环的建模方式，其建模步骤如下：

1）绘制并完成草图。

2）选择旋转特征建模方式。单击"旋转凸台/基体"命令按钮 。设置属性管理区主要参数值，如图 3-47 所示，完成回转体建模。

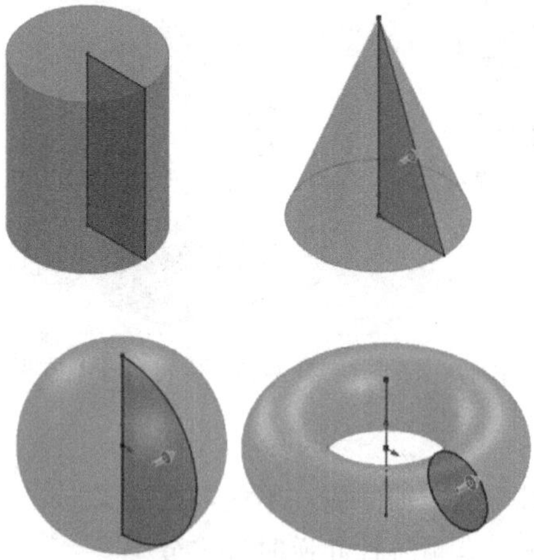

图 3-46　回转体的形成方式 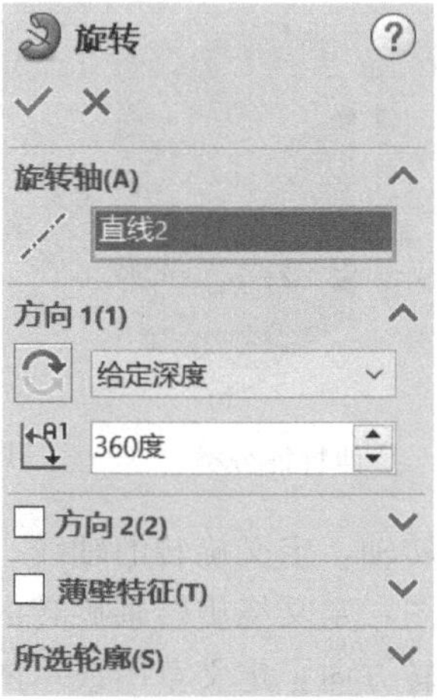　　　　　　图 3-47　旋转特征参数设置

3. 基本体的相交建模

立体与平面相交、立体与立体相交是平面立体与回转体的基本组合方式，如图 3-48 所

示，可利用拉伸和旋转特征完成建模。

图 3-48 平面与立体相交、立体与立体相交

【例 3-7】 利用 SOLIDWORKS 构建图 3-49a 所示三维实体。

分析：该立体由圆锥、圆柱和小圆柱三个基本体组合后被平面截切。分析 SOLID-WORKS 特征建模方法和该立体的形成方式，确定由图 3-49b 绕轴旋转形成组合体，再被一平面截切。

建模方法和步骤：

① 在上视基准面上绘制组合体母线与轴围成区域的草图，如图 3-49b 所示，并完全定义。

② 单击"旋转凸台/基体"命令按钮，形成水平放置的组合体，如图 3-49c 所示。

③ 确定截切平面的位置，如图 3-49d 所示，在前视基准面上画线确定切除平面位置。

④ 单击"拉伸切除"命令按钮，拉伸切除参数设置如图 3-49e 所示，完成该拉伸切除特征后构建出如图 3-49a 所示立体形状。

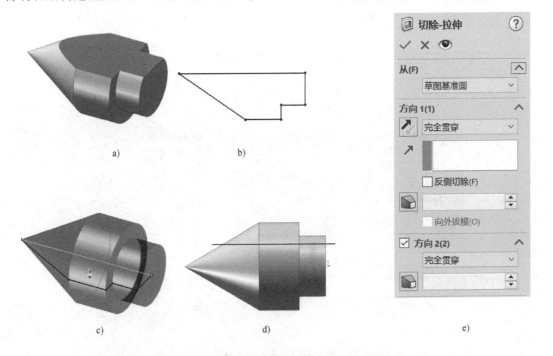

图 3-49 组合体被平面截切及 SOLIDWORKS 拉伸切除特征参数设置

【例 3-8】 利用 SOLIDWORKS 构建如图 3-50a 所示的三维实体。

分析：该立体由圆柱与圆柱相交而成。分析 SOLIDWORKS 特征建模方法，圆柱既可以由拉伸特征生成，也可以由旋转特征生成；本例中竖直圆柱采用旋转特征生成，水平圆柱采用拉伸特征生成。

建模方法和步骤：

① 构建竖直圆柱。在前视基准面上绘制任意大小的矩形草图，标注尺寸 20、50 并添加几何约束后，该草图完全定义。单击"旋转凸台/基体"命令按钮 🌂，构建出如图 3-50b 所示的圆柱。

② 在前视基准面上绘制水平圆柱的草图，如图 3-50c 所示，圆的直径小于 40mm，本例设为 25mm。单击"拉伸凸台/基体"命令按钮 📦，拉伸特征参数设置如图 3-51a 所示，构成如图 3-50a 所示立体。

③ 如果编辑上面拉伸特征，将图 3-51a 中的拉伸特征参数修改成如图 3-51b 或者图 3-51c 所示，则构建成如图 3-50d 所示立体。此时，如果再编辑水平圆柱的草图，将圆的直径修改为 40mm，即两圆柱直径相等，则可构建成如图 3-50e 所示立体。

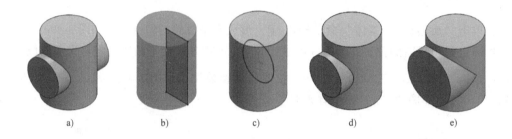

a)   b)   c)   d)   e)

图 3-50 圆柱与圆柱相交

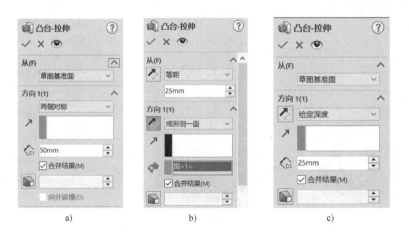

a)   b)   c)

图 3-51 拉伸菜单设置

第四节　简单几何体及其表面上的几何元素的投影

一、平面立体

平面立体的投影就是画出构成立体表面的所有平面的投影，这些平面由直线段围成，在立体的投影图上，构成立体表面直线段的投影可见时画成粗实线，不可见时画成虚线。

1. 平面立体的投影

正六棱柱和正三棱锥的投影见表 3-8。

需注意的是：正六棱柱左右、前后均对称，其正面、水平、侧面投影也一定对称，为表示对称关系，需在投影中画出对称中心线。

另外，当粗实线与虚线或点画线重合时画粗实线，如正六棱柱侧面投影中棱线的投影与对称线重合时，重合部分画粗实线；当虚线与点画线重合时，重合部分画虚线。

表 3-8　平面立体的三面投影

2. 平面立体表面取点

在平面立体表面上取点，其原理和方法与在平面上取点相同。如图 3-52 所示，若已知

棱柱表面上点 M 的水平投影 m 和点 N 的正面投影 n'，求其他投影时，作图方法和步骤如图 3-52 所示。m 可见，点 M 必定在棱柱的顶面上，而顶面的正面投影和侧面投影都具有积聚性，因此 m'、m'' 可求。n' 可见，点 N 必定在侧棱面上，侧棱面为铅垂面，水平投影具有积聚性，水平投影 n 可求，然后根据 n、n' 可求出 n''，n'' 不可见。

【例 3-9】 已知棱锥表面上点 M 的正面投影 m' 和点 N 的水平投影 n，试求出该两点的其他投影，如图 3-53 所示。

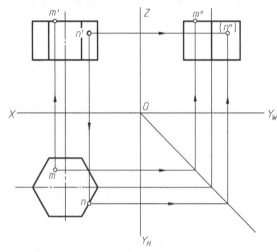

图 3-52 棱柱表面取点

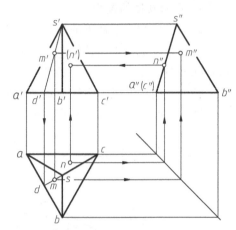

图 3-53 棱锥表面取点

分析：m' 可见，点 M 必定在棱面 SAB 上，SAB 为一般位置平面，利用平面上作辅助线取点的方法可求出水平投影 m，根据 m、m' 可求出 m''。

n 可见，点 N 必定在棱面 SAC 上，SAC 为侧垂面，其侧面投影具有积聚性，所以可先求出 n''，然后由 n、n'' 求 n'。

作图方法和步骤如图 3-53 所示。

3. 平面与平面立体相交

平面与立体相交，如图 3-54 所示，也可以认为是立体被截切，因此该平面称为截平面，截平面与立体表面的交线称为截交线。讨论平面与平面立体相交的目的就是求出截交线的投影。截交线具有如下特性：

1）截交线是截平面与平面立体表面的共有线。

2）截交线是由直线围成的封闭的平面多边形。

平面立体截交线的作图方法就是依次求出平面立体的每个平面与截平面的交线。

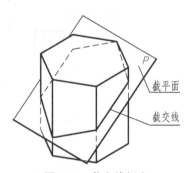

图 3-54 截交线概念

【例 3-10】 求作图 3-55a 所示截切六棱柱的侧面投影。

分析：如图 3-54 所示，六棱柱被平面截切后形成一个六边形的截交线。如图 3-55a 所示，六边形的水平投影与已知六棱柱的水平投影重合，该截平面是正垂面，正面投影积聚为斜直线，六边形的正面投影就积聚在该斜线上，因此，截交线的正面投影和水平投影都能直接确定，只需求出六边形的侧面投影并画出截切后六棱柱的投影即可。

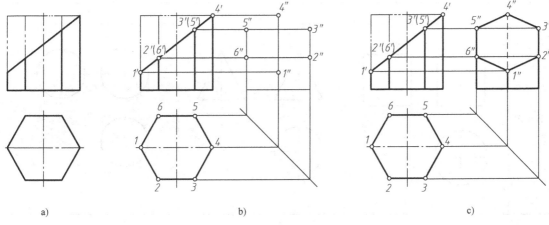

图 3-55 平面与六棱柱相交

作图方法和步骤：

① 画出截切前六棱柱的侧面投影，如图 3-55b 所示。

② 确定六边形截交线 Ⅰ Ⅱ Ⅲ Ⅳ Ⅴ Ⅵ的水平投影 *123456* 和正面投影 *1′2′3′4′5′6′*，根据点的投影规律，求出六边形各顶点的侧面投影 1″、2″、3″、4″、5″、6″。

③ 连接六边形 1″2″3″4″5″6″，它是水平投影 *123456* 的类似形，判断该图形的可见性；检查六棱柱侧面投影时要注意它被截去的部分，从正面投影可知，截平面以上棱线均被截掉，在侧面投影中不应画出，如图 3-55c 所示，侧面投影中 1″4″ 间为右侧棱的投影，不可见，故 1″4″画成虚线。

二、常见回转体

1. 常见回转体的投影

常见回转体圆柱、圆锥和圆球的投影见表 3-9。

表 3-9　常见回转体的投影

名称	圆柱	圆锥	圆球
直观图			

（续）

名称	圆柱	圆锥	圆球
投影图	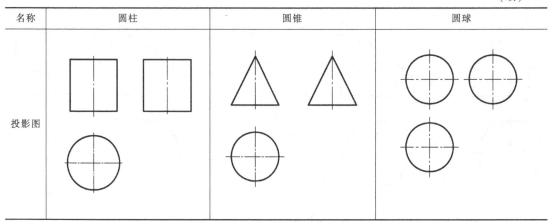		

回转体由回转面或回转面与平面构成，例如圆柱体由圆柱面、顶面及底面构成，圆锥体由圆锥面与底面构成。当回转面的回转轴平行于投影面时，垂直于该投影面的投射线与回转面相切的点的轨迹，通常称为回转面相对该投影面的转向轮廓线。立体上转向轮廓线的位置取决于投射线的方向；转向轮廓线是回转面上可见与不可见的分界线，转向轮廓线的投影确定了回转面的投影轮廓。

表 3-9 中，圆柱正面投影中矩形的左、右两条竖直线分别表示圆柱面最左和最右的两条正面转向轮廓线的投影，侧面投影中矩形的左、右两条竖直线分别表示圆柱面最后和最前的两条侧面转向轮廓线的投影。圆锥正面投影中等腰三角形的两腰表示圆锥面相对于正面投影面的两条转向轮廓线的投影，侧面投影中等腰三角形的两腰表示圆锥面相对于侧面投影面的两条转向轮廓线的投影。球的转向轮廓线就是三个平行于相应投影面的最大的圆，它们的圆心就是球心，这三个圆的投影即为圆球的三面投影。

2. 常见回转体表面取点

（1）圆柱表面点的投影　如图 3-56 所示，若已知圆柱面上点 A、B 的正面投影 a'、(b')，求其水平投影和侧面投影。由于圆柱面的水平投影积聚成圆，因此点 A、B 的水平投影应该积聚在圆周上，利用长对正即可求出水平投影 a、b；然后再根据正面投影 a'、(b') 和水平投影 a、b 求出侧面投影 a''、b''。

（2）圆锥表面上点的投影　若已知圆锥面上点的某一投影求其另外两个投影时，由于圆锥面的三面投影都不具有积聚性，所以一般不能直接求出其他投影，需要利用过已知投影作辅助线的方法来完成。为了作图方便，应选取投影图中简单易画的辅

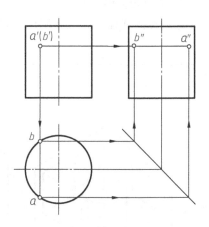

图 3-56　圆柱面上点的投影

助线。由于圆锥面是直线母线绕与其相交的轴回转所形成的回转面，其素线为直线，纬线是圆。因此可以分别通过这两种简单辅助线，完成圆锥表面上点的投影作图。

1）辅助素线法。如图 3-57a 所示，已知圆锥面上点 A 的正面投影，求作它的水平投影

和侧面投影。可利用过点 A 及圆锥锥顶的素线的投影，先确定点 A 的水平投影，再作出侧面投影，这种方法称为辅助素线法。作图过程如图 3-57b 所示。

2）辅助圆法。如图 3-57a 所示，与上面问题相同，已知圆锥面上点 A 的正面投影，求作它的水平投影和侧面投影。由于该圆锥轴线为铅垂线，纬线圆为水平圆，纬线圆的正面投影、侧面投影均积聚为垂直于轴线的直线，直线的长度等于该圆的直径长度；水平投影反映该圆的实形。利用过点 A 的辅助圆的投影，可以确定点 A 的另外两面投影，这种方法称为辅助圆法。作图过程如图 3-57c 所示。

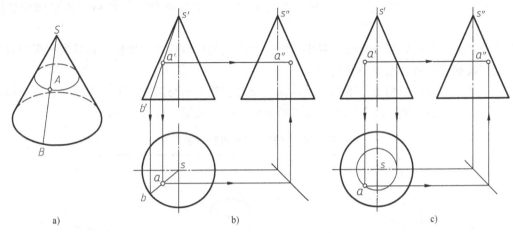

图 3-57 作圆锥表面上点的投影

（3）圆球表面上点的投影 若已知圆球面上点的一个投影，求作它的另外两面投影时，可根据过球面上任意一点都存在三个分别平行于三个投影面的纬线圆来辅助作图。图 3-58 表示已知球面上点 A 的正面投影，求作其水平投影和侧面投影的作图过程，是利用了三个不同的辅助圆来求作点 A 投影的方法。

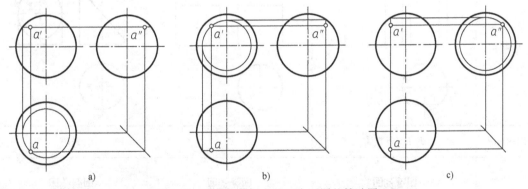

图 3-58 过球表面上点的三个不同的辅助圆

3. 平面与常见回转体相交

前面已经介绍了平面与平面立体相交截交线的性质及作图，与其类似，平面与常见回转体相交的截交线既在平面上，又在立体上，是截平面与回转体表面的共有线，是封闭的平面图形。截交线的形状既取决于立体的形状，又取决于截平面与立体的相对位置。

平面与常见回转体相交就是要作出截切后立体的投影，即作出截交线的投影后，再补全立体的投影。平面与常见回转体相交时，可能只与其回转面相交；也可能既与其回转面相交，又与回转体的端面相交，因为与端面相交时，交线是直线，此处省略讨论。下面讨论平面与回转体上回转面部分相交的截交线。

平面与常见回转面的截交线可以是直线、圆或非圆平面曲线。截交线投影为直线或圆时，可以根据其位置直接作图；截交线的投影为非圆曲线时，可利用在回转面上取点的方法作图。非圆曲线作图时，先求出曲线上极值点等特殊点（包括确定截交线大小范围的最左、最右点，最前、最后点，最高、最低点以及回转面转向轮廓线上的点和椭圆长短轴的端点等）的投影；然后再按需要作出一些一般点的投影；最后判断可见性后，连成截交线的投影。

当截平面相对投影面为特殊位置平面时，截平面的投影具有积聚性，在其所积聚的投影面上截交线的投影重合在截平面投影上。

（1）平面与圆柱面相交　平面与圆柱面相交时，截平面与圆柱面轴线的相对位置可以是平行、垂直、倾斜，截交线分别是两条平行直线、圆、椭圆，见表3-10。

表3-10　平面与圆柱面的交线

截平面的位置	与轴线平行	与轴线垂直	与轴线倾斜
立体图	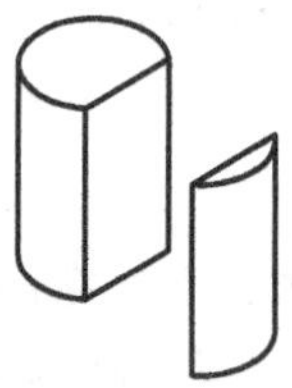	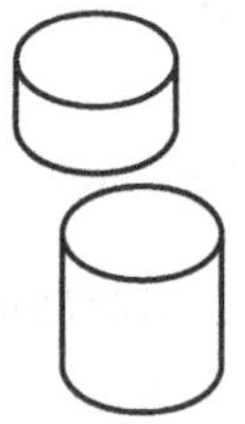	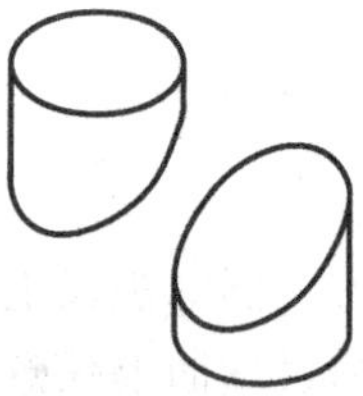
投影图	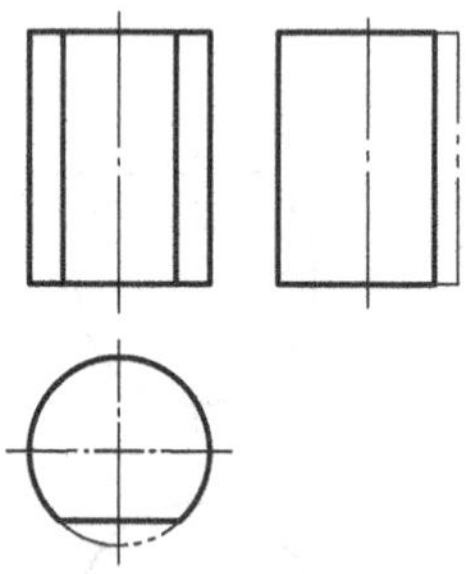	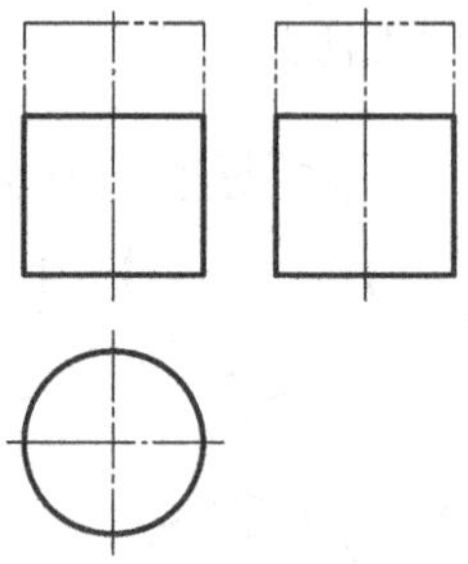	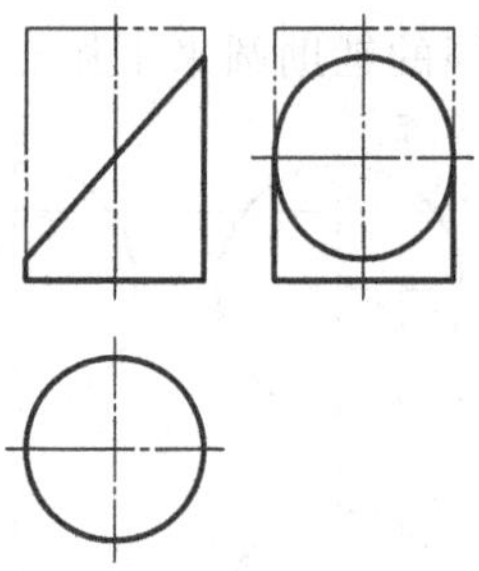
交线情况	两条平行直线	圆	椭圆
模型			

【例3-11】　如图3-59a所示，圆柱被一正垂面截切，完成被截切后圆柱的侧面投影。

分析：如图3-59b，圆柱与截平面斜交时，其截交线为椭圆，而且椭圆短轴是平行于圆柱底面的直径，其长轴的两个端点是截交线上的另外两个极值点。

　　因为截平面是正垂面，所以截交线的正面投影积聚在截平面的投影上，其投影为一条直线段，截交线上所有点都是圆柱表面与截平面的公共点，水平投影积聚在圆柱面水平投影的圆周上，而其侧面投影应为椭圆。

　　作图步骤：

　　① 先画出完整圆柱的侧面投影，然后求特殊点。由图 3-59b 可知，最高点 *A*、最低点 *B* 分别位于圆柱面的最右、最左素线上，亦是截交线的最右点和最左点；最前点 *C*、最后点 *D* 分别位于圆柱面的最前、最后素线上；可以根据圆柱的投影和点的投影规律直接求得这四点的三面投影，如图 3-59c 所示，*a"b"* 和 *c"d"* 也是椭圆的长短轴。

　　② 求一般点。根据作图需要求若干一般点。如图 3-59d 所示，先确定出点 *E*、*F*、*G*、*K* 的水平投影 *e*、*f*、*g*、*k*，再由 *e*、*f*、*g*、*k*，作出 *e'*、*f'*、*g'*、*k'* 及 *e"*、*f"*、*g"*、*k"*。

　　③ 判断可见性。根据投射方向和立体位置可知，截交线侧面投影均可见。按点在圆周上的顺序连接所求得的侧面投影上的各点，作图结果如图 3-59e。

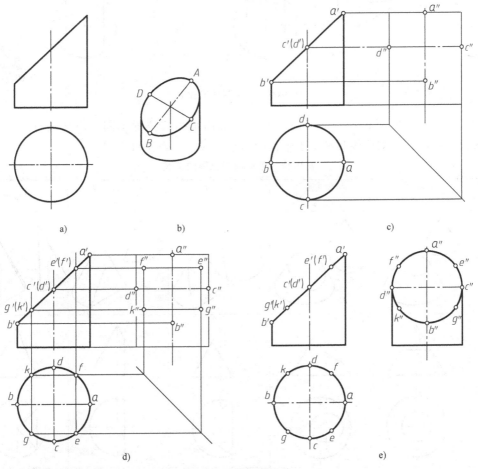

图 3-59　圆柱截交线

　　【例 3-12】　画出图 3-60a 所示圆柱被截切后的侧面投影。

　　分析：如图 3-60b 所示，该圆柱轴线垂直于水平投影面；其上端切口是由水平面和两个侧平面切割圆柱而形成，截平面的正面投影都积聚成直线，它们的侧面投影或积聚成直线，或反映实形。圆柱下端两侧切口左右对称，分别是由平行于圆柱轴线的侧平面和垂直于圆柱轴线的水平面切割圆柱而形成，截平面并没有完全切割圆柱，而是两两相交形成截交线。

作图步骤：

① 绘制轴线，完成侧面投影，如图 3-60c 所示。先画出整个圆柱的侧面投影，然后根据对应关系和宽相等的原则，作出每个平面截切圆柱的截交线的侧面投影。

② 判断可见性，连线并补全圆柱的投影，按规定线型加深，结果如图 3-60d 所示。

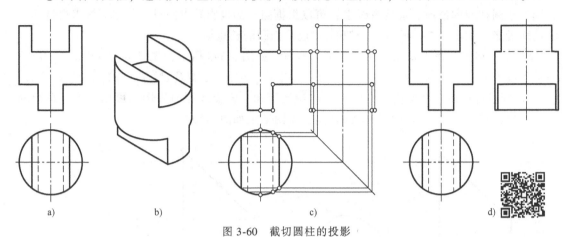

a)   b)   c)   d)

图 3-60　截切圆柱的投影

（2）平面与圆锥面相交　根据截平面与圆锥面轴线的位置不同，截交线有五种情况：圆、椭圆、抛物线、双曲线和相交于锥顶的两条直线，见表 3-11。

表 3-11　平面与圆锥面的交线

截平面位置	与轴线垂直（$\theta = 90°$）	与轴线倾斜（$\theta > \varphi$）	与一条素线平行（$\theta = \varphi$）	与轴线平行（$\theta = 0°$）	过锥顶
立体图					
投影图					
交线情况	圆	椭圆	抛物线	双曲线	过锥顶的两条直线
模型					

【例 3-13】　如图 3-61 所示，补全圆锥被侧平面截切后的侧面投影。

分析：从所给情况分析，截平面与圆锥的轴线平行，与圆锥面的交线是双曲线的一支，其水平投影重合在截平面的水平投影上，侧面投影反映实形。

作图步骤：

① 作出平面与圆锥面截交线的特殊点：最低点 A、B 及最高点 C 的投影。

② 根据需要作出一般点。用纬线圆法求出一般点 E、D 的投影。

③ 连线并判断可见性。按顺序光滑连成所求截交线的侧面投影。由于截交线在左半圆锥面上，所以截交线侧面投影可见。

④ 补全圆锥立体的侧面投影如图 3-61b 所示。

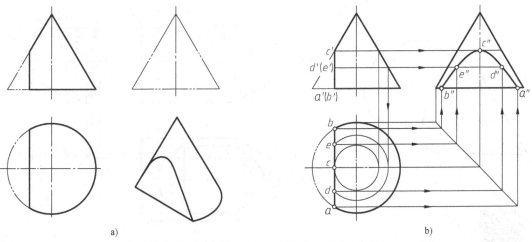

图 3-61　补全圆锥被侧平面截切后的侧面投影

（3）平面与圆球相交　平面与圆球的截交线为圆。由于截平面相对投影面的位置不同，截交线的投影也不同。当截平面平行于投影面时，截交线在该投影面上的投影为实形；当截平面与投影面垂直时，截交线的投影为直线，长度等于截交线圆的直径；当截平面倾斜于投影面时，截交线的投影为椭圆。下面举例说明圆球截交线投影的作图。

【例 3-14】　如图 3-62a 所示，完成半球被截切后的水平投影和侧面投影。

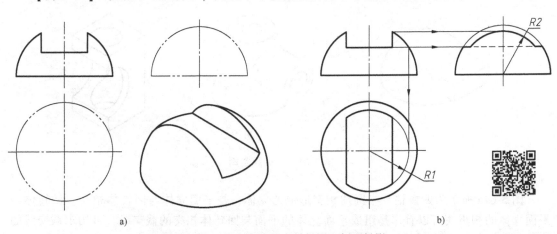

图 3-62　补全半球的水平投影和侧面投影

分析： 从立体图可以看出，半圆球被两个侧平面和一个水平面截切，在半圆球上方中间形成一个方槽，侧平面与球面截交线的侧面投影为圆，而水平面与球面截交线的水平投影也为圆；圆的直径可以分别由其他投影确定。作图步骤如图 3-62b 所示。

（4）平面与组合回转体相交　平面与回转体相交的情况有两种，一种是前面介绍的一个或多个平面与一个回转体相交；另一种是一个或多个平面与多个回转体组成的立体相交。图 3-63 是平面与由圆柱和圆锥组合而成的组合回转体相交，其截交线应该是平面与组合回转体中各单独回转体表面交线的组合。因此求作平面与组合回转体截交线的投影时，可先分别作出平面与各单独回转体表面交线的投影，然后再将它们组合成所求截交线的投影，最后补全该被截切的组合立体的投影。

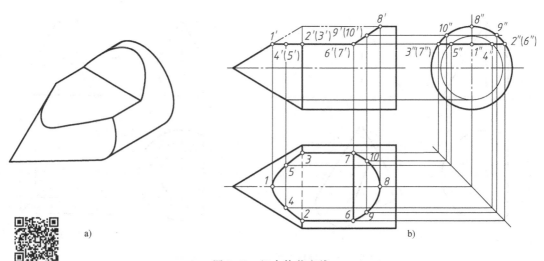

图 3-63　组合体截交线

4. 两立体相交

两立体表面的交线称为相贯线，如图 3-64 所示。两相交立体除实心立体相交如图 3-64a 所示的情况外，还有如图 3-64b 所示实体与空体、图 3-64c 所示空体与空体相交的情况，即立体上穿孔、孔与孔相交的情况。

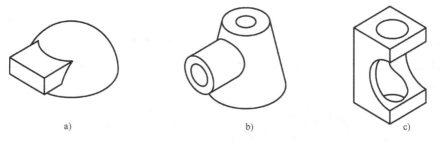

图 3-64　相贯线实例

图 3-64a 所示为四棱柱与半圆球相交形成的立体，是平面立体与回转体相交。回转体与平面立体的相贯线可以看作是组成平面立体的平面与回转体相交的截交线，可用求截交线的方法作图，求出棱柱各表面与圆球的交线。

下面着重讨论两回转体相交的情况。两回转体的相贯线具有下列基本性质：

1）相贯线是相交两回转体表面的共有线，也是两立体表面的分界线；相贯线上的点是两立体表面的共有点。

2）相贯线一般是闭合的空间曲线，也有不闭合的特殊情况。还有可能是平面曲线或是直线。

相贯线的空间形状由相交回转体的形状及其相对位置决定，而相贯线的投影形状除与两回转体的表面形状、两回转体间的相对位置有关外，还与两立体相对投影面的位置有关。

（1）相贯线的作图方法　求作相贯线时，先对相交两回转体进行空间分析，分析两立体的表面性质、相对位置、相对投影面的位置及表面投影特点。

立体相贯线为非圆曲线时，可以通过求作相交立体表面上的一系列共有点并连线来完成相贯线的作图。常用的方法有两种：积聚性法和辅助平面法。

1）积聚性法。当相交两回转体中有一个是圆柱体，且圆柱面的投影具有积聚性（积聚为圆）时，相贯线在该投影面的投影也应积聚在圆柱面的投影（圆）上。利用相贯线的共有特性，可以通过在另一回转体表面上取点的方法确定相贯线的投影。

【例 3-15】　如图 3-65a 所示，求两轴线垂直相交圆柱的相贯线。

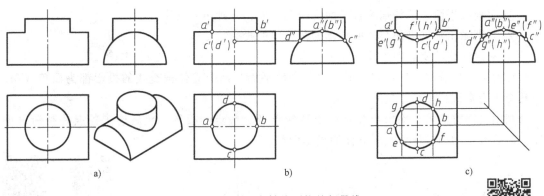

图 3-65　两正交轴线圆柱的相贯线

分析：两相交圆柱的轴线分别垂直于水平投影面和侧投影面，该两圆柱面的水平投影和侧面投影分别积聚在圆周上。所以相贯线的水平投影和侧面投影已知，其侧面投影的存在范围不能超过小圆柱的投影范围。

作图步骤：

① 求特殊点。与截交线类似，相贯线上的特殊点是转向轮廓线上的共有点和极限点 A、B、C、D，如图 3-65b 所示。

② 求一般点。如图 3-65c 所示，先在相贯线水平投影上确定四个一般点 e、f、g、h，再确定相应的侧面投影 e''、f''、g''、h''，最后求出 e'、f'、g'、h'。

③ 依次光滑连接各共有点，即完成相贯线的正面投影，如图 3-65c 所示。

两回转体相交有三种形式：实体与实体、实体与空体、空体与空体。下面以圆柱相交为例说明这三种形式，如图 3-66 所示。

2）辅助平面法。当相交两回转体的投影不具有积聚性，无法利用积聚性法求解相贯线上的点时，可采用辅助平面法求解。

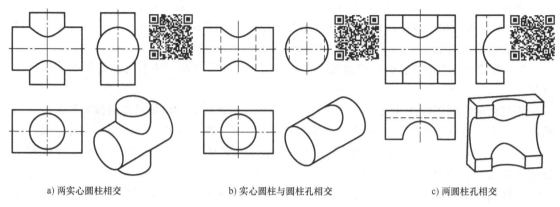

a) 两实心圆柱相交　　　　　　b) 实心圆柱与圆柱孔相交　　　　　　c) 两圆柱孔相交

图 3-66　两圆柱相交的三种情况

如图 3-67 所示，辅助平面法的作图原理是假想用一个平面 P 截切圆柱和圆锥，平面 P 与圆柱表面、圆锥表面相交，交线分别为 L_1、L_2，L_1 与 L_2 交于点 C、D，C、D 两点是辅助平面、圆柱面、圆锥面三面的共有点，因此也是相贯线上的点。

由上述分析可以总结出应用辅助平面法求解相贯线上点的作图步骤：

① 作辅助平面。选特殊位置平面为辅助平面，并画出其投影。

② 分别做出辅助平面与两回转体的截交线的投影。

③ 两截交线的交点即为相贯线上的点。

辅助平面应选择特殊位置平面，并使辅助平面与两个立体截交线的投影都为简单线条，如截交线为直线或平行于投影面的圆。

利用上面方法可分别求出相贯线上特殊点及一般点的投影，然后连接各点并判断可见性，最后补全两回转体相交后立体的投影即可。

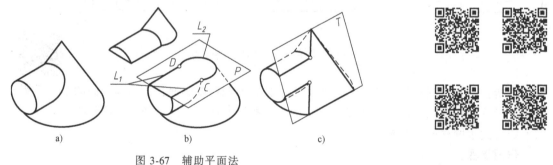

a)　　　　　　　　　　　b)　　　　　　　　　　　c)

图 3-67　辅助平面法

【例 3-16】　如图 3-68a 所示，求作圆柱和圆锥的交线，并补全圆柱与圆锥相交后立体的投影。

分析：由图 3-68a 所示圆柱、圆锥的相对位置可知，圆柱从左侧正交全部穿入圆锥，所以相贯线是一条闭合的空间曲线，又由于这两个回转体具有平行于正投影面的公共对称面，因此相贯线也前后对称，即前半相贯线与后半相贯线的正面投影互相重合。

由于圆柱面的侧面投影具有积聚性，投影为圆，相贯线的侧面投影也必定积聚在其上。因此问题可归结为已知圆柱与圆锥相贯线的侧面投影，求作相贯线的正面投影和水平投影，可利用圆柱面投影的积聚性来求相贯线，即积聚性法；也可通过作辅助平面的方法来求相贯线。现介绍利用辅助平面法作出相贯线的过程。

　　用辅助平面法求解，首先要选择适当的辅助截平面。如图 3-67b、c 所示，应使所作辅助平面与圆柱、圆锥的交线为直线或平行于投影面的圆。对圆柱来说，辅助平面既可平行于圆柱轴线（与圆柱面交线为直线），又可垂直于圆柱轴线（与圆柱面交线为圆），这两种位置平面均可以作为辅助平面；对圆锥来说，辅助平面既可过圆锥锥顶（与圆锥面交线为直线），又可垂直于圆锥轴线（与圆锥面交线为圆），也有两种位置平面可以作为辅助平面。综合上述分析，辅助平面最好选择：①垂直于圆锥轴线，与圆柱轴线平行的水平面，如图 3-67b 所示；②过圆锥锥顶，且与圆柱轴线平行的侧垂面或正平面，如图 3-67c 所示。

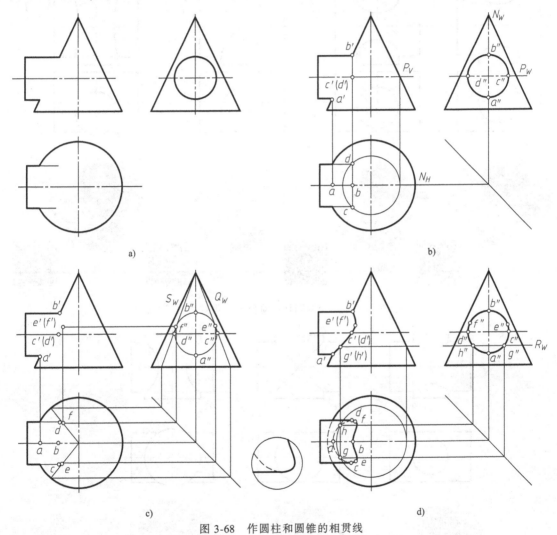

图 3-68　作圆柱和圆锥的相贯线

作图步骤：

　　① 求特殊点。如图 3-68b 所示，确定极限点 A、B、C、D 的投影。过圆柱轴线作辅助水平面 P 确定点 C、D，过圆锥锥顶作辅助正平面 N 确定点 A、B。

　　② 求一般点。如图 3-68c 所示，作辅助平面 S、Q，近似作出相贯线上投影最靠近圆锥轴线的极限点 E、F。如图 3-68d 所示，作辅助水平面 R，得到一般点 G、H。

③ 连线并判断可见性。按诸点的顺序及其可见性分别连接相贯线的正面投影和水平投影。最后补全圆柱与圆锥相贯后的水平投影。如图 3-68d 所示。

（2）常见相贯线的空间分析　两相交的立体不同，其相贯线形状也不同。当两个立体的相对位置及大小发生变化时，相贯线形状随之变化。图 3-69 为轴线垂直相交两圆柱相对位置发生变化时，相贯线的变化情况；图 3-70 为轴线垂直相交两圆柱直径发生变化时，相贯线位置、形状的变化情况。

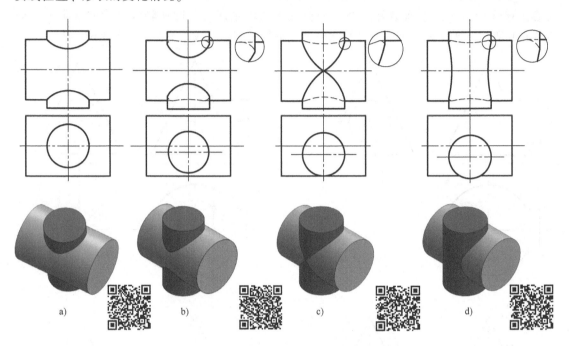

a)　　　　　　　b)　　　　　　　c)　　　　　　　d)

图 3-69　轴线垂直相交两圆柱相对位置变化对相贯线的影响

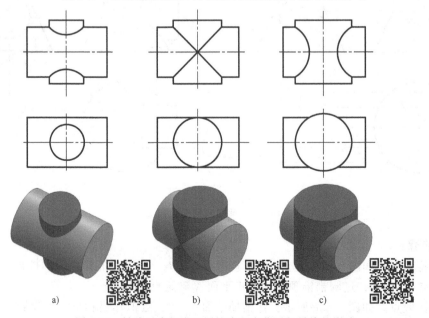

a)　　　　　　　b)　　　　　　　c)

图 3-70　轴线垂直相交两圆柱直径变化对相贯线的影响

（3）相贯线的特殊情况　两回转体的相贯线一般为空间曲线，但在特殊情况下，也可以是平面曲线或直线。

1）具有公共相切球的两回转体相交。两回转体具有一个公共相切球面时，它们的交线为两条平面曲线，如图 3-71 所示。图 3-71a、b、c 分别是圆柱与圆柱相交、圆柱与圆锥相交、圆锥与圆锥相交，它们均具有一个公切球，它们的相贯线均为垂直于其公共对称面的椭圆。如果当两个回转体的公共对称面是投影面的平行面时，相贯线在该投影面的投影积聚为直线。

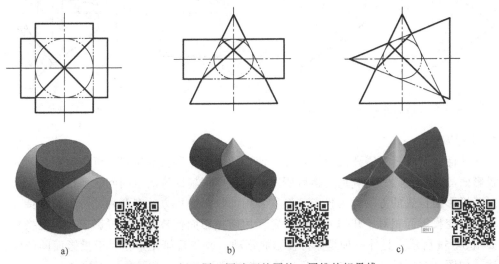

图 3-71　切于同一圆球面的圆柱、圆锥的相贯线

2）两个同轴回转体相交。两个同轴回转体的相贯线为垂直于公共轴线的圆，当轴线平行于投影面时，相贯线在该投影面的投影为垂直于轴线的直线。如图 3-72 所示。

5. 组合相贯线

三个或三个以上回转体相交所形成的表面交线称为组合相贯线，组合相贯线由各段相贯线组合而成，分别是两两回转体表面的交线；而两段交线的分界点必定是相交三回转体表面的共有点。

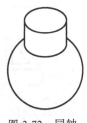

图 3-72　同轴
回转体相交

第五节　变换投影面法

一、投影变换概述

从前面介绍的投影理论可知，当几何元素相对于投影面处于一般位置时，在投影图上就不能直接得出它们的真实形状或距离。例如，如图 3-73a 所示，$\triangle ABC$ 是一般位置平面，其与 H 面、V 面都倾斜，水平投影 $\triangle abc$ 和正面 $\triangle a'b'c'$ 都不能反映实形；如图 3-73b 所示，点 K 到 $\triangle ABC$ 的距离也不能直接从投影图上获得。但当几何元素（直线或平面）平行于投影面时，它们在该投影面上投影反映实形（反映直线段的实长或平面的实形），如图 3-74a 所

示；当平面垂直于投影面时，直线与平面之间的平行、垂直位置关系，还有相交时的交点，都能从投影图上直接反映出来，如图 3-74b 所示，几何元素（特殊位置直线或平面）的这些投影特性，对表示立体形状，解决空间几何问题都非常有利。

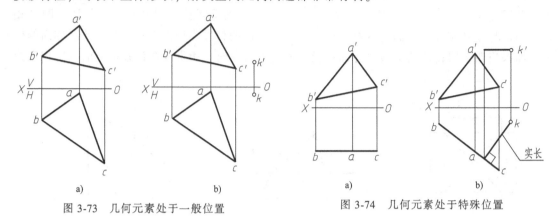

图 3-73　几何元素处于一般位置　　　　图 3-74　几何元素处于特殊位置

1. 投影变换

为使几何元素具有所需要的投影特性，使它们处于某种特殊位置，可以改变几何元素相对于投影面的位置，然后再利用变换后所得的新投影来辅助解决空间问题。这种改变几何元素相对于投影面位置的方法称为投影变换。常用的投影变换方法有两种，一种是保持几何元素不动，改变投影面相对于几何元素的位置，用新投影面代替原来的投影面，即变换投影面法，如图 3-75a 所示；另外一种是保持投影面不动，改变几何元素相对于投影面的位置，如旋转法，如图 3-75b 所示。本节中，只讨论变换投影面的方法，简称换面法。

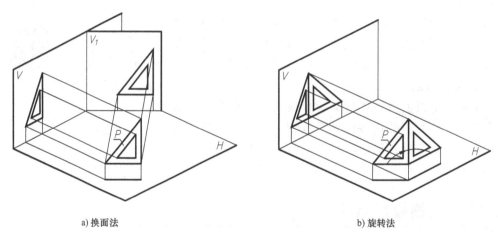

a) 换面法　　　　　　　　　　　　　　　b) 旋转法

图 3-75　投影变换方法

2. 换面法基本原理

如图 3-75a 所示，铅垂面 P 与投影面 V 倾斜，它的正面投影不反映实形，为得到平面 P 的实形，必须使平面 P 平行于投影面，因此在平面 P 后面增加一个与 P 平面平行的平面 V_1 作为投影面，使其与 H 面垂直，此时平面 P 保持不动，它在 V_1 上的投影反映实形。用 V_1 面代替 V 面，投影面体系由原来的 V/H 变为 V_1/H。这就是换面法的基本原理。

选择新投影面时，为了使空间问题得到解决，必须满足两个条件：

1）新投影面必须垂直于原来投影面中的一个，以便重新构成互相垂直的新投影面体系，这样才能应用前面得到的正投影理论，并使作图清晰简便。

2）新投影面相对于几何元素，必须处于有利于解题的特殊位置。

二、点的投影变换规律

1. 变换一次投影面

点是最基本的几何元素，如果要运用换面法解决问题，就必须讨论点的投影变换规律。

在互相垂直的 V/H 投影面体系中，点 A 的水平投影为 a，正面投影为 a'，X 为投影轴，如图 3-76a 所示。为解题需要，如果用铅垂面 V_1 代替 V 面作为新投影面，使水平投影面 H 保持不变，就构成了一个新投影面体系 V_1/H，V_1 面和 H 面的交线为新投影面体系中的新投影轴，用 X_1 表示，它代替了原来的旧投影轴 X。过点 A 向 V_1 面作垂线，得到点 A 的新投影，用 a_1' 表示，这样就得到了新投影面体系 V_1/H 中的两个投影 a 和 a_1'，其中 a 为保留投影，它们代替了 V/H 体系中的 a 和 a'，同样可以确定点 A 的空间位置。

将 V_1 面绕 X_1 轴向后旋转到与不变的投影面 H 重合，就得到点 A 的新投影图，如图 3-76b 所示。由点的投影规律，$aa' \perp X$，点 A 的新投影 a_1' 与原有投影 a 的连线垂直于 X_1 轴，即 $a_1'a \perp X_1$ 轴；由于投影面体系 V_1/H 与 V/H 都具有公共的一个水平投影面 H，所以点 A 到 H 面的距离保持不变，即 $a'a_x = a_1'a_{x1}$。

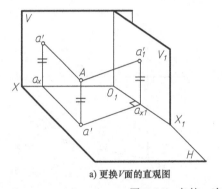

a) 更换 V 面的直观图　　　　b) 更换 V 面的作图过程

图 3-76　点的一次变换——更换 V 面

根据上述分析，点的投影变换规律可归纳如下：

1）点的新投影与保留投影的连线垂直于新投影轴。

2）点的新投影到新投影轴的距离，等于被更换的投影到旧投影轴的距离。

在新投影轴 X_1 确定后，可以根据点的投影变换规律，由点的两个旧投影求出新投影。

为解题需要，也可以用一个垂直于 V 面的平面 H_1 代替 H 面，H_1 与 V 面交于 X_1，构成的新投影面体系为 V/H_1，代替旧投影面体系 V/H，如图 3-77 所示，点 A 在 H_1 面上的投影用 a_1 表示，代替旧投影 a。与前面变换 V 面的投影规律类似，$a_1a' \perp X_1$，由于 V 面保持不变，所以点 A 到 V 面的距离也不变，因此 $a_1a_{x1} = aa_x$。在作图求新投影 a_1 时，由 a' 向新投影轴 X_1 作垂线，与 X_1 轴交于 a_{x1}，在垂线上量取 $a_1a_{x1} = aa_x$。

2. 变换两次投影面

在应用变换投影面法解决实际问题时，由于新投影面的选择应满足前面提出的两个条

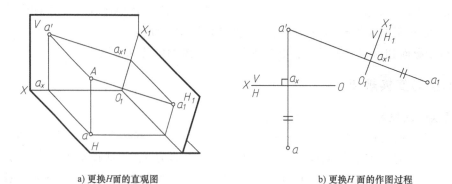

a) 更换H面的直观图   b) 更换H面的作图过程

图 3-77 点的一次变换——更换 H 面

件，所以有时变换一次投影面还不能将几何元素变换到理想位置而达到解决问题的目的，需要变换两次投影面或者变换多次投影面。

图 3-78a 为点进行二次变换的空间直观图。若第一次用 V_1 面更换 V 面，第二次用 H_2 更换 H 面，因此 H_2 必须与 V_1 垂直，它们组成新投影面体系 V_1/H_2，新投影轴用 X_2 表示；求第二次变换的新投影 a_2 时，则以第一次变换建立起来的新体系中的两个投影 a、a_1' 作为原有投影，运用点的投影变换规律作图，图 3-78b 为二次换面的新投影 a_2 的作图方法。

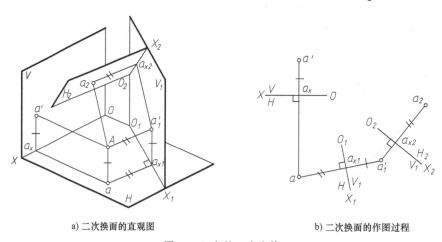

a) 二次换面的直观图   b) 二次换面的作图过程

图 3-78 点的二次变换

三、四个基本作图问题

1．一般位置直线变换为投影面平行线

图 3-79a 表示将一般位置直线 AB 变换为投影面平行线的直观图。图中新投影面 V_1 平行于直线 AB，且垂直于原来的投影面 H，直线 AB 在新投影面体系 V_1/H 中为正平线。图 3-79b 为投影图，因为新投影轴 X_1 应与 ab 平行，在新投影面体系 V_1/H 中，点的两个投影连线 aa_1' 和 bb_1' 均应与 X_1 轴垂直，所以，作图时，应先在适当位置画出与不变投影 ab 平行的新投影轴 X_1，然后根据点的一次变换的投影规律，求出 A、B 两点的新投影 a_1'、b_1' 并连线，即得 V_1/H 体系中正平线的两面投影 ab、$a_1'b_1'$。

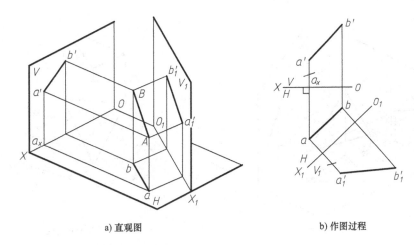

a) 直观图　　　　　　　　　　　　　　b) 作图过程

图 3-79　一般位置直线变换为投影面平行线

2. 投影面平行线变换为投影面垂直线

图 3-80a 为将水平线 AB 变换为投影面垂直线的直观图。为了使水平线 AB 变为投影面垂直线，必须选择变换 V 面，即用新投影面 V_1 代替 V 面，只有这样，才能使直线 AB 变换为新投影面体系 V_1/H 中的正垂线。图 3-80b 为它的投影图。作图时，应先在适当位置画出与水平投影 ab 垂直的新投影轴 X_1，然后再根据点的一次变换的投影规律，求出 A、B 两点的新投影 $a_1'b_1'$，$a_1'b_1'$ 应积聚为一点。

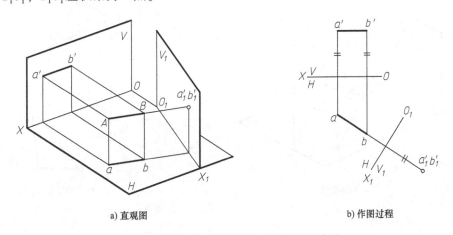

a) 直观图　　　　　　　　　　　　　　b) 作图过程

图 3-80　投影面平行线变换为投影面垂直线

3. 一般位置平面变换为投影面垂直面

如图 3-81a 所示是一般位置平面 $\triangle ABC$ 变换为新投影面体系 V_1/H 中垂直面的直观图。由于新投影面 V_1 既垂直于 $\triangle ABC$ 平面，又垂直于原来的投影面 H，因此，新投影面 V_1 必须垂直于 $\triangle ABC$ 平面内的水平线。图 3-81b 为它的投影图，作图时，先在 $\triangle ABC$ 平面内取水平线 BD 作为辅助线，再将 BD 变换为新投影面体系 V_1/H 中积聚为一点的正垂线 $b_1'd_1'$，平面 $\triangle ABC$ 就可变换为 V_1/H 中的正垂面。

同理也可将平面 $\triangle ABC$ 变换为新投影面体系 V/H_1 中的铅垂面。

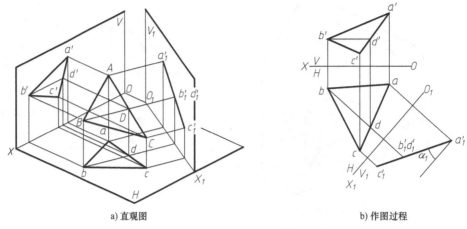

a) 直观图   b) 作图过程

图 3-81 一般位置平面变换为投影面垂直面

4. 投影面垂直面变换为投影面平行面

图 3-82a 为将铅垂面 $\triangle ABC$ 变换为投影面平行面的直观图。用平行于 $\triangle ABC$ 的新投影面 V_1 代替 V 面，V_1 必定与投影面 H 垂直，并与 H 面构成新投影面体系 V_1/H。$\triangle ABC$ 在新投影面体系中是正平面。图 3-82b 为它的投影图，作图时，先画出与积聚的水平投影 abc 平行的新投影轴 X_1，即水平投影 $abc // X_1$，再求出 $\triangle ABC$ 各顶点在 V_1 面的新投影 $\triangle a_1' b_1' c_1'$。

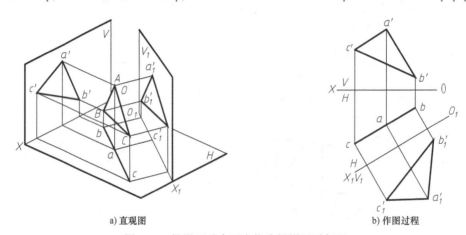

a) 直观图   b) 作图过程

图 3-82 投影面垂直面变换为投影面平行面

四、举例

应用换面法解题时，大多是以上面四个基本问题或者以它们的组合为基础。例如，将一般位置直线变换为投影面垂直线，需要先将直线经过一次换面变换成投影面平行线；再经过第二次换面将投影面平行线变换成垂直线；需要经过两次换面的还有一般位置平面变换成投影面平行面等问题，一般位置平面经过一次换面变换成投影面垂直面，再经过一次换面，可将投影面垂直面变换成平行面。

解题时，首先根据题意进行空间分析，分析题目的已知条件和需要求解的问题，并根据前面所学知识和已有积累，确定已知几何元素与新投影轴处于何种相对位置，能在投影图上获得问题的答案或者容易获得解答；然后根据基本作图方法，确定如何变换投影面、变换次数以及变换的步骤；最后进行具体作图。

作图时，为了使图形简明清晰，必须将新投影轴画在适当位置，一般画在原来投影的外侧，应尽量避免新投影轴与原来两面投影中的图线重叠。

【**例 3-17**】 求图 3-83a 所示一般位置平面△ABC 的实形。

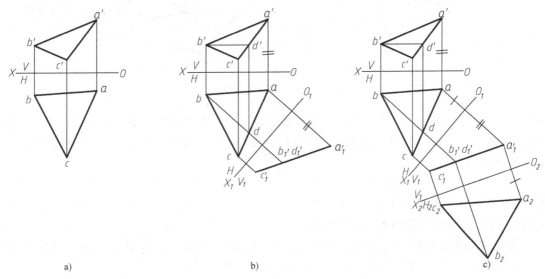

图 3-83 求一般位置平面△ABC 的实形

分析：题目欲求出△ABC 的实形，当新投影面平行于平面△ABC 时，△ABC 在新投影面上的投影反映实形。将一般位置平面△ABC 变换为投影面平行面，需要变换两次，第一次换面是将△ABC 变换为投影面垂直面，第二次变换是将投影面垂直面变换为投影面平行面。

作图步骤：

① 选择将△ABC 变换为正垂面，如图 3-83b 所示。欲将该平面变为投影面垂直面，就需要将平面上的投影面平行线变换为垂直线，本题是选择将 V/H 体系中△ABC 平面上的水平线变为 V_1/H 体系中的正垂线，此时包含正垂线的△ABC 平面就随之变换为 V_1/H 体系中的正垂面，因此先在平面△ABC 上取水平线 $BD(bd，b'd')$，然后画出新投影轴 $X_1 \perp bd$，变换后 BD 变为正垂线时，平面△ABC 变换为 V_1/H 体系中的正垂面（$abc，a_1'b_1'c_1'$），$a_1'b_1'c_1'$ 积聚为一条直线。

② 将 V_1/H 体系中的正垂面变换为水平面，如图 3-83c 所示。选择新投影面 H_2 平行于 V_1/H_2 中的正垂面，即新投影轴 $X_2 // a_1'b_1'c_1'$，变换后△ABC 变换成 V_1/H_2 体系中的水平面。

本题是选择将△ABC 变换为水平面来求它的实形，当然也可选择将△ABC 变换为正平面（平行于 V_2），请读者可自行练习将△ABC 变换为正平面来求它的实形。

【**例 3-18**】 求图 3-84a 所示两条交叉直线 AB、CD 的公垂线。

空间分析：如图 3-84b 所示，从前面有关知识可知，两交叉直线的公垂线即为与两条直线都垂直的直线；若两交叉直线中有一条直线（AB）与投影面 H_2 垂直时，与 AB 垂直的直线为水平线 MN，点 M 在投影面 H_2 上的投影 m_2 与 AB 积聚的投影 a_2b_2 重合；如果该水平线

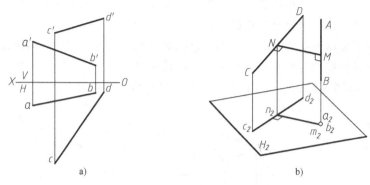

图 3-84　两交叉直线的公垂线

MN 与另外一条已知直线 CD 也垂直，那么直线 MN、CD 在该投影面 H_2 上的投影垂直，即 $m_2 n_2 \perp a_2 b_2$。因此，将两条交叉直线之一变换为投影面垂直线后，题目就很容易得到解答。

作图步骤：

① 如图 3-85a 所示，先选择 $X_1 /\!/ ab$，使直线 AB 变换为 V_1/H 体系中的正平线；再选择 $X_2 \perp a_1' b_1'$，在 V_1/H_2 体系中，将直线 AB 变换为平面 H_2 的垂直线，即 $a_2 b_2$ 积聚为一点。另外直线 CD 的投影也要随 AB 一起变换两次。

② 如图 3-85b 所示，m_2 与积聚的点 $a_2 b_2$ 重合，过 m_2 作 $m_2 n_2 \perp c_2 d_2$，$m_2 n_2$ 与 $c_2 d_2$ 交于 n_2，$m_2 n_2$ 即为所求公垂线在 H_2 面上的投影，反映公垂线的实长。

③ 作出 MN 在 V/H 体系中的投影 mn、$m'n'$，先由 n_2 在 $c_2 d_2$ 上，n_1' 在 $a_1' b_1'$ 上而作出 n_1'；因为垂直于 AB 的直线 MN 应为 V_1/H_2 体系中的水平线，所以再过点 n_1' 作直线 $m_1' n_1' /\!/ X_2$ 与 $a_1' b_1'$ 交于点 m_1'；最后再根据投影规律求出 mn、$m'n'$。

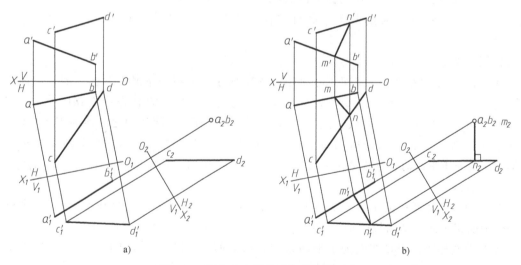

图 3-85　两交叉直线公垂线的作图过程

从上面例题可以看出，当需要进行两次或两次以上换面时，为了使每次更换的投影面都能为方便解题而创造条件，V 面和 H 面必须交替更换，可以是按照 $V/H \rightarrow V_1/H \rightarrow V_1/H_2 \rightarrow V_3/H_2 \rightarrow \cdots\cdots$ 的顺序变换，也可以是按照 $V/H \rightarrow V/H_1 \rightarrow V_2/H_1 \rightarrow V_2/H_3 \rightarrow \cdots\cdots$ 的顺序变换。另

外需要注意的是，在新投影面体系中作出的题目解答，如点、直线等新投影都要返回到原来的 *V/H* 体系中，即求出题目解答在 *V* 面、*H* 面上的投影。

本 章 小 结

本章介绍了投影法的基本概念、平行投影的基本特性以及工程上常见的几种投影图；讨论了三视图的形成、投影规律以及简单立体三视图的画法；研究了点、直线、平面的投影规律及投影特性，并研究直线与平面、平面与平面的相对位置关系。介绍常见曲面和常见立体的形成及三维建模；分析、阐述了圆柱、圆锥、圆球、圆环等立体的投影及表面取点、平面与常见回转体相交、回转体与回转体表面交线（相贯线）的性质和作图方法，并对投影变换作了简单介绍。

本章内容是绘制复杂形状零件投影的基础，也是学习本课程的难点部分，应理解基本概念、掌握基本理论及作图的基本方法。

思 考 与 练 习

3-1 什么是投影法？中心投影法与平行投影法有何区别？平行投影法如何分类？平行投影的基本特性有哪些？

3-2 工程上常见的投影图有哪几种？每种投影图有何优缺点？

3-3 三视图是怎样形成的？必须遵循的投影规律是什么？

3-4 水平线和正平面的明显投影特征是什么？

3-5 过铅垂线能作下列哪些平面？

（1）一般位置平面；（2）正垂面；（3）正平面；（4）铅垂面；（5）侧垂面。

3-6 直线与平面、平面与平面平行的投影特性是什么？

3-7 直线与平面、平面与平面垂直的投影特性是什么？

3-8 常见回转体有哪些？如何形成的？用 SOLIDWORKS 建模。

3-9 回转体的截交线的性质是什么？怎样求作回转体的截交线？

3-10 求作两回转体的相贯线常用哪两种方法？这两种方法分别可以应用于哪些情况？

3-11 求点到一般位置平面的距离需要变换几次投影面？

第四章

组合体的构形与表达

组合体是相对于简单形体而言、空间形状较为复杂的一类形体，如图 4-1a 所示的轴承座。经过对这类形体的分析可以发现，任何形状复杂的物体都可看成是由若干简单形体按照一定的几何关系约束，采用叠加或切除的方式组合而成，如图 4-1b 所示。这便是组合体一词的由来，这种分析方法也称为形体分析法。它提供了一种将复杂形体简化处理的思路，是组合体的设计、三维建模、尺寸标注、二维表达及空间构思的基本方法。

本章主要介绍组合体的构形设计、利用三维参数化实体设计软件进行几何建模、工程图表达及尺寸标注等有关内容。

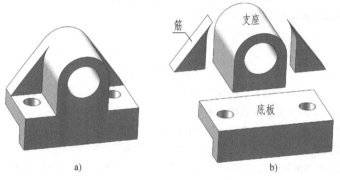

a)   b)

图 4-1　轴承座的形体分析

第一节　组合体的构形分析

所谓构形就是产品的空间形状设计。任何产品的结构形状都不会凭空产生，而是设计者根据产品的功能要求和制作要求进行设计的结果，是设计者设计意图的体现。如图 4-2 所示的排球，根据功能要求须设计为圆球形状；根据制作要求，须将完整的圆球面分割为若干块，拼接缝合而成，于是就设计出了这样的排球。组合体的构形分析是产品设计和使用 3D 软件进行几何建模的基础。

图 4-2　排球的构形分析

一、产品构形设计与三维建模

不同行业中，产品构形设计的思路与过程具有相似性，本书主要以机械行业为例介绍产品构形设计的知识，以及三维设计软件的应用。

在机械工业中，产品主要分为零件和装配体两大类，如图 4-3 所示是旋塞阀及其组成零件。装配体是由若干零件按一定的装配关系组装在一起的，零件是装配体中不可再拆分的最小制造单元，如图 4-3b 所示。所谓组合体是忽略了机械零件的工艺特性，对零件的结构抽象简化后的"几何模型"。如图 4-4a 所示是压盖的几何模型。

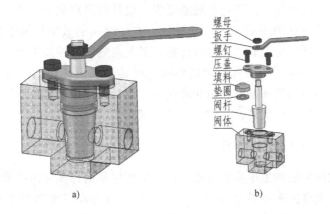

a)   b)

图 4-3 旋塞阀及其组成零件

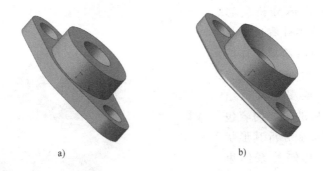

a)   b)

图 4-4 压盖的几何模型与零件模型

孤立的一个零件没有任何意义，只有将其放在特定的装配体中，才能确定该零件的功能和作用，以及由此产生的结构形状，理解其设计思路和意图。如图 4-4b 所示的压盖是如图 4-3 所示旋塞阀中的一个零件，其作用一是与阀体连接给阀杆以轴向固定，二是压紧填料，使阀腔密封内部的流体不流出。因此设计为由法兰盘和圆柱筒两个简单形体的叠加组合形成压盖模型。进一步分析可知：法兰盘中心孔和圆柱筒应同轴线，圆柱筒的内、外径尺寸应由阀杆、阀体的相关尺寸来确定。法兰盘的形状应与阀体上面凸台一致，其上两连接孔的尺寸应由紧固螺钉的尺寸来确定，孔距应与阀体上螺纹孔孔距一致。当把各组成单元的形状、尺寸大小约束、组成方式约束、几何关系约束都确定后，才完成了对压盖的构形设计。

若在此后，整个旋塞阀的设计过程中，修改了其他参考零件，则压盖与之相关联的部分也应作出相应的修改。由此可知，产品设计实际上是一个由零件到装配体、再由装配体到零件，零件与零件之间相互关联约束，不断反复修改、优化的过程。

当我们完成了产品形状的设计构思后，需要将其表达出来，表达的方式有三维和二维两种。随着信息技术、计算机图形图像技术的发展，三维 CAD 软件可以形象地模拟人工设计的思维过程和工作流程，成为实现产品设计全过程自动化的一种工具，使得工程设计的方式、手段有了很大发展。特别是随着 CAD/CAM 技术的飞速发展，工程设计现在已发展到全数字化阶段，传统的二维工程图样已不再是表达设计结果的唯一载体或手段，并且越来越不能满足现代制造业对数字化、信息化发展的要求。设计的最终表达正在转变为在计算机上以三维参数化实体设计软件为平台进行交互设计，产生统一的数字化模型的形式。利用此模型，可进行产品的二维工程图表达、分析计算、工艺规划、数控加工等。所以三维几何模型不仅可以代替传统的二维工程图样所起的作用，也是实现设计和制造数字化、一体化的核心，是一切后续工作的前提和基础。因此现代工程设计的主要任务变成为以三维设计软件为平台进行建模，建模的过程就是设计构思实现的过程。

二、组合体的形体分析与特征分析

计算机三维建模方法产生于形体分析，一个装配体是由许多单独的零件组成，而一个单独的零件又可以看成是由多个特征组成。特征可以理解为在三维造型中单独的一个成形单元，是一个三维实体。形体分析和特征分析都是为三维建模服务的。形体分析着眼于三维几何模型的功能分析；特征分析着眼于三维几何模型的构成分析，即建模技术与形体分析的思想一致。根据零件实物模型或者设计构思在计算机上建立几何模型时，我们可以将实物模型视为组合体。运用形体分析的思想，按功能分析先将零件看成由几个简单形体组成，再将简单形体按特征的建立方式进行二次形体分析，分解成由一个或多个特征组成。形体与特征分析的主要内容包括：划分形体与特征、分析其形状特点、组合方式、几何关系约束等。如图 4-1a 所示的轴承座在建模时就可以看成由四个基础特征组成，如图 4-5 所示。其中的底板可

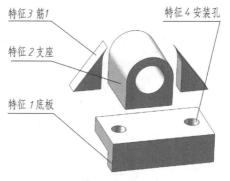

图 4-5　轴承座的特征分析

再将其分解为由两个特征组成，反映底板主要形状特点的 "L" 形柱体是主要特征，用拉伸切除方式建立的小圆柱特征可认为是底板中的次要特征。建模时应先建立主要特征，然后再建立次要特征。

同一个组合体可以有不同的形体分析与特征分析思路，建模的过程也就不同，如图 4-6 所示。形体的特征分析是否合理，不仅需要设计者对三维设计软件功能有所了解，更需要对零件的设计意图、加工方法和成形特点有一个整体把握。为了使建立的三维几何模型准确表达设计者的设计思路与意图，主要应按零件的功能来划分简单形体模块，再按加工方式来划

分特征。如图 4-6 所示是对压盖的形体与特征分析，显然方案 a 较方案 b，更符合设计意图，建模过程也简单。

a)方案a   b) 方案b

图 4-6 压盖的形体与特征分析

第二节 组合体的建模方法

一、特征建模的基本知识

1. 草图的选择与特征建模

特征的建立方法是系统形成某特征时所采用的成形轨迹或约束形式。特征建模一般分为基础特征建模和附加特征建模两类。基础特征建模是三维实体最基本的生成方式，是单一的命令操作；附加特征建模是在生成基础特征的基础上，对模型进行局部修饰的特征建模方法，附加特征建模主要包括圆角特征、倒角特征、抽壳特征、筋特征、拔模特征、阵列特征、镜向特征等。如图 4-4b 所示的压盖零件建模，可先用基础特征生成图 4-4a 所示的压盖几何模型，再添加圆角、倒角等附加特征而形成。基础特征建模需要画出草图。相同的特征，若建立的方式不同，对应的草图不同，如图 4-7 所示是圆柱筒的两种建模方法。选择何种方法建模，应根据设计意图确定。

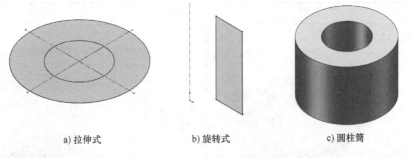

a) 拉伸式   b) 旋转式   c) 圆柱筒

图 4-7 圆柱筒的两种建模方法

基础特征建模主要包括拉伸、旋转、扫描和放样等几种形式。扫描特征是由一个草图轮廓沿着一条路径移动而形成的特征，如图 4-8 所示。放样特征是通过两个或多个草图轮廓，按一定的顺序过渡生成的特征，如图 4-9 所示。

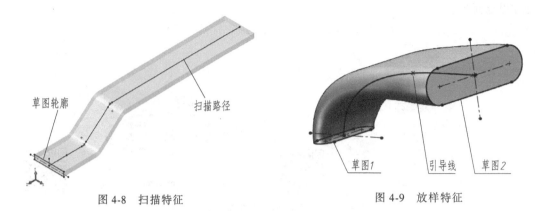

图 4-8　扫描特征　　　　　　　　　　　　图 4-9　放样特征

对于拉伸特征，草图的选择应考虑将真实反映立体形状特征的投影作为最佳草图轮廓。如图 4-4 所示压盖法兰盘，应将俯视图的投影作为草图轮廓。

对于旋转、扫描特征，草图的选择应是立体的断面轮廓，如图 4-7b 和图 4-8 所示。

对于放样特征，必须选择立体的起点和终点的断面轮廓作为草图，如图 4-9 所示。断面草图可以两个或两个以上。

特征是零件的细胞。零件建模过程中如何合理安排特征与草图，以及在草图中添加几何关系和正确标注尺寸是正确表达设计意图的关键。只有把自己的设计思想和要求准确、完整地表达给三维软件系统，系统最终建立的模型才能实现最初的设计构想。这一点需在今后的不断实践中逐步加深体会，同时也需要具备一定的产品设计和制造基础知识。

2．SOLIDWORKS 中的基准面及其创建

基准面是三维设计软件中的重要元素。欲生成特征的草图需要在基准面上绘制，以基准面为对称面的特征命令（如镜像特征）中也要用到基准面，基准面还可以作为模型的剖切平面用来生成剖视图。系统有三个初始基准面，即上视基准面、前视基准面和右视基准面，等同于模型空间的三个坐标平面。在建模过程中也可以根据需要自定义添加基准面。自定义的基准面可以是已建特征的平面表面，也常用下面几种方式创建新的基准面，参见表 4-1。

表 4-1　创建新基准面的方法

方法	图例	方法	图例
包含一条线和点		通过一点与指定平面平行	

（续）

方法	图例	方法	图例
按等距距离与指定平面平行	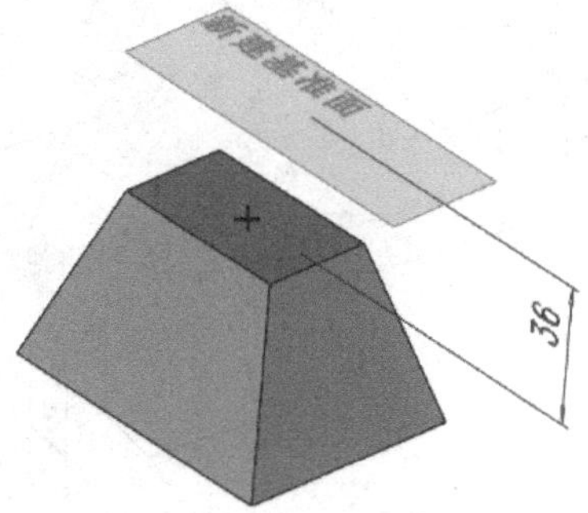 新建基准面 + 36	包含一直线与指定平面成一定角度	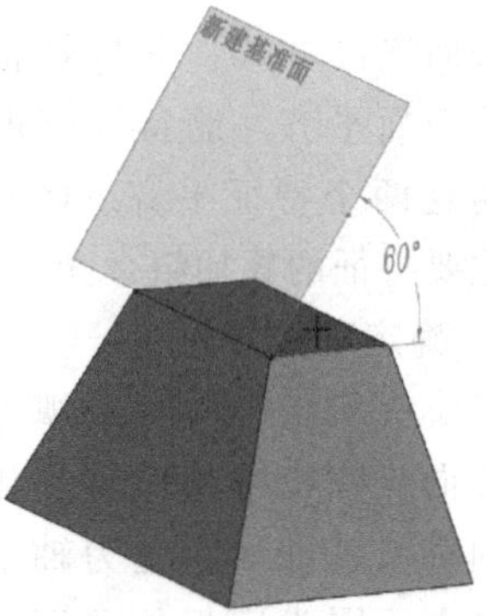 新建基准面 60°
通过一点垂直于一条线或曲线	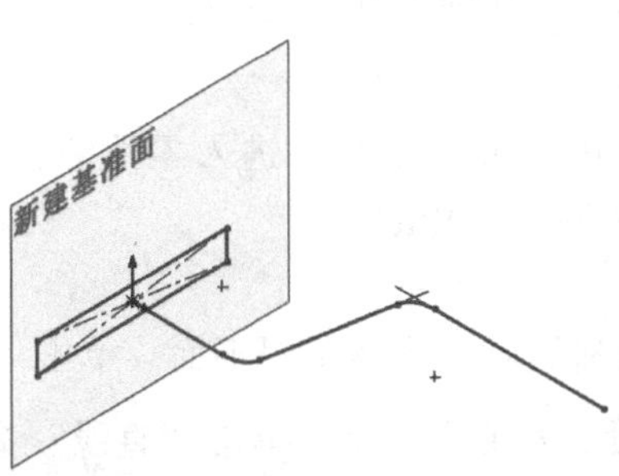 新建基准面 +	垂直于参考平面作曲面的切平面	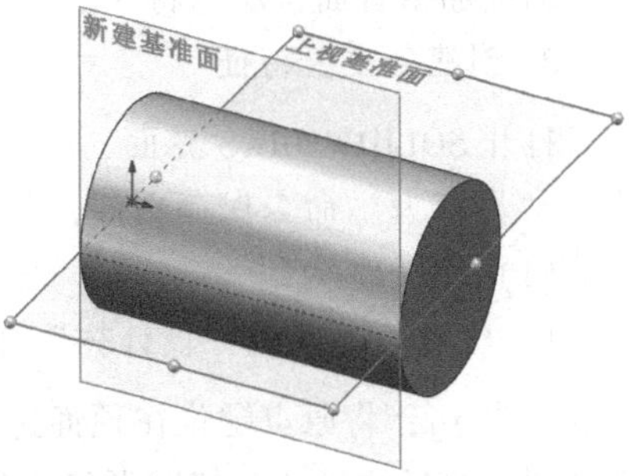 新建基准面　正视基准面

3. 组合体的建模步骤

1）根据设计意图，按形体分析法划分简单形体和特征。

2）选择合适的模型观察方向。将零件放平摆正，零件的大多数表面平行或垂直于某参考基准面，使最能反映其形状特征的观察方向（主视方向）垂直于前视基准面。

3）按形体分析法创建各简单形体的主要特征。当模型的观察方向确定后，各主要特征的最佳草图轮廓所平行的基准面也已确定。一般说来，在建立第一个特征时，应该选择三个默认的基准面之一作为第一个草图的草图平面，并且作为模型在空间的定位，草图应该与原点建立某种定位关系，或定义在原点上。

4）在主要特征基础上继续创建次要特征。

5）创建附加特征。

二、组合体建模典型实例

（一）实例1：轴承座建模

1. 形体分析

轴承座结构尺寸如图4-10所示，前面利用图4-5分析了该结构主要应用拉伸、拉伸切除、筋特征、镜向特征来完成造型。

形状特点：零件左右对称。φ10圆孔和R8圆弧同心；2个φ5圆通孔的孔距为25；2个肋板与圆柱面相切，可先作出一个，再通过镜向特征获得另一个。

镜像特征是指以某一平面或者基准面作为参考面，对称复制一个或者多个所选的特征。

表面连接方式：底板特征与支座特征前后表面平齐。筋特征（肋板）的后端面与这两个特征平齐。底板的顶面是三个主要特征的叠加组合面。

2．确定观察方向

将箭头所指方向（主视方向）作为前视方向。建模时应尽量利用默认基准面，则右视基准面应选为轴承座的左右对称平面，因为底板的顶面是三个主要特征的叠加结合面，所以将原点定位在底板顶面后边线的中点上。

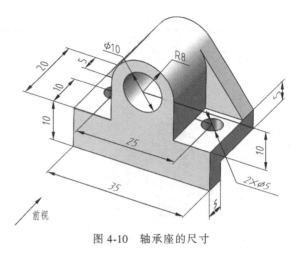

图 4-10　轴承座的尺寸

3．创建各主要特征

打开 SOLIDWORKS 界面，单击"新建"按钮 📄 新建零件，进入零件编辑器。用"文件"→"另存为"命令保存文件，并命名为"轴承座 .SLDPRT"。

（1）底板建模

1）建立草图。在"设计树"中选择"右视基准面"作为草图平面。单击"草图绘制"命令按钮 🗗，将原点定位在顶面边线的后端点处，从原点开始，单击"直线"命令按钮 ✏️ 绘制图形并标注尺寸，使图形符合尺寸要求，如图 4-11 所示。

2）单击"拉伸凸台/基体"命令按钮 📦，弹出"拉伸特征"属性管理器，按图 4-12 所示进行设置，选择"两侧对称"拉伸，是为了保证底板关于右视基准面对称这一设计意图的实现，单击"确认"按钮退出。完成底板主要特征如图 4-13 所示。

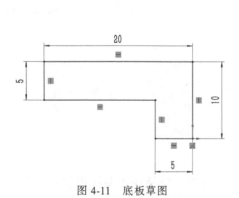

图 4-11　底板草图

图 4-12　底板拉伸属性

（2）支座建模

1）建立草图。在"设计树"中选择"前视基准面"作为草图平面，单击"草图绘制"

命令按钮，过原点作竖直中心线，再在该竖直中心线上任一点作为圆心，画 $\phi10$ 的圆；再单击"直线"命令按钮／画出"∩"形图形。从 $\phi10$ 圆心标注尺寸定位尺寸 10，再标注圆弧半径 $R8$、直径 $\phi10$ 两个定形尺寸，添加如图 4-14 所示的几何关系约束，包括直线对称、圆弧与圆同心、直线与圆弧相切。

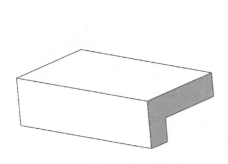

图 4-13　创建底板主要特征

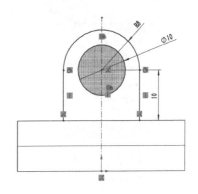

图 4-14　支座草图

2）单击"拉伸凸台/基体"命令按钮，弹出"拉伸特征"属性管理器，设置拉伸方向为"给定深度"，在 图标后的"给定深度"文本框中输入 20mm，如图 4-15 所示，并单击"确认"按钮退出，完成支座模型如图 4-16 所示。

图 4-15　凸台支座

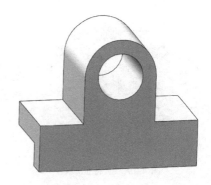

图 4-16　支座模型

属性管理器中的"合并结果"复选框，是指在建模过程中，后续草图特征实体默认情况下是直接与前面的实体进行合并。如果此处不勾选该复选框，则会建立两个独立实体。一般采用默认设置。

合并结果复选项类似于将两个实体通过菜单"插入→特征"中的"组合"命令 进行合并，如图 4-17 所示。从图中可以看出，操作类型共有："添加""共同""删减"三种并、交、差逻辑运算。

（3）肋板建模

1）建立草图。在"设计树"中选择"前视基准面"作为草图平面，单击"草图绘制"命令按钮，使用"直线"命令╱捕捉端点和圆弧切点画出一条切线，如图 4-18 所示。

图 4-17　组合属性

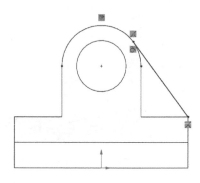

图 4-18　肋板草图

2）建立筋特征。单击"筋"特征命令按钮，弹出"筋 1"属性管理器。按图 4-19 所示进行设置："厚度"为 5mm，单击"第一边"按钮，单击"拉伸方向"下的"平行于草图"按钮◇并单击"确认"按钮退出，完成肋板特征如图 4-20 所示。

图 4-19　筋特征属性

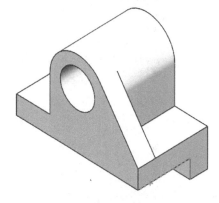

图 4-20　肋板特征

筋特征是零件上增加强度的部分，它是一种从开环或闭环草图轮廓生成的特殊拉伸实体，是在草图轮廓与现有零件之间添加指定方向和厚度的材料。筋特征参数包括拉伸方向和厚度两项：

拉伸方向：

平行于草图◇：如图 4-21a 所示，草图平面是筋特征延伸的平面。可以看作草图在草图平面上沿平行于草图的某一方向延伸，直至与现有零件轮廓相交，生成如图 4-21b 所示的筋。

垂直于草图 $\diagup\!\!\!\searrow$：如图 4-21c 所示，筋特征延伸的方向垂直于草图平面，可以看作草图沿垂直于草图平面的某一方向上延伸，直至与现有零件轮廓相交，生成如图 4-21d 所示的筋。

"反转材料边"选项用于进一步定义筋特征的拉伸方向。如果反转材料边，则会生成图 4-21e 所示的筋。

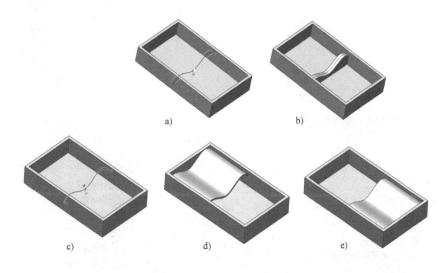

a)

b)

c)

d)

e)

图 4-21 不同方向的筋特征

厚度：

为生成的筋设置厚度，按下相应按钮表示选定相应的筋厚度类型。如图 4-19 所示的筋特征管理器中，第一个按钮 ≡ 是在草图元素左侧生成筋，第二个按钮 ≡ 是在草图元素两侧对称生成筋，第三个按钮 ≡ 是在草图元素右侧生成筋，"筋厚度"数字项是指筋的总厚度。

3）以右视基准面为镜向平面，单击"镜向"命令按钮 $\square\vdash\square$，按图 4-22 所示设置后，单击"确认"按钮退出，则在对称位置得到肋板特征。

4. 创建次要特征

底板上的两个安装孔建模：选择"上视基准面"作为草图平面，单击"草图绘制"命令按钮 $\square$，在适当位置画出 2 个 $\phi5$ 的圆，过圆心绘制一条竖直中心线，添加几何约束：两圆心关于竖直中心线对称，两圆相等，两圆心处于水平方向。标注一个圆的定形尺寸 $\phi5$ 及两圆心距尺寸 25，如图 4-23 所示；单击"拉伸切除"命令按钮 $\square$，选择终止条件"成形到下一面"，单击"确认"按钮退出。最终造型如图 4-24 所示。

图 4-22 镜向特征属性

现在我们来观察一下轴承座零件的设计树，屏幕显示应如图 4-25 所示，设计树记录了轴承座的设计过程，显示了轴承座中特征建立的顺序。系统根据特征的建立方法和顺序自动对特征命名，为了使特征更容易识别，可以更改特征的名称。单击特征树中的特征名称，特征名称变色后再次单击，则可以输入新的特征名称。更改后的轴承座设计树，如图 4-26 所示。

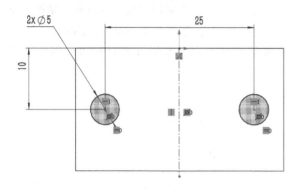

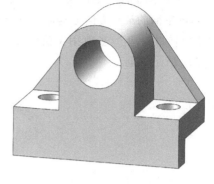

图 4-23　安装孔草图　　　　　　　　　　　图 4-24　轴承座最终造型

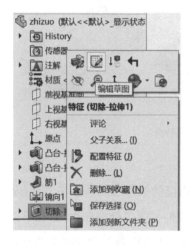

图 4-25　原设计树　　　　　　　　　　图 4-26　更改后的轴承座设计树

如果现在想修改 $\phi5$ 圆孔的位置，就需要修改草图。可单击特征树中"安装孔"前面的三角形符号" ▶ "，显示出包含的"草图"子项，右键单击"草图"，从快捷菜单中单击"编辑草图"图标 ，图形区将立即打开该草图，这时就可以修改 $\phi5$ 圆孔的定位尺寸，然后确认退出草图。底板上圆孔的位置将产生相应的变化（读者可自行操作尝试）。特征的编辑操作与草图编辑类似。

（二）实例 2：扳手建模

1. 形体分析

图 4-27 所示扳手可认为是在一个形体中切去另一个形体而形成。扳手的主要形状特征由一个矩形截面沿一条折线路径移动而形成，如图 4-8 所示，可用扫描特征建立。次要特征是一个拉伸切除特征，位于扳手头部的

图 4-27　扳手

中心，对称布置。扳手上的几处圆角部分均可由圆角特征建立。如图 4-28 所示列出了扳手

图 4-28　扳手建模步骤

的建模步骤，依次是扫描形成主体、左下角开方槽、左下角倒大圆角、右上角倒大圆角、所有边倒小圆角。

2. 确定模型的观察方向

将右视基准面的垂直方向作为观察方向，放置形体。

3. 创建主要特征

（1）建立并保存新文件　打开 SOLIDWORKS 界面，单击"新建零件"按钮，进入零件编辑器。用"文件"→"另存为"命令保存文件、并命名为"扳手 . SLDPRT"。

（2）建立草图　建立扫描特征需具备两个基本要素：扫描路径和扫描轮廓。扫描轮廓应与路径垂直，扫描路径的起点必须位于扫描轮廓的基准面上，采用添加"穿透"几何关系约束来保证扫描轮廓中心与扫描路径起点重合。一般来说，建立扫描特征，应先绘制扫描路径草图，然后绘制扫描轮廓草图。注意扫描轮廓中心与扫描路径起点在添加"穿透"几何关系约束前先不要重合。

1）绘制扫描路径。选择"右视"基准面，以原点为起点，按如图 4-29 所示形状和尺寸绘制草图。完全定义草图后，确认退出草图。

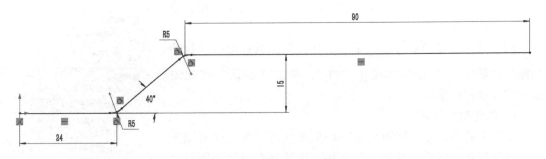

图 4-29　扫描路径草图

2）绘制扫描轮廓。选择"前视"基准面，按图 4-30 所示形状和尺寸绘制草图。为了便于控制扫描轮廓的中心位于扫描路径的中心点，这里可绘制两条中心线，以便找到扫描轮廓中心点。绘图时，扫描轮廓中心点先不要与原点重合，如图 4-30 所示。

3）添加"穿透"几何关系。在不退出扫描轮廓草图的状态下，切换到"等轴测"视图。按住 <Ctrl> 键，选择轮廓的中心点和扫描路径草图的直线。在出现的属性管理器中单击"穿透"按钮，添加"穿透"几何关系，如图 4-31 所示，草图已经完全定义，单击"确认"按钮退出草图。

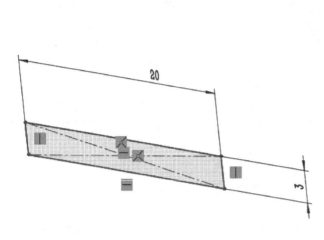

图 4-30　扫描轮廓草图

图 4-31　穿透属性

4）建立扫描特征。单击"特征"工具栏中的"扫描"按钮，按图 4-32 所示进行设置。选择轮廓和路径时要先将文本框激活再选。先选扫描轮廓草图，再选扫描路径草图。所形成特征的预览图像出现在图形区域，默认其他所有选项，单击"确认"按钮退出，完成扫描特征。

4. 创建次要特征

（1）建立草图　选择扳手头部顶面作为基准面，单击"草图绘制"命令按钮⌐。按图 4-33 所示形状和尺寸绘制草图，添加几何关系约束。

（2）建立拉伸切除特征　单击"特征"工具栏中的"拉伸切除"按钮▣，设置为"完全贯穿"，单击"确认"按钮退出，完成特征创建。

5. 创建附加特征

这里需要添加几个圆角特征。如果建立的圆角之间有交叉时，需注意几个圆角特征创建的顺序，应该是在添加小圆角之前添加较大圆角。

1）采用"恒定大小圆角"方式，以半径值为 10，创建扳手头部圆角。恒定大小圆角用于生成具有相等半径的圆角，可用于单一边线圆角、多边线圆角、面边线圆角等。如图 4-34 所示为恒定大小圆角属性管理器。

图 4-32　扫描特征属性

2）采用"完整圆角"方式，创建扳手尾部圆角。完整圆角用于生成相切于 3 个相邻面组的圆角，中央面将被圆角替代。如图 4-35 所示为完整圆角属性管理器。3 个相邻面组的顺序如图 4-36 所示。

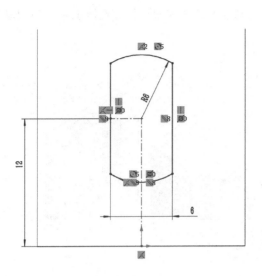

图 4-33 切除特征草图

图 4-34 恒定大小圆角属性管理器

图 4-35 完整圆角属性管理器

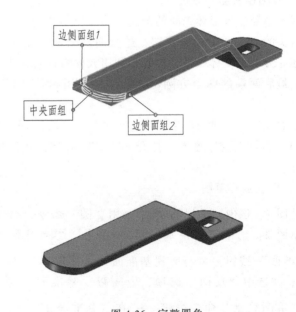

图 4-36 完整圆角

3）采用"恒等大小圆角"方式，以半径值为 1，创建扳手顶面各边的小圆角。最终造型如图 4-27 所示。

（三）实例 3：方圆接头建模

1. 形体分析

图 4-37 所示方圆接头可看成是由三个形体以叠加方式组合而成。

它的一端为圆形法兰盘，中间是方圆过渡的曲面形体，壁厚为 3mm，另一端为方形法兰盘。整个形体上下，前后对称。两对称面的交线是方圆渐变孔的轴线，两法兰盘及方圆渐变体均以此轴线定位。将轴线放置成垂直于前视基准面，来观察形体。选取上视、右视基准面的交线与轴线重合，如图4-38所示。

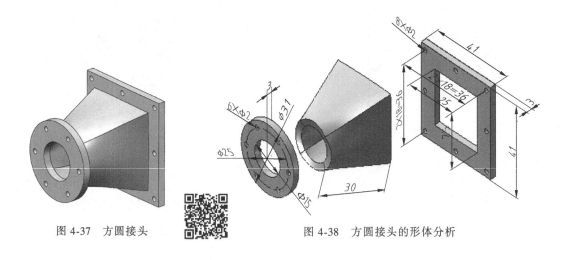

图4-37　方圆接头　　　　　　　　　　　　图4-38　方圆接头的形体分析

2. 方圆接头建模方法

建模思路：该形体中间的渐变结构可以有两种方法实现。一种是利用曲面命令，先画出方圆接头的方、圆轮廓线草图，进行曲面放样，建立一个曲面造型；再利用"增加厚度"命令建立方圆渐变体模型。另一种利用放样特征直接生成实体，再利用抽壳命令生成中间的孔腔。最后两端的两个方圆法兰盘结构，用拉伸特征分别建立法兰模型，并钻孔后阵列处理。

下面就以第一种方法来说明整个形体的建模过程，第二种方法请自行练习。

（1）方圆渐变体建模　打开SOLIDWORKS，新建零件名称为"方圆接头"，进入零件编辑器。

1）建立放样草图。

草图1：选中"前视基准面"，用"圆"命令 ⊙ ，以原点为中心，绘制φ15的圆。

草图2：选中"前视基准面"，单击"参考几何体/基准面"按钮 🔲 ，与前视基准面"等距距离"为30mm，并选中"反向"选项，生成新"基准面1"；单击"草图绘制"命令按钮 🔲 ，在"基准面1"上，用"中心矩形"命令 🔲 ，以原点为中心，绘制一个25×25的矩形草图，并添加几何关系。如图4-39所示，确认退出草图2。

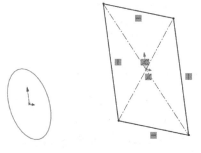

2）建立放样曲面。单击"曲面"工具栏上的"放样曲面"按钮 ⬇ 。选择"草图1"和"草图2"为放样轮廓，其他选择按默认设置，确认退出，如图4-40、图4-41所示。

图4-39　方圆渐变体草图

图 4-40　放样曲面属性

图 4-41　放样曲面

3）加厚曲面生成方圆渐变体。单击"特征"工具栏上的 图标"加厚"按钮，按图 4-42 所示设置参数，生成的方圆渐变体如图 4-43 所示。

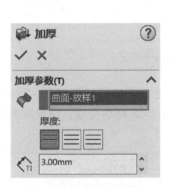

图 4-42　加厚曲面属性

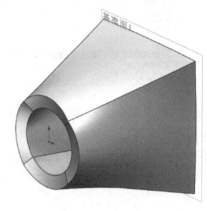

图 4-43　方圆渐变体

系统默认的"特征"工具栏中并没有放入"加厚"命令，可根据需要将其添加到工具栏命令按钮中。操作如下：执行"工具"→"自定义"命令，选中"命令"标签。此时会出现如图 4-44 所示的命令类别和按钮选项。图 4-44 右侧即是"特征"工具栏上的所有命令按钮。用鼠标左键将要增加的命令按钮拖动到要放置的工具栏上，单击对话框中的"确定"按钮，则工具栏上会显示出添加的命令按钮。

（2）圆法兰盘建模

1）建立草图。选中"前视"基准面，以原点为圆心，分别以 15mm、31mm 为直径画两个同心圆，单击"确认"按钮退出草图。

2）建立拉伸特征，厚度为 3mm。

3）建立圆盘上的圆孔。选中"前视"基准面，建立新草图，过原点画一条水平中心线，过该中心线上任一点画一个直径为 2mm 的小圆，再以原点为圆心，画一个圆，使得该圆经过 φ2 圆圆心，用智能尺寸命令标注其直径为 25mm，将此实线圆用"构造几何线"命令 转换为点画线，如图 4-45 所示。退出草图；单击"拉伸切除"命令按钮 ，选择"给定深度"为 3mm，建立第一个小圆孔。

4）建立圆周阵列。首先建立一个小圆孔，再通过圆周阵列获得其他 5 个小圆孔。单击

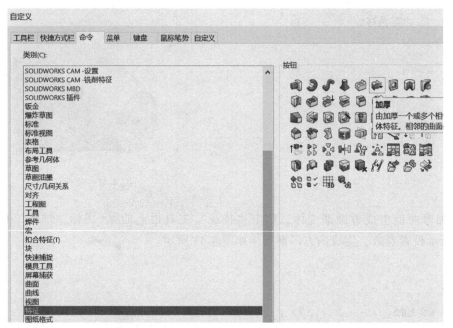

图 4-44 为"特征"工具栏添加命令按钮

"圆周阵列"命令按钮 ，在属性管理器中，设置基准轴。可打开"视图"→"临时轴"命令，在图形区域将显示所有回转体的轴线。在图形区域捕捉阵列基准轴；设置阵列角度、数目，选择要阵列的特征，如图 4-46 所示。

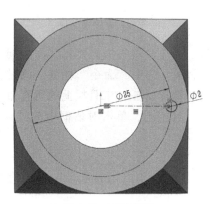

图 4-45 圆孔草图

图 4-46 圆周阵列属性

（3）方形法兰盘建模

1）画方形法兰盘草图。以前面建立的基准面 1 为参考建立基准面 2，两者距离为 1，画出两个以原点为对称中心的矩形。尺寸分别为 41mm×41mm、25mm×25mm，建立几何约束关系，如图 4-47 所示。

2）建立拉伸特征，厚度为 3mm。

3）建立方形法兰盘上的圆孔。选中方形法兰右端面为草图平面，"正视于"草图平面，

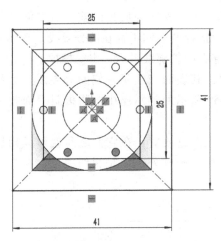

图 4-47 方形法兰盘草图

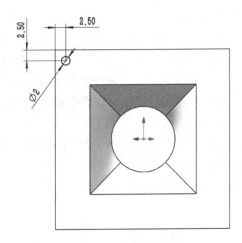

图 4-48 圆孔草图

如图 4-48 所示，在适当位置以 2mm 为直径画一个小圆，标出 2 个尺寸"2.5"，确定小圆的位置。

4）单击"拉伸切除"命令按钮，设置"给定深度"为 3mm，建立第一个小圆孔。

5）单击"线性阵列"命令按钮，在属性管理器中进行设置，数据如图 4-49 所示。单击"确认"按钮退出，获得"矩形阵列"的其他七个小圆孔。矩形阵列应设置两个阵列方向，分别以矩形的水平边和竖直边来定义。建模结果如图 4-37 所示。

扫描和放样都是完成自由形状的建模方法。如果设计数据可以描述这个造型的外观形状，并且该造型的不同位置的截面轮廓基本相同，此时可以考虑使用扫描特征来完成。如果设计数据是由在不同位置的形状或者大小不相同的截面轮廓形成，则应该使用放样功能完成。

图 4-49 阵列（线性）属性

第三节 组合体视图的画法

二维工程图样作为传统的表达手段与交流工具存在了许多年，鉴于在现阶段和今后较长的一段时期内，二维图样仍将继续使用并发挥它的作用，因此我们还需要掌握三维形体的二维表达方法、二维图样上尺寸标注的方法，以及由二维图样进行空间构思的读图能力。

一、组合体的投影分析

由简单形体组成组合体时，相邻立体上原有的表面由于相互结合可能成为组合体的内部而不复存在；有些表面将连成一个表面；有些表面将被切割掉；有些表面将发生相交等各种结合关系。在画组合体的视图时，应该将上述表面的各种结合关系正确地表达出来。常见的有下列几种表面间的结合关系：

（1）共面关系　当相互结合的两个形体的表面位于同一平面上时，在它们之间就形成共面关系，而不再有分界线，如图 4-50 所示的轴承座中，支座与底板的前、后端面是共面结合关系。画图时，分别画出各形体的三视图后，应擦掉两面间不存在的分界线。形体分析法只是假想的一种简化方法，所以组合体上原本不存在的轮廓线最后一定要擦掉。

（2）相交关系　当两个形体的表面彼此相交时，其表面交线是它们的分界线。如截交线、相贯线等，在视图上应将它们画出来。如图 4-50 所示的轴承座中，肋板斜表面与底板左侧面是相交关系。

（3）相切关系　当两个形体的表面在结合处呈光滑过渡时，在它们之间就形成相切关系，如图 4-50 所示的轴承座中，肋板的斜顶面与支座的圆柱外表面是相切关系，在视图上不应画出分界线。

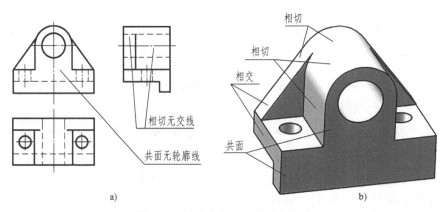

图 4-50　轴承座表面间的结合关系

二、画组合体视图的方法和步骤

画组合体视图时，一般按照形体分析、主视图选择、画图三步进行。下面以轴承座为例绘制组合体三视图。

1. 形体分析

画图前，应进行形体分析。把组合体分解为若干简单形体，分析它们之间的组合形式、相邻表面之间的结合关系以及它们对投影面的相对位置关系，为画图做好准备。如前面对轴承座的形体分析。

2. 选择主视图

三视图中，主视图是表达组合体形状、结构的主要视图，直接影响到组合体表达的清晰性。选择主视图的原则是：

（1）组合体放置位置　应按自然安稳状态或工作位置放置，并使其主要的表面或轴线平行或垂直于某投影面，以便投影反映实形。如图 4-51 所示的轴承座就是按工作位置放置的。

（2）选择主视图的投射方向　该方向确定后，其他视图的投射方向也就确定了。主视图投射方向应综合考虑下列各点进行选择：

1）使主视图尽量反映组合体各组成部分的形状特征及其相互位置关系。如图 4-51 所示，显然 A 向较 B 向、C 向、D 向都好；

2）使各视图中的虚线尽可能地少。如图 4-51 中，A 向较 B 向好，舍去 B 向；

3）合理利用图纸空间。因为除 4 号图纸外，一般都是横向使用，所以将物体的长边作为 X 轴方向有利于利用空间，合理布局。如图 4-51 中，舍去 C 向、D 向。

最后确定 A 向作为轴承座的主视投射方向。

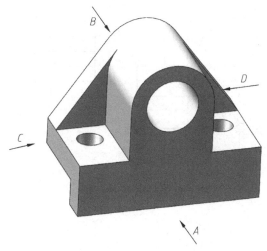

图 4-51 轴承座主视图的选择

3．画图步骤

（1）选比例、定图幅、画基准线 可以先根据组合体的复杂程度选定画图比例。由组合体的长、宽、高计算出各视图所占面积，并要在各视图之间预留标注尺寸的空间和适当间距，以此确定图幅大小。也可以先选定图幅，再根据视图的布置情况确定画图比例。图幅确定后，开始画图前应先画出各视图的主要定位基准线，以确定各视图在图面上的准确位置。视图的布置应匀称美观，视图间不应太挤或集中于图面一侧，也不要太分散。定位基线可选取形体的对称线、中心线、底面或相关端面的轮廓线等，以方便画图和测量为原则。

（2）画三视图底稿 主要采用形体分析法，根据投影规律逐个画出各组成部分的三视图。轴承座的画图过程如图 4-52a～f 所示。画图时应按先主后次、先大后小、先实后空、先外后内的顺序作图，同时要几个视图联系起来画，先画最能反映形状特征的投影，再画其他投影。

（3）检查、描深 如前所述，形体分析法对组合体的分解是假想的，逐个部分画视图所得的图形并不一定是最后结果。形体间邻接表面有无交线或分界线应通过分析表面的结合关系来确定，尤其注意平齐和相切的表面，应擦去它们的分界线，并区分可见性。如果是对

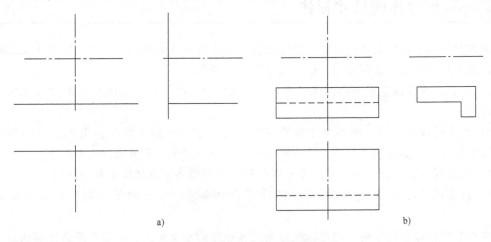

a)　　　　　　　　　　　　　　　　　　b)

图 4-52 轴承座三视图的画图过程

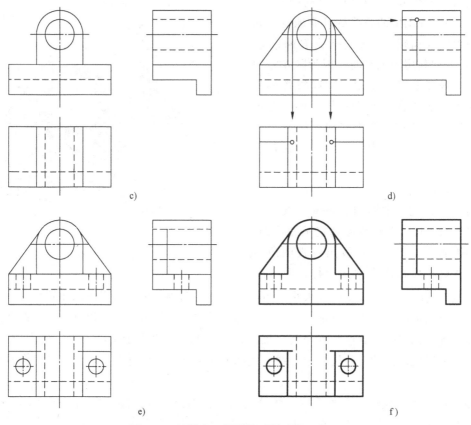

图 4-52　轴承座三视图的画图过程（续）

称物体，要画出对称线，回转体要画出轴线，投影中的圆要画出中心线。当某方向上几种线型投影重合时，应按粗实线、虚线、点画线的优先级绘制。经检查无误后，再用规定的线型将视图加深，如图 4-52f 所示。

第四节 **组合体的尺寸标注**

视图只能表示物体的结构形状，物体的真实大小以及各组成部分间相互位置关系的确定是由视图上标注的尺寸来定义的。标注尺寸的基本要求是：

1）符合国家标准规定。所标注尺寸必须符合国家标准《技术制图》中有关尺寸标注的基本规定。

2）尺寸标注要完整。所注尺寸要能够完全确定组合体的大小及各组成部分的相对位置。即定形尺寸、定位尺寸、总体尺寸要注齐全，既不多余、不遗漏，也不重复。

3）尺寸标注要清晰。所注尺寸要布置匀称、排列整齐，方便读图和查找尺寸。

4）尺寸标注要合理。所注尺寸既能满足设计要求，又方便加工制作和测量检验的要求。

在本书第二章中已介绍了国家标准有关尺寸标注的基本规定，本节主要讲述如何使尺寸标注完整和清晰，尺寸标注的合理性主要在本书第七章中介绍。

对组合体标注尺寸采用的也是形体分析法，为了注好组合体的尺寸，首先要掌握并熟悉基本几何体和常见简单形体的尺寸注法。

一、常见形体的尺寸标注

1. 基本几何体的尺寸注法

基本体是由单一形体构成，所以只需要标注定形尺寸。一个形体有长、宽、高三个维度，标注的尺寸能够表达这三个方向的形状大小即可。具体标注哪几个尺寸应根据形体特点来确定，如图 4-53 所示。括号内的尺寸为参考尺寸。

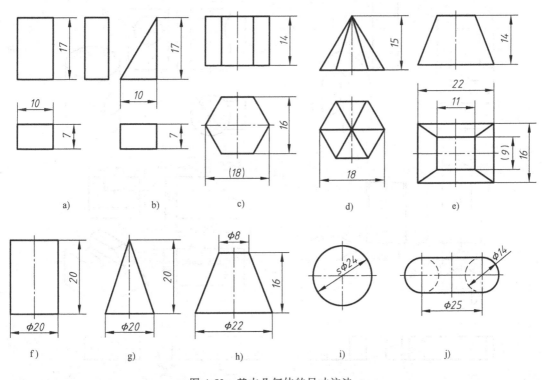

图 4-53 基本几何体的尺寸注法

2. 简单形体的尺寸注法

在进行形体分析时，简单形体也是构成组合体的基本单元。简单形体多由单一基本几何体的挖切或简单叠加而构成，尺寸标注方法基本固定。如图 4-54 所示。

标注尺寸时，首先也要进行形体分析，即分析该切割体的原体是什么，如何进行切割的，或被切去形体的形状特点。然后确定尺寸基准，再依次标注原体的定形尺寸、被切去（或叠加）形体的定形尺寸、定位尺寸（确定各基本几何体之间相对位置的尺寸）或截平面的定位尺寸，如图 4-54 所示。

注意：切割体上的截断面不应标注定形尺寸，因为截平面的位置一旦确定，其截交线便自然形成，所以应标注截平面的定位尺寸；相贯线上也不应标注定形尺寸，因为两相交立体的形状、大小及位置一经确定，其相贯线自然形成。应以轴线为基准，标注两基本几何体的相对位置尺寸，如图 4-54d、e 所示。

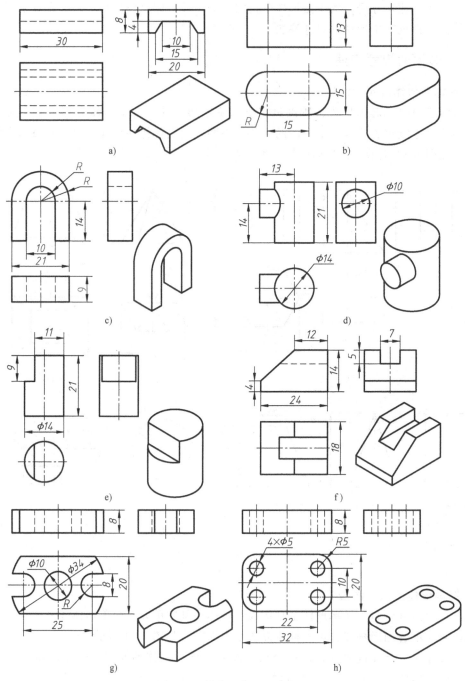

图 4-54　简单形体的尺寸注法

二、组合体的尺寸标注

首先应进行形体分析，将其分解为一些简单形体；然后确定尺寸基准，物体在长、宽、高三个方向上均应有尺寸基准。各组成部分的位置应尽量从同一基准注出。通常以物体的底面、端面、对称面、回转体轴线等作为尺寸标注的基准面和线，逐个标出各组成形体的定形尺寸和定位尺寸。最后还要标注表明组合体总体大小的尺寸即总体尺寸，确定组合体总长、总宽、总高。这样才能将尺寸标注完整。

【例 4-1】 对如图 4-55a 所示轴承座进行尺寸标注。

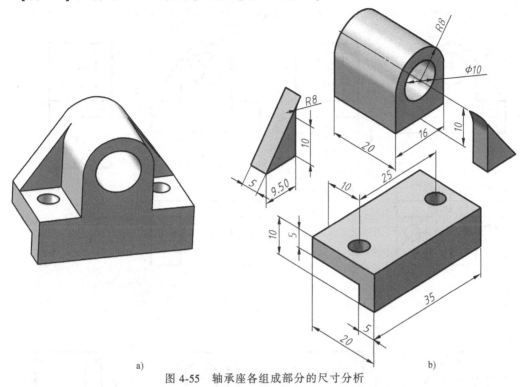

a)   b)

图 4-55 轴承座各组成部分的尺寸分析

作图方法与步骤：

1）形体分析及各组成部分的尺寸分析，如图 4-55b 所示。

2）选择尺寸基准，如图 4-56 所示。长度方向以左右对称面为主要尺寸基准，高度、宽度方向以底板的安装面为主要尺寸基准（分析详见第七章，参考图 7-5）。

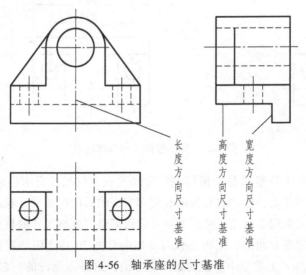

图 4-56 轴承座的尺寸基准

3）逐个形体标注定形、定位尺寸，注意当各组成部分在叠合、靠齐、对称的情况下，在相应方向不需要标注定位尺寸。标注过程如图 4-57a～c 所示。

4）标注总体尺寸，检查、调整，舍去重复标注的尺寸，结果如图 4-57d 所示。

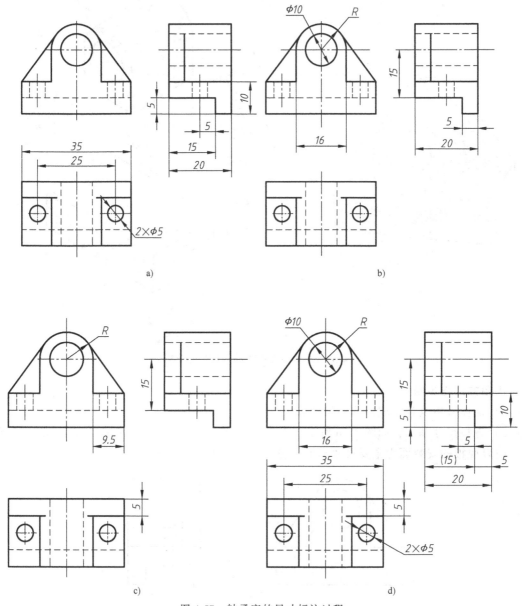

图 4-57　轴承座的尺寸标注过程

应当注意，组合体上各组成部分相同的定形尺寸或定位尺寸只需标注一次，不应重复标注。根据轴承座的结构特点，标注出底板的长度和支座的长度尺寸后，若再标注肋板的长度尺寸，则长度方向上尺寸出现了重复，必须对尺寸进行调整。根据尺寸的重要程度，将肋板的长度尺寸省略不注。在宽度方向上，注出底板与支座的总宽 20 和支座的定位尺寸 5 以后，若再标注尺寸 15，会造成加工工艺学中所说的封闭尺寸链，这是不允许的。根据尺寸的重要程度，将尺寸 15 省略不注或加括号表示作为参考尺寸。轴承座的总长、总宽即为底板的长度和宽度。轴承座的总高是支座圆柱孔的中心高 15 加上半径 R8 尺寸再加上底板凸缘高度 5 尺寸之和，这些尺寸都是加工制造轴承座时所需要知道和保证的，不可缺少。若将总高尺寸 28 注出，则不仅将出现多余尺寸，而且还会造成封闭尺寸链，因此不再标注轴承座的总高。

三、标注尺寸应注意的问题

1. 尺寸标注要清晰

清晰就是方便读图和查找尺寸，要使尺寸标注得清晰，通常应注意以下几点：

1）同一形体的定形和定位尺寸尽可能地集中在某一个视图上，并尽量标注在反映其形状特征的视图上。如图 4-57 轴承座底板的尺寸标注主要集中在左视图上，而底板安装孔的尺寸标注主要集中在俯视图上。

2）与两视图有关的尺寸，应尽量标注在两视图之间。如图 4-57 轴承座的尺寸标注，高度尺寸放在主视图与左视图之间。

3）同轴回转体的直径尺寸，尽量标注在非圆视图上，如图 4-58 所示，图 4-58a 标注好，图 4-58b 标注不好。而回转体的半径尺寸必须标注在投影为圆弧的视图上，如图 4-59 所示，

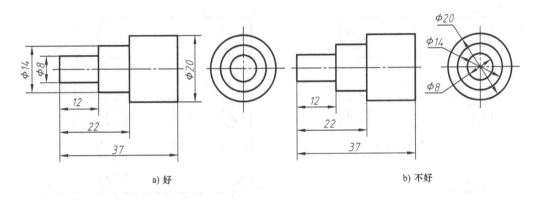

图 4-58　同轴回转体的直径尺寸标注

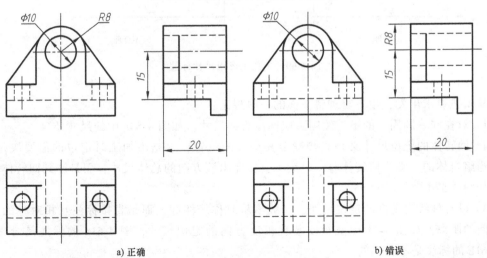

图 4-59　回转体的半径尺寸标注

图 4-59a 标注正确，图 4-59b 标注错误。

4）尺寸的布置与排列要清晰、整齐。尺寸标注尽量放在视图之外，并靠近所需标注的部位；同一方向上连续的几个尺寸，应尽量画在一条线上，不要错开；同一方向上并列的尺寸，应小尺寸在里，大尺寸在外，避免尺寸界线与尺寸线相交；平行尺寸线之间的间隔应相等，约为 7~10mm，如图 4-58 所示；为了避免尺寸界线过长，或与其他图线交叉，必要时也可将尺寸标注在视图轮廓线之内。

5）虚线上尽量不注尺寸。如图 4-59a 中轴承座支座圆柱孔的中心高 15 应从高度尺寸基准注起，因表示高度尺寸基准面的投影在主视图中为虚线，所以将这一尺寸注在左视图中。

2. 尺寸标注应合理

要做到合理标注需要一定的专业知识和生产实践才能逐步掌握。这里先以实例的形式进行一般性介绍。

如图 4-60 所示的带孔矩形板，其上的圆柱孔常作为连接之用。如果不标注 4 个小圆柱孔轴线之间的距离，而是标注圆柱孔轴线到板边的距离，可能会造成与另一块板上的连接孔对不齐、无法用连接件进行连接的问题。一般图中标出的尺寸是应严格保证的尺寸，所以从设计角度出发，图 4-60a 中的标注是合理的，图 4-60b 的标注是不合理的。

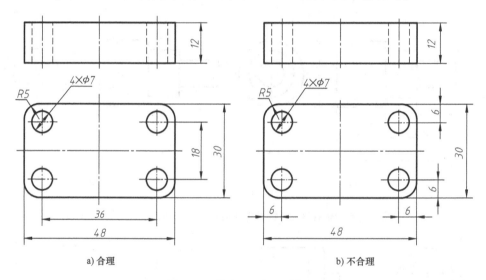

a) 合理　　　　　　　　　　b) 不合理

图 4-60　带孔矩形板尺寸标注

从工艺要求出发，也不难理解下面的一些规定：

1）对在同一圆周上的不连续圆弧应标注直径尺寸，如图 4-54g 中的尺寸 $\phi34$。

2）回转体的定位尺寸必须直接确定其轴线的位置，这是由加工时定位的需要决定的。所以当组合体的一端为回转体时，一般不直接注出该方向的总体尺寸，而是注到回转体的轴线，如图 4-57d 中的尺寸 15。

3）以对称线为基准的定位尺寸，一般不从对称线注起，而是直接标注互相对称的两要素之间的距离。如图 4-61 中底板安装孔长度方向的定位尺寸，图 4-61a 的标注是合理的，图 4-61b 的标注是不合理的。

4）截交线和相贯线不应标注定形尺寸。如图 4-54d、e 所示。

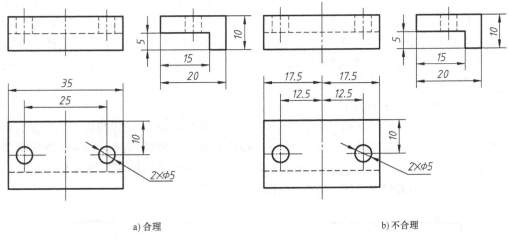

a) 合理　　　　　　　　　　　　　　　　　　　　b) 不合理

图 4-61　对称尺寸标注

第五节　读组合体的视图

　　画图是根据物体的形状，运用投影规律画出物体的一组视图。而读图则是根据已画出的视图，想象出物体的空间形状和大小。所以读图是画图的逆过程，它们必有相通之处，即所依据的投影规律和分析方法是相同的。但读图远比画图要难，画图是读图的基础，而读图是提高空间形象思维能力和投影分析能力的重要手段。若要正确、迅速地把图读懂，一要有扎实的基础知识，二要掌握读图的方法，三要通过典型题反复进行读图训练。

一、读图的基本技巧

1．熟练掌握视图与物体长、宽、高和方位的对应关系

　　视图与物体长、宽、高的对应关系，即投影规律所表达的："主俯长对正，主左高平齐，俯左宽相等"。每个物体都有上下、左右、前后六个方位，视图与物体六个方位的对应关系，可概括为"主俯分左右，主左看上下，俯左辨前后"，搞清楚三视图与六个方位的关系，在看图时正确判断组合体各部分之间的相对位置是十分重要的。如图 4-62a 所示的物体，

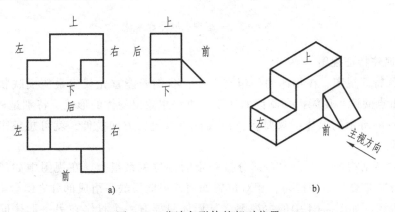

a)　　　　　　　　　　　　　　　　　b)

图 4-62　分清各形体的相对位置

从投影规律分析可知，该形体为叠加式组合体，由两部分构成，分别为"L"型柱和直角三角柱体。由三视图表示的方位关系可知，表示直角三角柱体的线框位于主、俯视图的右侧，位于主、左视图的下侧，位于俯视图的下侧和左视图的右侧。因此直角三角柱应叠加在"L"型柱的右、下、前方。并且两柱体的底面及右侧面平齐连接，从而想象出该物体的形状来，如图 4-62b 所示。

2. 应将一组视图联系起来读

物体的一个投影通常不能确定它的空间形状，其中图 4-63a~c 的主视图均为梯形，由于俯视图不同它们的形状分别为四棱台、截角三棱柱和圆台。同样，图 4-63c~e 的俯视图相同，但主视图各不相同，它们的形状分别为圆台、被截球和空心圆柱。图 4-63f~h 它们的主、左视图相同，但俯视图不同，它们分别属于三个不同形体。

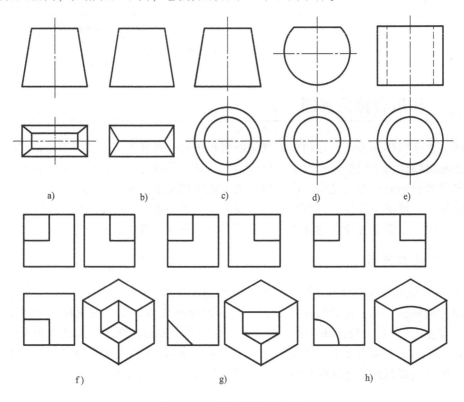

图 4-63　一组视图联系起来读

3. 善于抓住特征视图

（1）形状特征视图　在物体的一组视图中，我们若能首先找出最能反映物体形状特征的视图进行重点阅读，便能提高阅读的速度，更快想象出物体的形状。特别是柱状物体，如前面图 4-54a~c 所示的形体，只要将特征线框沿着投射方向拉伸，就可想象出物体的空间形状。

（2）位置特征视图　组合体各部分按一定的方位关系组合，在视图中如何判断各组成部分的组合方式是叠加还是挖切，相对位置如何，最能反映各组成部分之组合方式的视图就是位置特征视图，如图 4-64 中的主视图，某形体只要有一个投影在另一形体同面投影之外它们就是叠加而非挖切。看图时，应抓住位置特征视图来想象物体各部分的相对位置。

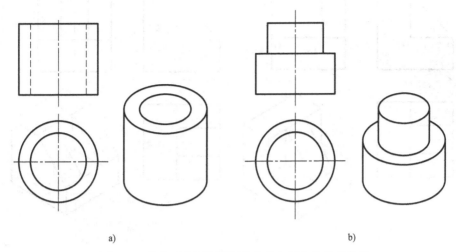

a)　　　　　　　　　　　　　　　　　　b)

图 4-64　从位置特征视图想象物体各部分的相对位置

4. 注意虚、实线的变化

视图中用粗实线表示可见轮廓，用虚线表示不可见轮廓。一"线"之差常常反映了物体表面之间不同的连接关系或各部分之间不同的位置关系。如图 4-65a、b 所示两个物体的三视图基本相同，只是主视图中有虚线与粗实线的区别。图 4-65a 所示物体为底板上居中放置一块三棱柱支撑板，底板、竖板与支撑板的前表面不平齐（前后错开），故分界处有粗实线。图 4-65b 所示物体为底板上一前一后放置两块三棱柱支撑板，底板、竖板与两支撑板的前或后表面平齐，故分界处无线，虚线表示的是中空部分的轮廓。又如图 4-65c、d 所示的两个物体，根据主视图中虚线与粗实线的差别，可判断出图 4-65c 所示物体应前面挖方孔，后面挖圆孔。图 4-65d 所示物体应前面挖圆孔，后面挖方孔。

二、形体分析法读图

形体分析法是读图的基本方法，读图的步骤是：按线框分部分，对投影想形状，综合起来想整体。如何尽快地从视图中找出代表各部分投影的线框，并将组合体分解成若干部分，是形体分析法读图的关键。所以我们除了掌握前述读图的基本技巧外，还应熟悉和牢记基本几何体或由其演变而成的简单体的投影特点等必备的知识。第四节图 4-54 所示为一些常见简单体的投影图，供读者识记。

【例 4-2】　如图 4-66a 所示为一个组合体的二视图，试想出其整体形状，并补画左视图。

作图方法与步骤：

首先读图。

① 按线框分部分。从形状特征线框开始，按投影关系将其分解为四个部分，如图 4-66b 所示。

分解过程如下：一般先从主视图的特征线框入手，若最上面的封闭线框代表一个组成部分的话，在俯视图中没有合理的对应投影，如将该线框沿图上双点画线处拆分，则在俯视图中有合理的对应投影，由此我们判断这可能是共面关系的情况，假定这是组成部分 I ；同

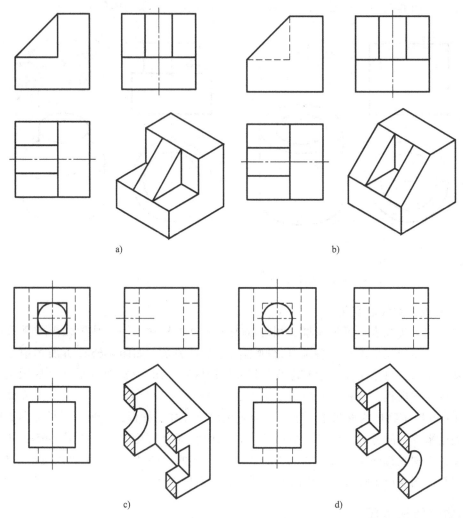

图 4-65　从虚线与粗实线的变化想象物体各部分的相对位置

理，若俯视图中的"T"形封闭线框代表一个组成部分的话，在主视图中也没有合理的对应投影，如将该线框沿图上双点画线处拆分，则在主视图中有合理的对应投影，假定这是组成部分Ⅱ；然后再看主视图下面的最大矩形线框，其上方还套着一个小矩形线框，在俯视图中有合理的对应投影，假定这是组成部分Ⅲ；最后看俯视图后面的小矩形线框，在主视图中的对应投影与组成部分Ⅱ的投影重合，假定这是组成部分Ⅳ。这样我们就把该物体分成了四个部分。

　　② 对投影想形状。按投影规律找出各组成部分已知的对应投影，逐块分析、想象。

　　形体Ⅰ：表示的是一个带圆孔的倒"U"型柱体，位于物体的最上面，如图 4-67c 所示；

　　形体Ⅱ：表示的是一个长方体，位于物体的最前面，如图 4-67b 所示；

　　形体Ⅲ：大矩形线框套着小矩形线框，表示的是一个切槽长方体，如图 4-67a 所示；

　　形体Ⅳ：表示的是一个长方体，位于物体的最后面，如图 4-67d 所示。

　　③ 综合起来想整体。需搞清楚各部分的组合形式及各表面的结合关系，然后按投影图上表达的相互位置关系组装起来，就可想象出物体的空间形状。该组合体为叠加式构成，形体Ⅰ叠加在形体Ⅲ的上面，前表面与形体Ⅲ切槽后留下的表面共面，后表面与形体Ⅲ平齐；

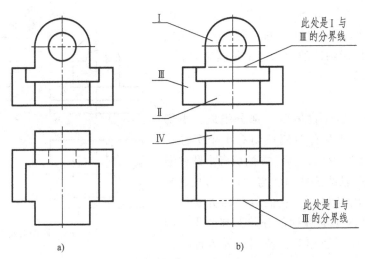

图 4-66　物体的主、俯视图及形体分析

形体Ⅱ和形体Ⅳ分别叠加在形体Ⅲ的前、后面，底面与形体Ⅲ平齐。如图 4-67c、d 所示。当我们想象整体形状时，可以进一步验证前面的视图分解是否正确，如果与假定有矛盾，则需重新假定，重新阅读。读图的过程也可交叉进行，即对某部分边假定，边阅读，边验证。

读图结束，想象出整体形状后，下面补画左视图。

因形体Ⅲ是主体部分，所以先画，然后依次补画各部分的左视图，如图 4-67 所示，图 4-67d 为完成了的左视图。

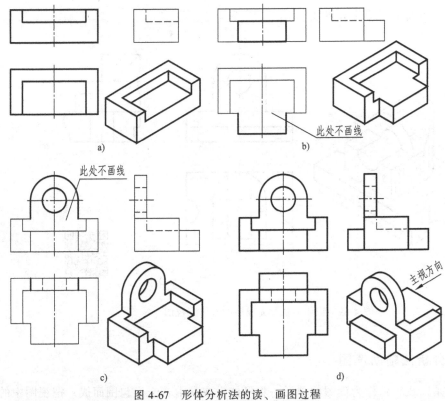

图 4-67　形体分析法的读、画图过程

【例 4-3】 补画如图 4-68 所示视图中所缺的图线。

读图补漏线是作为读图练习的一种方式，视图中虽然缺图线，但所示物体的形状通常是确定的。

作图方法与步骤：

首先读图。

由三视图可以看出此物体由三部分组成，下部主体为"T"形柱，其左右两侧挖切有半个圆柱通孔；中部主体为"U"形柱，其上方挖切有半圆柱通孔；上部为半个正垂轴线圆柱筒，与"U"形柱的半圆柱通孔同轴线且内径相等，它们以叠加方式构成组合体。"U"形柱的半个圆柱部分与上部的半个圆柱筒轴线垂直相交且半径相等，两圆柱外表面应产

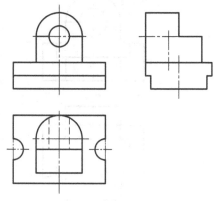

图 4-68　读图补漏线

生相贯线，"U"形柱的四棱柱外表面与半个圆柱筒外表面是相切关系；上部的圆柱通孔与中部"U"形柱的圆柱面应产生相贯线；物体的形状如图 4-69a 所示。

下面补画漏线。

① 补画两等直径半圆柱面的相贯线（左视图）。

② 补画上方圆柱孔的投影（左、俯视图）。

③ 补画圆柱与圆柱孔的相贯线（左视图）。

④ 补画"T"形柱上圆柱孔的投影（主、左视图）。

补画后的形体三视图如图 4-69b 所示。

注意： 相切的表面不应画出分界线。

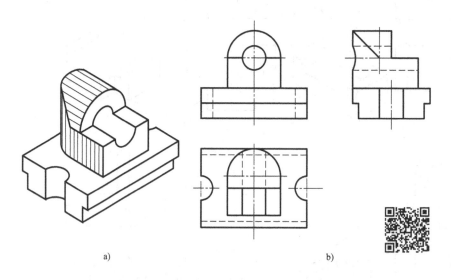

a)　　　　　　　　　　　　b)

图 4-69　物体形状及完成后的形体三视图

三、利用线面分析法辅助读图

线面分析法是以线、面作为读图的单元，将形体看成是由若干面包围而成。把视图中的

线框看作立体上的表面，把线看作是立体上的线或面，根据视图上的图线和线框，分析所表达线、面的空间形状和相对位置关系，来想象物体的形状。因此点、线、面的投影规律是线面分析法读图的基础。除了"三等"关系外，对于面的投影有"不类似必积聚"的关系存在。

线面分析法读图的步骤是：按线框分表面，对投影想形状，综合起来想整体。因此不如形体分析法来得直接，一般作为辅助读图方法。常用于物体上那些因投影关系重合分不清各自的对应投影，或位置倾斜用形体分析法难于看懂的局部形状。

如图 4-70a 所示的物体，按形体分析法读图，根据俯视图上相邻的三个矩形线框，可将该物体分解为前、中、后三个直角梯形柱叠加组成。但主视图有两个直角梯形线框，与俯视图上的三个矩形线框"长对正"，即三个形体在主视图上存在着投影关系重合。要解决谁与谁对应问题，可进一步利用线面分析法读图。将俯视图上相邻的三个矩形线框，看作三个直角梯形柱的顶面，由平面的投影特点可知三个顶面都应是正垂面，所以应分别与主视图上不同的斜线相对应。经过一次或几次"从假定到验证"的分析过程，如图 4-70b～d 所示，最终确定它们的相对位置，从而帮助想象出物体的形状如图 4-70d 所示。

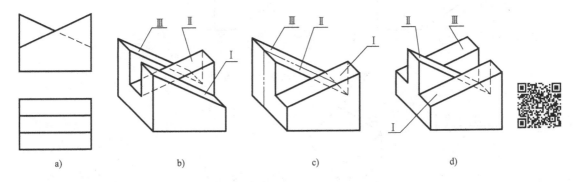

a)   b)   c)   d)

图 4-70 判断形体上各面的相对位置

【例 4-4】 如图 4-71a 所示，试想出该形体的空间形状，并补画左视图。

作图方法与步骤：

从主、俯两视图来看，形体的左上角和左前角被切去，应是一个平面切割体。其形状特点与基本体相差较大，不能直接读出其形状。我们可以先将其想象为一长方体，经切割而形成。然后分析被哪些平面截切，截切后所形成的截断面形状，从而想出该组合体的整体形状。根据投影关系，可以看出该形体是由长方体经正垂面 P 和铅垂面 Q 的截切而形成。因两截断面相交，它们的交线 AB 是一般位置直线，所以 P 面切割后的截断面为五边形，Q 面切割后的截断面为四边形，由此可想出该形体的形状如图 4-72 所示。

先将其假想为一长方体，经正垂面 P 截切后，截断面为矩形，画出其左视图，如图 4-71b 所示；再画由铅垂面 Q 截切后的截断面的投影：先找出 Q 面的积聚投影（在水平投影面上），经过"对投影"再找出 Q 截断面的正面投影，根据这两个投影画出该截断面的侧面投影，如图 4-71c 所示；最后检查，擦掉不存在的轮廓线，按国家标准规范加深完成全图，如图 4-71d 所示。

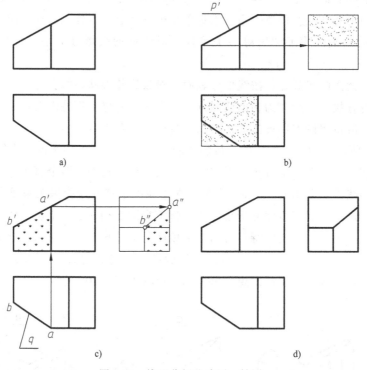

a)　　　　　　　　　　　　　b)

c)　　　　　　　　　　　　　d)

图 4-71　线面分析法读图、补图

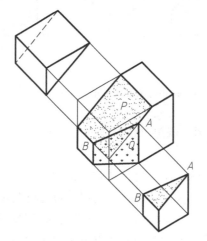

图 4-72　形体的空间分析

本 章 小 结

　　组合体是真实机器零件的几何模型，本章的内容是以后学习画零件图和读零件图的重要基础。本章主要讲述了组合体的构形设计、三维建模方法、组合形式及其投影特性、组合体视图的画法、组合体的尺寸标注以及组合体视图的读图方法等内容。在组合体的三维建模、画组合体视图、读组合体视图以及标注组合体尺寸时，都要用到形体分析法。形体分析法就是假想将组合体分解成若干简单的基本形体，分清它们的形状、相对位置，确定他们的组合方式及其投影特性，进行画图和读图的方法。在读组合体视图时，主要用形体分析法分解各形体，对于组合体中局部较为复杂而难读懂的投影部分，往往需要采用线面分析法，即分析面的形状、面的相对位置关系、面与面的交线等。读画组合体视图时应两种方法互相配合，综合使用。标注组合体尺寸时，要先选尺寸基准，再标全各形体的定形及定位尺寸、总体尺寸，并避免尺寸重复，同时还要注意尺寸的清晰布置。

思考与练习

4-1 什么是形体分析法？

4-2 空间立体的形状是怎样产生的？空间立体的表达方式有几种？

4-3 三维建模时如何将形体分析与特征分析相结合，正确表达设计意图？

4-4 组合体的组合形式有哪几种？各种组合形式的投影特点是什么？

4-5 形体分析法与线面分析法主要应用于哪种形式的组合体？

4-6 画组合体视图的步骤是什么？如何选择主视图？

4-7 标注组合体尺寸时要注意哪些问题？怎样才能做到尺寸的清晰布置？

4-8 读组合体视图时要注意哪些问题？读图的一般步骤是什么？

第五章

图样画法

工程形体的形状多种多样，为了使结构表达得更清楚、简单，国家标准《技术制图 图样画法》和《机械制图 图样画法》规定了一系列表达形体的图样画法。本章介绍视图、剖视图、断面图、规定画法和简化画法等工程形体常用表达方法，以及在 SOLIDWORKS 中利用模型文件创建工程图、快速生成各种图样的方法。

第一节 视图（GB/T 17451—1998）（GB/T 4458.1—2002）

视图主要用于表达形体外部结构形状，在视图中一般只画出形体的可见轮廓，必要时才画出不可见轮廓。视图通常有基本视图、向视图、局部视图和斜视图。

一、基本视图

根据国家标准规定，采用六面体的六个面作为基本投影面，如图 5-1 所示，形体向基本投影面投射所得的视图称为基本视图。基本视图除前面学过的主视图、俯视图、左视图外，新增加三个基本视图：

右视图——由右向左投射得到的视图；

仰视图——由下向上投射得到的视图；

后视图——由后向前投射得到的视图。

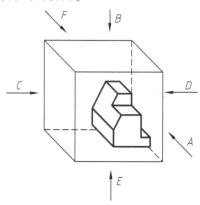

图 5-1　六个基本视图的投影面和基本投射方向

六个基本视图的名称和展开方法，如图 5-2 所示。

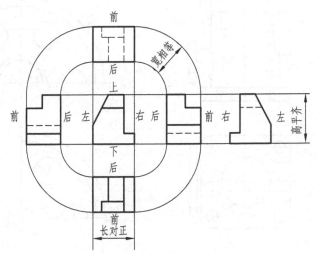

图 5-2 基本视图的名称和展开方法

展开后六个基本视图仍然符合"长对正，高平齐，宽相等"的投影规律。在同一图样内如图 5-3 所示位置配置时，可不标注视图的名称。

在实际绘图时，通常不需要将六个基本视图全部画出，应根据形体的形状和结构特点，在完整、清晰地表达其外部特征的前提下，选用其中必要的几个基本视图，力求绘图简便，使视图数量最少，一般优先选用主视图、俯视图、左视图。

图 5-3 六个基本视图的位置配置和方位对应关系

二、向视图

向视图是可自由配置的视图。

为了合理利用图纸幅面，经常需要自由配置视图，如图 5-4 所示。

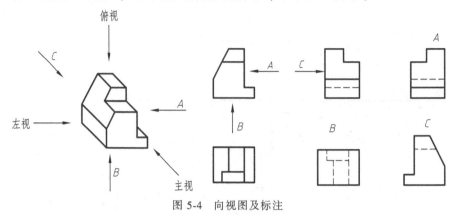

图 5-4　向视图及标注

1）向视图的标注：在向视图的上方标出大写的拉丁字母 "×"；在相应视图的附近用箭头指明投射方向，并标注相同的字母。如配置多个向视图，拉丁字母应按顺序标注。

2）需要注意的是：表示投射方向的箭头应尽可能标注在主视图上；用向视图表示后视图时，应将投射箭头标注在左视图或右视图上。

三、局部视图

局部视图是将形体的某一部分向基本投影面投射所得的视图。

如图 5-5 所示，主视图和俯视图已经把形体的大部分形状都表示清楚，只有左、右局部形状还没有表示，可用主、俯两个基本视图，并配合两个局部视图就能完整、清晰、简便地表达形体。

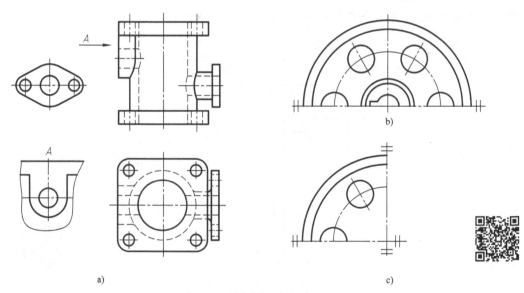

图 5-5　局部视图的应用

1. 局部视图的表达

1）局部视图的断裂边界一般用波浪线或双折线表示，如图 5-5a 中的 A 向视图。

2）当所表示的局部结构是完整的，且外轮廓线又为封闭图形时，波浪线或双折线须省略，如图 5-5a 中未标注的局部右视图。

3）对称结构形体的视图可以只画一半，如图 5-5b 所示；或四分之一，如图 5-5c 所示，并在对称中心线的两端画出两条与其垂直的平行细实线进行标记。

2. 局部视图的配置与标注

局部视图可按基本视图的配置形式配置，如图 5-5a 所示局部右视图，此时可省略标注。也可按向视图的配置形式配置，此时需加标注，如图 5-5a 所示的 A 向视图。

四、斜视图

斜视图是将形体向不平行于基本投影面的投影平面投射所得的视图。

为了表示形体倾斜结构的真实形状，选择一个与该倾斜部分平行的辅助投影面，按照投影关系在该投影面上作出反映倾斜部分实形的投影图即斜视图。如图 5-6 中的斜视图 A，表示了倾斜结构的真实形状。

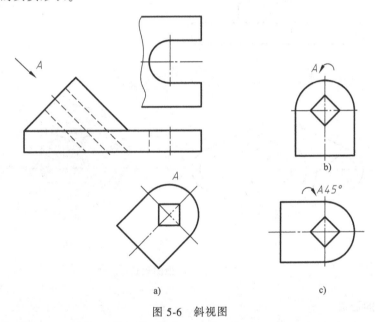

图 5-6　斜视图

1. 斜视图的表达

斜视图通常只表达形体上倾斜结构的实形，其余部分不必全部画出而用波浪线或双折线断开；如果所表示的倾斜结构完整且其外轮廓线封闭时，波浪线或双折线可省略不画，如图 5-6a 所示的斜视图 A。

2. 斜视图的配置与标注

如图 5-6a 所示，斜视图通常按向视图的配置形式配置并标注。斜视图必须标注，表示投射方向的箭头应垂直于倾斜表面，标注斜视图的大写拉丁字母应写成水平。

必要时斜视图可平移到其他适当位置，也允许将斜视图旋正配置。箭头表示旋转方向，表示该视图名称的大写拉丁字母应靠近旋转符号箭头端，如图 5-6b 所示；也允许将旋转角度注写在字母之后，如图 5-6c 所示。

第二节 剖视图 （GB/T 17452—1998）（GB/T 4458.6—2002）

一、剖视图的概念和作图

形体上不可见的结构形状都用虚线表示。当形体内部结构较复杂时，在视图中会出现很多虚线，如图5-7b所示，这样既影响图形的清晰，不利于看图，又不便于标注形体的尺寸，结构的材料在视图中也无法反映出来。

国家标准规定剖视图的画法来解决形体内部结构的表达问题。

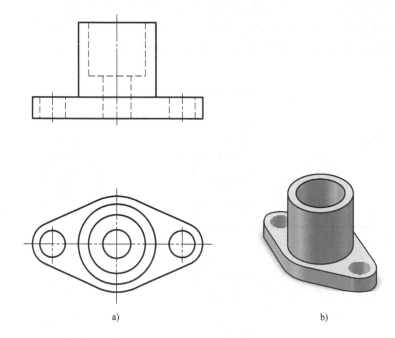

a)   b)

图 5-7　形体的视图表达

1. 剖视图的形成

如图5-8所示，假想用剖切面剖开形体，将处在观察者和剖切面之间的部分移去，而将其余部分向投影面投射所得的图形，称为剖视图。剖切面与形体的接触面须画上剖面符号。

2. 画剖视图的步骤

（1）确定剖切面的位置　通常用平面作剖切面（也可用曲面）。为了能清晰地表达形体内孔、槽等结构的真实形状，剖切平面一般情况下应平行于基本投影面，并通过形体内部孔、槽的对称面或轴线。

（2）画剖视图　用粗实线画出剖切面所剖到形体的断面轮廓以及剖切面后的可见轮廓（必要时，用虚线画出不可见轮廓的投影）。

（3）画剖面符号　剖切面与形体的接触部分画上剖面符号。剖面符号因形体的材料不同而不同，国家标准剖面区域（GB/T 4457.5—2013）表示法常用材料的剖面符号见表5-1所示。

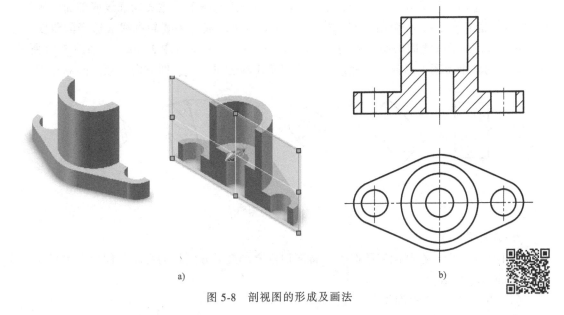

a)   b)

图 5-8　剖视图的形成及画法

表 5-1　常用材料的剖面符号

材料类别		剖面符号	材料类别	剖面符号
金属材料、普通砖和通用剖面线			木质胶合板	
线圈绕组元件			基础周围的泥土	
转子、电枢、变压器和电抗器等的叠钢片			混凝土	
非金属材料(已有规定剖面符号者除外)			钢筋混凝土	
玻璃及供观察用的其他透明材料			格网(筛网、过滤网等)	
木材	纵断面		固体材料	
	横断面		型砂、填砂、粉末冶金砂轮、陶瓷刀片、硬质、合金刀片等	

在同一金属零件的各个视图中，剖视图的剖面线用与图形的主要轮廓线或剖面区域的对称线呈 45° 的相互平行细实线画出，必要时剖面线也可画成与主要轮廓线成适当的角度，如图 5-9 所示。剖面线之间的距离视剖面区域的大小而异，通常可取 2~4mm，如图 5-10 所示。同一零件的各个视图中的各个剖面区域，其剖面线画法应一致，即方向一致、间隔相等。

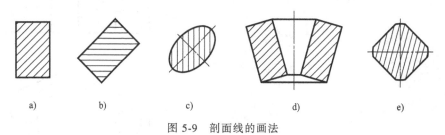

图 5-9　剖面线的画法

3. 剖视图的标注

为了便于看图，在画剖视图时，应将剖切位置、投射方向和剖视图名称标注在相应视图上，如图 5-10 所示。

（1）剖切线　指示剖切面位置的线，以细点画线表示，一般情况下省略不画。

（2）剖切符号　指示剖切面的起、讫和转折位置（用粗短画表示）及投射方向（用箭头或粗短画表示）的符号。剖切符号尽可能不要与图形的轮廓线相交；表示投射方向的箭头画在起、讫处粗短画的外侧，并与起、讫处粗短画垂直。

（3）剖视图名称　用相同的大写拉丁字母注写在剖切符号旁，并一律水平书写，在相应剖视图的上方用相同字母注写出剖视图的名称"×—×"。如果在同一张图上同时有几个剖视图，则其名称应按字母顺序排列，不得重复。

（4）剖视图的标注内容可以简化或省略的情况

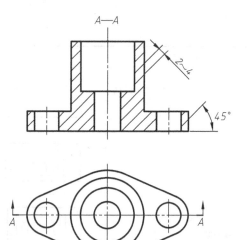

图 5-10　剖面符号的画法和剖视图的标注

1）当剖视图按投影关系配置，中间又无其他图形隔开时，可以省略表示投射方向的箭头。

2）当剖切面与形体的对称平面完全重合，且剖切后的剖视图按投影关系配置，中间又无其他图形隔开时，可以省略标注。

4. 画剖视图应注意的问题

1）剖视图是用假想的剖切面将形体剖开，形体并未真的被切开和移走一部分，因此在一个视图上采取剖视后，其他视图不受任何影响，仍按完整的形体画出。

2）剖切面后的可见轮廓线应该全部画出，不能遗漏，如图 5-11b 所示。

3）在剖视图上，对于已经表示清楚的结构，其虚线可省略不画。但没有表示清楚的结构，允许画少量的虚线。

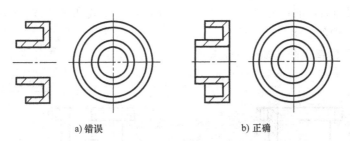

a) 错误　　　　　　　　　　　　b) 正确

图 5-11　剖切面后的可见轮廓线应该全部画出

4）在同一张图样中，同一形体的剖面符号必须一致。金属材料的剖面符号是在剖面内画出方向一致、间隔相等、与水平方向呈 45° 的相互平行的细实线，如图 5-9 所示。当剖面线与图形的主要轮廓线或剖面区域的对称中心线平行时，可将剖面线改画成与主要轮廓线或剖面区域的对称中心线呈 30° 或 60° 的平行线，其他视图中的剖面线的倾斜方向仍然按 45° 绘制，在不清楚形体的材料时，该符号也作为通用的剖面符号使用。

5）标注剖视图尺寸时，外形尺寸应在视图附近，内部结构的尺寸标在剖视图附近，使标注清晰。

二、剖视图的分类

根据剖切范围的不同，剖视图分为全剖视图、半剖视图和局部剖视图三种。

1. 全剖视图

用剖切面完全地剖开形体所得的剖视图，称为全剖视图，如图 5-8 中的主视图。全剖视图主要用于外形简单、内部形状复杂的不对称形体，或外形简单的回转体零件。它的缺点是不能清晰表达形体的外形。

全剖视图的标注方法与前面所述剖视图的标注相同。

2. 半剖视图

当形体具有对称平面时，在垂直于对称平面的投影面上投射所得的图形，以对称中心线为界，一半画成剖视图以表达内部结构形状，另一半画成视图以表达外部结构形状，这种图形称为半剖视图。如图 5-12 所示模型，形体左右、前后对称，在主视图和俯视图中均可采用半剖视图，既反应外形又能表达内部结构形状，如图 5-13a 中所示。半剖视图主要用于内、外形状都需要表达的对称形体。

若形体接近对称，且不对称部分已另有图形表达清楚时也可以画成半剖视图。

画半剖视图时需注意的问题：

1）分界线是中心线，不能画成粗实线。

2）半剖视图的形体对称，所以对剖视图已表达清楚的内轮廓，在另半个视图中不再画虚线（即与粗实线对称的虚线不画）。

3）半剖视图的标注方法与全剖视图相同。图中所取剖视的剖切平面与形体的对称平面重合，并且剖视图按投影关系配置时，可省略图上标注。

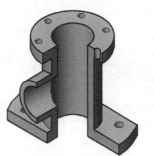

图 5-12　半剖模型

4）标注被剖切结构的尺寸时，只需画出一端的尺寸界线和尺寸线，但尺寸线要超过中心线，如图 5-13b 中的 φ18。

常见半剖视图的错误画法如图 5-13b 所示。

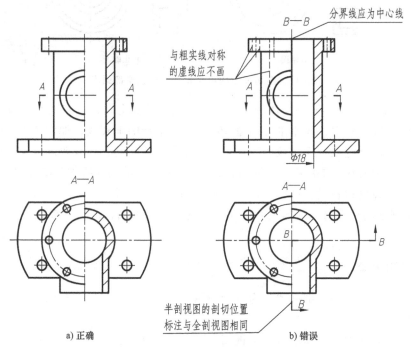

a) 正确   b) 错误

图 5-13 半剖视图画法

3. 局部剖视图

用剖切面局部地剖开形体所得的剖视图，称为局部剖视图。如图 5-14 所示。

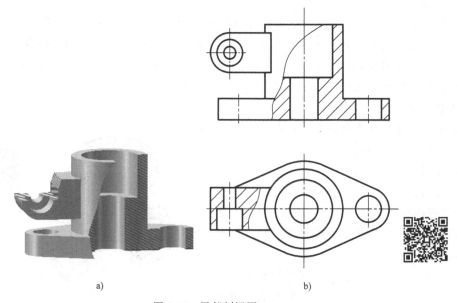

a)   b)

图 5-14 局部剖视图

当形体的内部结构部分尚未表达清楚但又不必作全剖时，或当内外形状需要同时表达但形体又不对称时，可采用局部剖视图。局部剖视图不受图形是否对称的限制，剖切位置和剖切范围可根据需要而定，是一种比较灵活的表达方法。局部剖视图中剖视部分和视图部分一般用波浪线或双折线分界。对于剖切位置明显的局部剖视图，一般都不必标注，若剖切位置不够明显，则应进行标注。

画局部剖视图时需注意的问题：

1）在同一个视图中，局部剖视图的数量不宜过多，以免使图形显得过于零碎，不利于看图。

2）波浪线不能用图形上其他图线代替，如图 5-15a；也不能在其他图线的延长线上，如图 5-15b。

3）波浪线不得穿越孔槽，也不能超出视图的轮廓线，如图 5-16 所示。

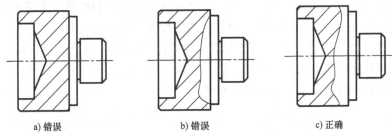

a) 错误　　　　　　　　　b) 错误　　　　　　　　　c) 正确

图 5-15　波浪线不能与其他图线重合或在它们的延长线上

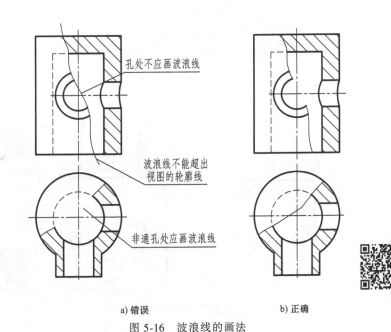

孔处不应画波浪线

波浪线不能超出
视图的轮廓线

非通孔处应画波浪线

a) 错误　　　　　　　　　　　b) 正确

图 5-16　波浪线的画法

三、剖切面的种类

剖切面的种类与剖视图的分类属于两个不同的分类体系。根据剖切面之间相对位置及剖切面组合的数量不同，国家标准将剖切面分为三类：单一剖切面；几个平行的剖切平面和几个相交的剖切面（交线垂直于某一投影面）。根据形体的结构特点选择相应的剖切面，三类剖切面均可表达为全剖视图、半剖视图和局部剖视图。

1. 单一剖切面

单一剖切面剖切是仅用一个剖切面剖开形体的方法，剖切面可以是单一的投影面平行面、单一的斜剖切面或者单一柱面，其中前两种最常用。

（1）平行于某一基本投影面的单一剖切平面　在工程图样中，可用基本投影面的平行面作为剖切面剖开形体得到全剖视图、半剖视图或局部剖视图。前面所述图例均为此种情况。

（2）不平行于任何基本投影面的单一斜剖切平面　当形体上倾斜部分的内部结构在基本投影面上不能反映实形时，可用与倾斜部分主要平面平行且垂直基本投影面的面对形体倾斜部分进行剖切，再投射到与剖切平面平行的投影面上，可得到反映该倾斜部分内部结构的真实形状，如图 5-17 所示的 A—A 剖视图。这种剖视图称为斜剖视图。采用不平行于基本投影面的单一斜剖切平面获得的剖视图必须标注剖切位置、投射方向和视图名称，剖视图尽量按投影关系配置，如图 5-17a 所示；必要时可以平移到其他适当的位置；在不致引起误解时，也允许将图形旋转，在旋转后的剖视图上方应指明旋转方向，并水平标注字母；必要时标注角度数字以表示旋转角度，如图 5-17b 所示。

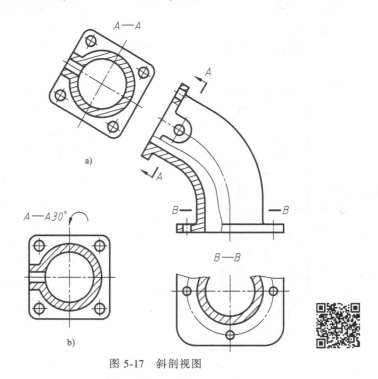

图 5-17　斜剖视图

2. 几个平行的剖切平面

如图 5-18 所示形体的内部结构需要表达，若采用一个剖切平面进行剖切，不能同时剖到内孔。可假想采用两个平行的剖切平面剖开形体，在一个剖视图表达出两个平行剖切平面所剖到的结构。图中的 A—A 即为采用两个平行剖切平面获得的全剖视图。用几个平行的剖切平面剖开形体获得的剖视图通常称为阶梯剖视图。

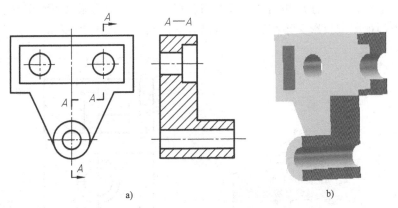

a)   b)

图 5-18 几个平行的剖切平面获得的剖视图

采用几个平行剖切平面获得剖视图时，要注意下列问题：

1）在剖视图上，不应画出剖切平面转折处的投影，如图 5-19a 中的左视图所示。

2）剖切符号的转折处不应与图上轮廓线重合，如图 5-19b 中的主视图所示。

3）在剖视图上不应出现不完整要素，如图 5-19c 所示。只有当两个要素具有公共对称中心线或轴线时，才允许以中心线或轴线为界各画一半，如图 5-20 所示。

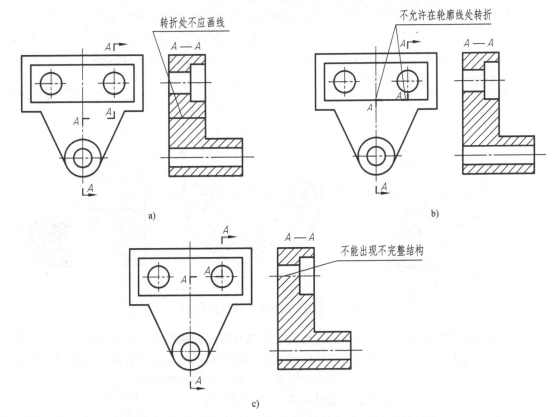

a)   b)

c)

图 5-19 几个平行的剖切平面获得剖视图时的常见错误画法

采用几个平行剖切平面获得的剖视图必须进行标注，即标出剖视图名称、剖切符号，在剖切面的起、讫和转折处标出相同的字母。当转折处位置空间有限又不致引起误解时，允许省略字母；当剖视图按投影关系配置时，可以省略箭头。如图 5-20 所示。

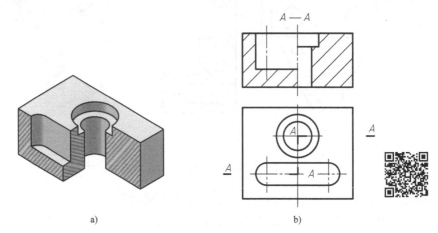

图 5-20 具有公共对称中心的剖视图

3. 两个相交的剖切平面

当形体具有回转轴，且回转轴垂直某一基本投影面时，可用两个相交的剖切平面（交线均垂直于该基本投影面）剖切形体，剖切面的交线与回转轴重合。如图 5-21 所示的 $A—A$ 剖视是用两个相交的剖切平面剖切得到的全剖视图，该形体用一个侧平面和一个正垂面剖切，画图时将正垂面连同被剖开的结构一起绕两剖切平面的交线旋转到与侧面平行后，再进行投射，这样得到的剖视图既能反映实形，又便于画图。

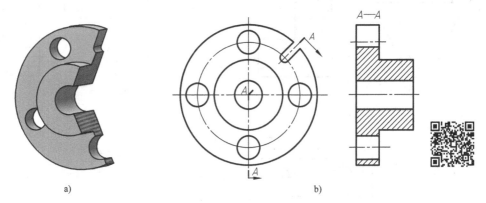

图 5-21 用两个相交的剖切平面获得的全剖视图

两个相交剖切平面获得的剖视图通常称为旋转剖视图。画旋转剖视图时必须标注，注意剖切位置符号与表示投射方向的箭头应始终成直角。在剖切面的起讫和转折处用相同的字母标出剖视图名称。当转折处位置有限又不致引起误解时，允许省略字母。

采用两个相交剖切平面获得剖视图时，应注意下列问题：

1）倾斜剖切平面剖到的结构必须旋转到与选定的基本投影面平行后再投射，而位于剖切平面后的其他结构（未被剖切到的结构）一般仍按原位置投射，如图 5-22a 所示；但与被切结构有直接联系且密切相关的结构或不一起旋转就难以表达清楚的结构，应旋转后再投射，如图 5-22b 所示。

2）当剖切后产生不完整要素时，应将此部分按不剖绘制，如图 5-23 所示。

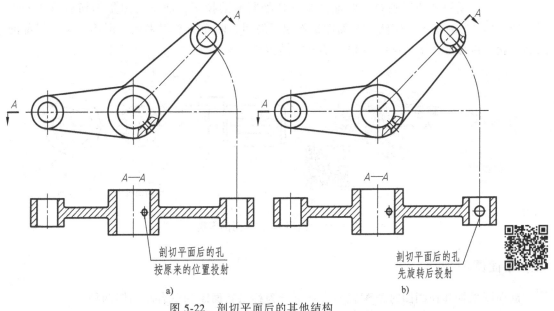

图 5-22 剖切平面后的其他结构

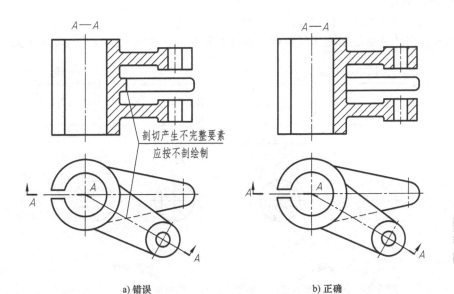

a) 错误　　　　　　　　b) 正确

图 5-23 剖切到不完整要素时的绘制

第三节　断面图（GB/T 17452—1998）（GB/T 4458.6—2002）

一、断面图的概念

假想用剖切平面将形体的某处切断，仅画出该剖切平面与形体接触部分（剖面区域）

的图形，称为断面图，简称为断面，如图 5-24b 所示。剖切平面可以是单一剖切面、几个平行的剖切面、几个相交的剖切面。

断面图与剖视图的区别是：断面图是剖切处断面的投影；而剖视图是剖切后形体的投影，图 5-24c 为剖视图。显然，断面图比剖视图简明。断面图常用来表示形体上某一局部的断面形状，例如形体上的肋、轮辐、轴上的键槽和孔等。

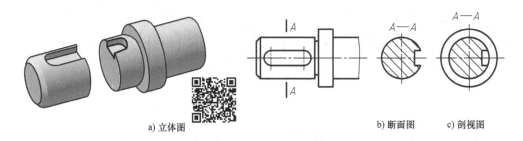

a) 立体图　　　　　　　　　　　b) 断面图　　　c) 剖视图

图 5-24　断面图与剖视图的区别

二、断面图的种类

断面图根据其在画图时所配置的位置可分为移出断面图和重合断面图两种。

1. 移出断面图

画在视图外面的断面图称为移出断面图。

移出断面图的轮廓线用粗实线绘制，通常配置在剖切线的延长线上，如图 5-25a 所示。

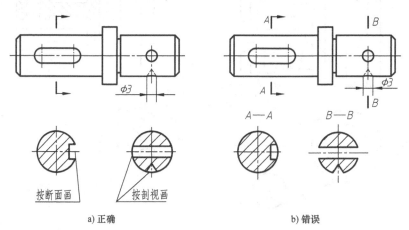

a) 正确　　　　　　　　　　　　　　b) 错误

图 5-25　剖切平面通过回转面形成的孔、凹坑的轴线应按剖视画法

画移出断面时应注意以下几点：

1）当断面图形对称时，可将其画在视图的中断处，视图应以波浪线或折线断开，如图 5-26 所示。

2）必要时可将移出断面配置在其他适当的位置，如图 5-27a 所示。在不引起误解时，允许将图形旋转，其标注方法与单一斜剖切平面相同，如图 5-27b 所示。

3）当剖切平面通过如图 5-25a 所示回转面形成的

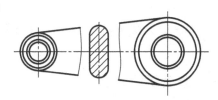

图 5-26　移出断面图画在视图中断处

孔、凹坑的轴线或剖切后出现两个分离的断面区域，这些结构应按剖视图要求绘制，如图 5-27 所示。

4）由两个或多个相交的剖切平面剖得的移出断面图，中间一般应断开，剖切平面应垂直于被剖切部分的主要轮廓线。如图 5-28 所示。

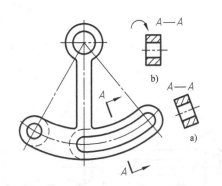

图 5-27　剖切后出现两个分离断面按剖视画法

图 5-28　两个相交剖切平面剖得
移出断面图的画法

2. 重合断面图

画在视图之内的断面图称为重合断面图，如图 5-29 所示。重合断面图多用于结构简单的形体。

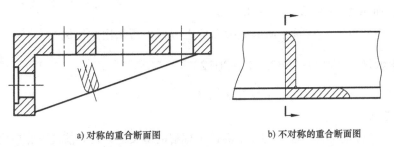

a) 对称的重合断面图　　　　b) 不对称的重合断面图

图 5-29　重合断面图

重合断面图的轮廓线用细实线绘制。当视图中轮廓线与重合断面的图形重叠时，视图中轮廓线仍应连续画出，不可间断。

三、断面图的标注

移出断面图一般应用大写字母在断面图上方标注移出断面图的名称"×—×"，在相应的视图上用剖切符号表示剖切位置和投射方向，并标注相同的字母，如图 5-25b 所示，剖切符号之间的剖切线可省略不画。

移出断面图可部分或全部省略标注的情况：

1）可省略字母：配置在剖切符号延长线上的不对称移出断面图，如图 5-25a 所示左侧断面图。

2）可省略箭头：按投影关系配置的非对称移出断面图，如图 5-24b 所示；未配置在剖切位置延长线上的对称移出断面图。

3）完全省略标注：配置在剖切位置延长线上的对称移出断面图，如图 5-25a 所示右侧断面图；画在视图中断处的对称移出断面图，如图 5-26 所示。

重合断面中对称的重合断面图不必标注，如图 5-29a 所示；不对称重合断面图可省略标注，如图 5-29b 所示可以不标注投射方向。

第四节　其他表示方法

一、局部放大图 （GB/T 4458.1—2002）

局部放大图是将形体上的部分结构，用大于原图形所采用的比例画出的图形。

局部放大图可以画成视图、剖视图和断面图，它与被放大部分的表达方法无关。绘制局部放大图时，用细实线圈出被放大的部位，应尽量画在被放大部位附近。当同一形体上有几处被放大的部分时，必须用罗马数字依次标明被放大的部位，并在局部放大图的上方标出相应的罗马数字和采用的比例，如图 5-30 所示。当形体上被放大的部分仅有一处时，只需在局部放大图的上方标出所采用的比例。

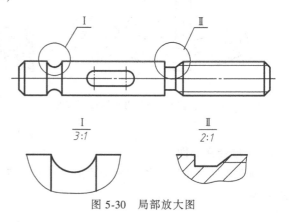

图 5-30　局部放大图

二、简化表示法 （GB/T 16675.1—2012）

国家标准《技术制图》制定了简化表示法。

1. 简化原则

1）简化必须保证不致引起误解和不会产生理解的多义性，在此前提下，应力求制图简便。

2）便于识读和绘制，注重简化的综合效果。

3）在考虑便于手工制图和计算机制图的同时，还要考虑缩微制图的要求。

2. 简化表示法

下面只介绍简化表示法中的部分常用图样画法。

（1）薄板和实心轴的剖切画法　对于形体上的肋板、轮辐等薄壁结构和实心的轴、柱、梁等，如按纵向剖切，即剖切平面与其轴线、中心线或薄板结构的板面平行时，按不剖绘制，剖面区域内不画剖面符号，而用粗实线将它与其邻接部分分开，如图 5-31a 所示正确画法。但这些结构若按其他方向剖切时，仍应画剖面符号。

（2）均匀分布结构的剖切画法　当零件回转体上均匀分布的肋、轮辐、孔等结构不处于剖切平面上时，可将这些结构旋转到剖切平面上画出，均布孔只需详细画出一个，其他只画出轴线即可，如图 5-32 所示。

（3）表示圆柱形法兰和类似形体上均匀分布的孔　其数量和位置，可按图 5-33 所示绘制，由形体外向该法兰端面方向投射。

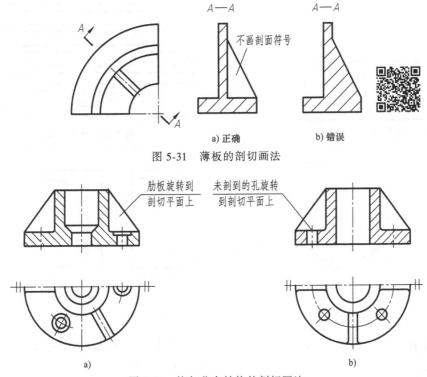

图 5-31 薄板的剖切画法

a) 正确 　　b) 错误

图 5-32 均匀分布结构的剖切画法

（4）若干直径相同且成规律分布的孔（如圆孔、螺纹孔、沉孔等）的画法　可以仅画出一个或几个，其余只需用细点画线表示其中心位置，在图中应注明孔的总数，如图 5-34 所示。

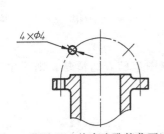

图 5-33 法兰上均布小孔简化画法

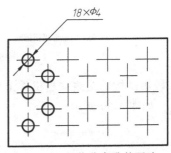

图 5-34 规律分布孔的画法

（5）若干相同结构的画法　当机件具有若干相同结构（如齿、槽等）并按一定规律分布时，只需画出几个完整的结构，其余用细实线连接，在零件图中则必须注明该结构的总数，如图 5-35 所示。

（6）断开画法　较长的构件（如轴、杆、型材、连杆等）沿长度方向的形状一致或按一定规律变化时，可断开后缩短绘制，断裂处一般用波浪线表示，对于采用断开画法视图，尺寸仍应注出构件的全长，如图 5-36 所示。

（7）较小结构的斜度　当机件上较小的结构及斜度等已经在一个视图中表达清楚时，则在其他视图中应当简化或省略，如图 5-37 所示，主视图按小端画。

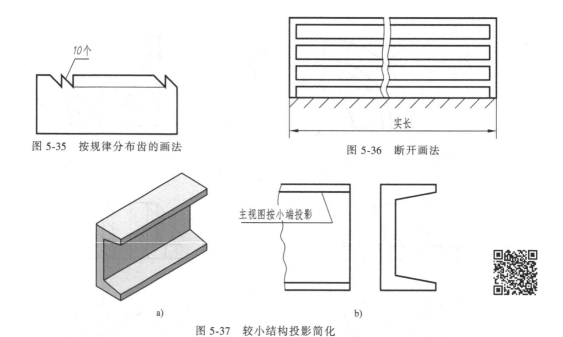

图 5-35　按规律分布齿的画法

图 5-36　断开画法

a)

b)

图 5-37　较小结构投影简化

（8）平面画法　为了避免增加视图或剖视图，可用细实线绘出对角线表示平面，如图 5-38a 和图 5-38b 所示，回转体零件上的平面用两条相交的细实线表示。

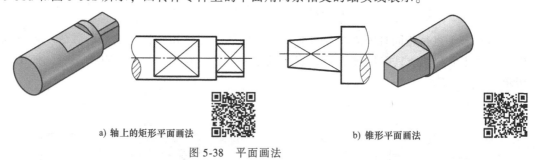

a) 轴上的矩形平面画法

b) 锥形平面画法

图 5-38　平面画法

（9）较小结构的交线　当机件上较小的结构在其他视图上已表达清楚，则产生的交线允许简化，如图 5-39 所示。

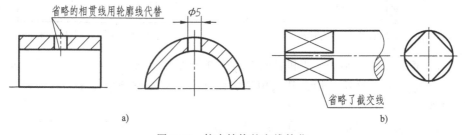

a)

b)

图 5-39　较小结构的交线简化

（10）假想结构　在需要表示位于剖切平面前面的结构时，这些结构按假想投影的轮廓线双点画线绘制，如图 5-40 所示。

（11）零件图中的小圆角、小倒角　省略不画，但必须注明尺寸，或在技术要求中加以说明，如图 5-41 所示。

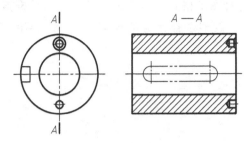

图 5-40　剖切平面前面的结构的画法

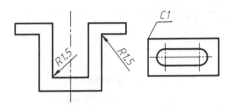

图 5-41　小倒角和小圆角的画法

使用 SOLIDWORKS 创建工程图

工程图是 SOLIDWORKS 软件主要功能之一，工程图文件的扩展名为 .slddrw。在生成工程图之前，必须先保存与它有关的零件。零件模型和工程图是互相链接的文件，对零件所作的任何更改都会在工程图文件中自动作出相应改变。本节主要介绍建立 SOLIDWORKS 图纸格式和工程图模板，以及由零件模型创建工程图生成各种表达视图的方法。本节个别术语与SOLIDWORKS 软件汉化版中术语相统一，与国家标准的规定术语略有差别。

一、进入工程图

1. 工程图界面

运行 SOLIDWORKS 2018，在弹出如图 5-42 所示的界面中，选择"工程图"，单击"确

图 5-42　"新建"对话框

定"按钮，关闭该对话框。

在接着弹出的"图纸格式/大小"对话框中，选择图纸格式，如图 5-43 所示。可根据需要选择"标准图纸大小"或者"自定义图纸大小"，例如选择已有的标准图纸 A3（GB）；或者自定义图纸大小，输入宽度和高度。

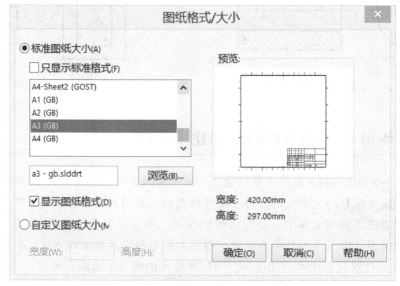

图 5-43 "图纸格式/大小"对话框

在"图纸格式/大小"对话框中单击"确定"按钮，进入"工程图"界面，如图 5-44 所示。

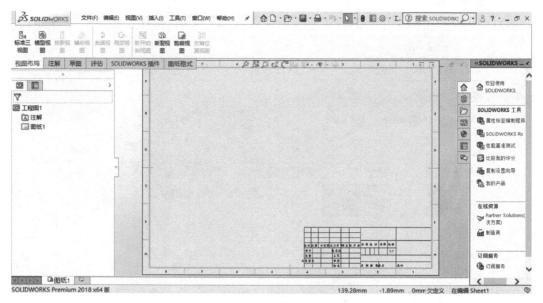

图 5-44 "工程图"界面

工程图界面分为两部分：

1）左侧的文件管理区域，显示了当前文件的所有图纸、图纸中包含的工程图等内容。

2）右侧的图形区域，可以认为是传统意义上的图纸，图纸中包含图纸格式、视图、尺寸、注解、表格等工程图纸中所必需的内容。

2．建立图纸格式和工程图模板

在建立工程图文件之前应先建立图纸格式和工程图模板。

工程图模板包含工程图的绘图标准、尺寸单位、投影类型、尺寸标注的箭头类型、文字标注的字体等多项设置选项；图纸格式用于保存图纸中相对不变的部分，如图5-44中的图框和标题栏。SOLIDWORKS提供的图纸格式不符合中国国家标准的规定，需要修改编辑。若要建立符合国家标准要求的工程图模板，需编辑图纸格式、定义图纸属性和文档属性。

（1）编辑图纸格式 右键单击图形区域的空白处，或者右键单击"FeatureManager"设计树中的图标 图纸1，在弹出如图5-45所示的快捷菜单中选择"编辑图纸格式"命令，进入编辑图纸格式状态。

若图纸格式已在如图5-43所示对话框中选择"标准图纸大小"中某一标准图纸，可以在此基础上修改编辑建立符合国家标准的图纸格式。双击标题栏中的文字可修改文字；单击线条或文字，按<Delete>键可删除多余的线条或文字；使用"草图绘制"工具栏上的相应命令可添加图线。然后单击文字以外区域完成修改。

若图纸格式是选择"自定义图纸大小"，则需单击"草图"工具栏上的"矩形"命令按钮 和"直线"命令按钮 画出所需线段，辅助使用"裁减"命令、"尺寸"命令 等相应工具绘制符合国标的图框、标题栏。单击"注解"工具栏上的"注释"命令按钮 A 在标题栏添加文字，移动文字到合适位置；也可以把"技术要求"等文字写在图纸格式中。

（2）定义工程图的图纸属性 在"FeatureManager"设计树中、工程图图纸的任意空白区域或工程图窗口底部"图纸1"标签处，单击右键，在弹出如图5-45的快捷菜单中选择"属性"，弹出"图纸属性"对话框如图5-46所示，输入图纸"名称"、设定图纸"比例"、

图5-45 "图纸"快捷菜单

图5-46 "图纸属性"对话框

选择"投影类型"：第一视角（中国及欧洲常用）或第三视角（美国常用），然后单击"确定"按钮。

保存图纸格式。单击"文件"→"保存图纸格式"；编辑文件名；单击"保存"按钮，图纸格式将被保存在安装目录\ProgramData 下，图纸格式文件扩展名为".slddrt"。定义好的图纸格式将在"图纸格式/大小"对话框中的"标准图纸大小"选项中出现。

（3）设置工程图的文档属性　我国国标（GB）对工程图做了许多规定，如尺寸文本的方位与字高，尺寸箭头的大小以及剖视图的标注符号等都有明确的规定。

在工程图文件的左侧文件管理区域选择"工程图1"结点，如图 5-47 所示，单击鼠标右键，在弹出的快捷菜单中选择"文档属性"，设置文档属性各参数；也可以单击下拉菜单"工具"→"选项"，系统弹出"系统选项(S)-普通"对话框，单击"文档属性"选项卡，弹出"文档属性(D)-绘图标准"对话框。下面介绍部分文档属性设置。

在对话框的左侧选项区中选择"绘图标准"选项，在"总绘图标准"下拉列表中选择"GB"选项。如图 5-48 所示。

图 5-47　设置"工程图 1"中的"文档属性"

图 5-48　设置"文档属性(D)-绘图标准"对话框

在对话框左侧的选项区中选"注解"选项，单击"字体"按钮，弹出"选择字体"对话框，将其字体设置为仿宋，字高设为 3.5mm，其他设置如图 5-49 所示。单击"确定"按钮返回到"文档属性"界面。

单击对话框左侧的选项区中的"尺寸"选项，设置箭头大小等参数，如图 5-50 所示。

单击对话框左侧的选项区中的"视图"选项下的"辅助视图""局部视图""剖面视图"等子选项依次进行设置。不勾选"依照标准"，将各视图的"名称"和"比例"下拉

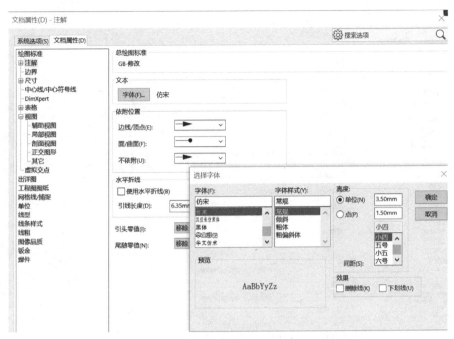

图 5-49　设置"文档属性(D)-注解"对话框

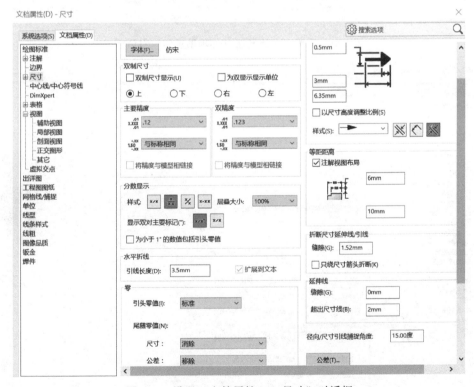

图 5-50　设置"文档属性(D)-尺寸"对话框

列表选项均选为"无",同时,勾选"在视图上方显示标号",则视图的标号一律处于图形的上方。具体设置分别如图 5-51、图 5-52 和图 5-53 所示。

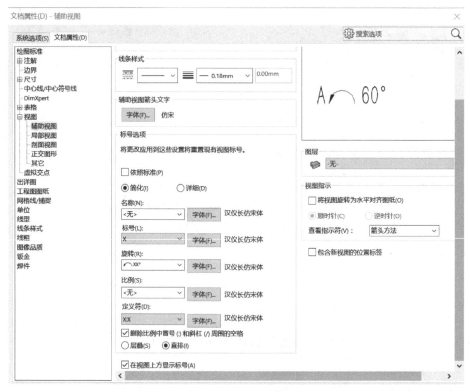

图 5-51　设置"文档属性(D)-辅助视图"对话框

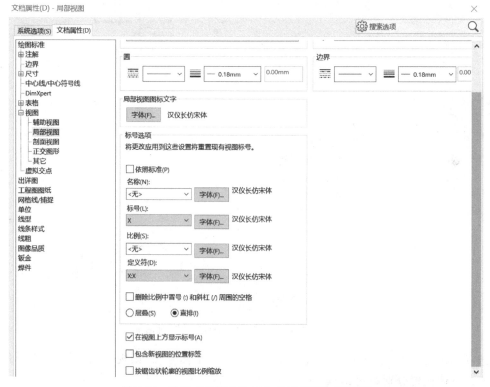

图 5-52　设置"文档属性(D)-局部视图"对话框

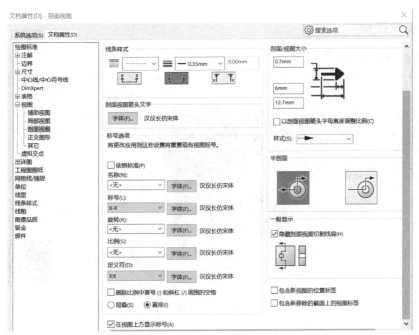

图 5-53 设置"文档属性(D)-剖面视图"对话框

可以根据需要设置其他参数。最后单击"确定"按钮,退出文档属性设置。

保存工程图模板,工程图模板扩展名为 .drwdot。单击"文件"→"另存为",在"保存类型"选择"工程图模板(∗.drwdot)",编辑文件名为"工程图1",单击"保存"按钮,完成工程图模板创建。

工程图模板文件创建完成后,在下一次新建工程图时,会在模板中出现设置好的"工程图1"模板。单击"新建"按钮📄,在弹出的"新建 SOLIDWORKS 文件"对话框中单击"高级"按钮,系统会弹出如图 5-54 所示对话框。选取模板即可进入自定义的工程图环境。

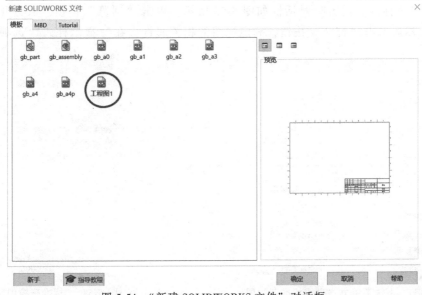

图 5-54 "新建 SOLIDWORKS 文件"对话框

二、生成各种视图

1. 生成标准三视图

如图 5-55 所示为已有的零件模型，现将其生成标准三视图。具体操作步骤如下：

图 5-55　零件模型

1）打开已建立好的"工程图 1"模板；

2）单击如图 5-56 所示工程图工具栏上的"标准三视图"命令按钮![按钮]；或单击下拉菜单"插入"→"工程视图"→"标准三视图"，如图 5-57 所示。

图 5-56　工程图工具栏

3）弹出"标准三视图"对话框如图 5-58 所示，单击"浏览"按钮，从打开的文件中选择模型，然后单击"打开"按钮，确定视图的相关属性，在"显示样式"选项组中可设

图 5-57　下拉菜单方式生成标准三视图

图 5-58　"标准三视图"对话框

置视图的显示样式，默认选择"消除隐藏线（虚线）"，在"比例"选项组中默认"使用图纸比例"，也可使用"自定义比例"，设置视图的比例为1:1，单击"确定"按钮⊘，即生成标准三视图，如图5-59所示。

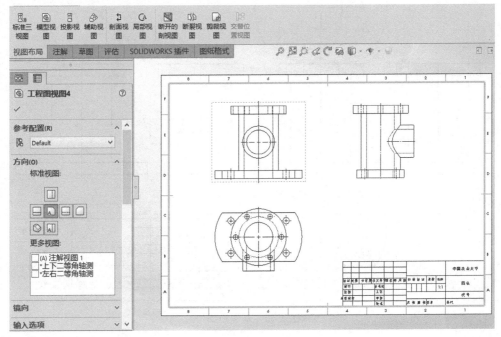

图 5-59　标准三视图

主视图（前视）与俯视图（上视）及左视图（左视）有固定的对齐关系。俯视图可以竖直移动，左视图可以水平移动，主视图既可以竖直移动也可以水平移动。移动主视图时，俯视图和左视图也随之对应移动。

2. 生成基本视图

还以如图5-55所示的零件模型为例生成基本视图。具体操作步骤如下：

1）单击工程图工具栏上的"模型视图"命令按钮，或单击下拉菜单"插入"→"工程视图"→"模型视图"；

2）弹出模型视图PropertyManager对话框，单击"浏览"按钮，从文件中选择模型，然后单击"打开"按钮；

3）在模型视图PropertyManager中设定选项：视图数中选"多个视图"选项；在方向中选中标准视图中的六个视图；

4）单击"确定"按钮⊘，即可生成基本视图，如图5-60所示。

3. 生成向视图

根据已有的视图，利用"投影视图"命令可实现生成向视图、轴测图。基本视图也可以在标准三视图基础上派生出来。生成向视图的步骤：

1）单击工程图工具栏上的"投影视图"命令按钮，或单击下拉菜单"插入"→"工程视图"→"投影视图"。

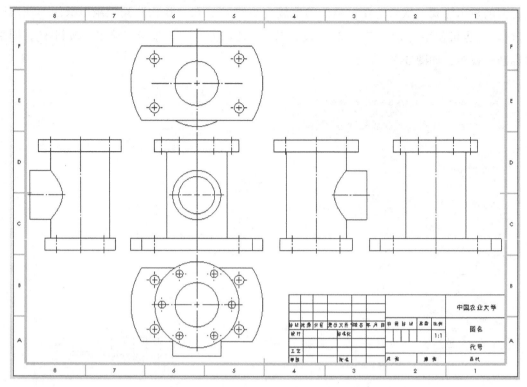

图 5-60　基本视图

2）在图形区域中选择一投影用的视图；将鼠标移动到所选视图的相应一侧，当视图位于所需的位置时，单击即自动生成与其投影关系相对应的视图。

根据系统默认，只能沿投影的方向来移动投影视图。

4. 生成局部视图

方法一：利用"裁剪视图"命令 ![icon] 裁剪已经生成的视图，得到所需的局部视图。在工程图视图中绘制一闭环轮廓，例如圆；单击工程图工具栏上的"裁剪视图"命令按钮 ![icon]，或单击下拉菜单"插入"→"工程视图"→"裁剪"，则轮廓以外的视图消失。

方法二：可以利用"局部视图"命令 ![icon] 显示一个已有视图的某个部分（常用在局部放大比例显示），如图 5-61 所示。具体操作步骤如下：

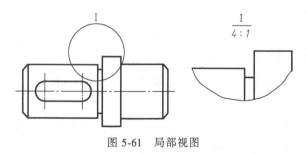

图 5-61　局部视图

1）单击工程图工具栏上的"局部视图"命令按钮 ![icon]，或单击下拉菜单"插入"→"工程视图"→"局部视图"；

2）"圆"命令被激活，鼠标呈画圆状态，在需要放大的位置绘制一个圆。移动鼠标将圆移动到适当的位置，单击鼠标左键放置，完成局部放大视图。

双击标号可根据需要编辑视图标号和字体样式。

5. 生成斜视图

利用"辅助视图"命令可以建立任意方向的投影视图，从而可以建立斜视图。以如图 5-62a 所示模型的倾斜部分为例，给出生成斜视图的步骤：

1）单击工程图工具栏上的"辅助视图"命令按钮，或单击下拉菜单"插入"→"工程视图"→"辅助视图"。

2）在已有的视图上选取参考边线（不能是水平或竖直的边线，因为这样会生成标准投影视图），如图 5-62b 所示俯视图。参考边线可以是零件的边线、侧影轮廓边线、轴线或所绘制的直线。

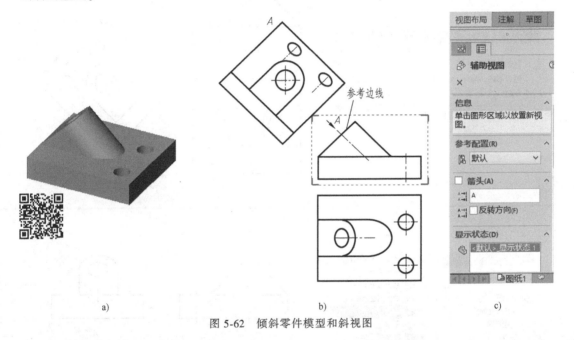

a)　　　　　　　　　　　　b)　　　　　　　　　　　　c)

图 5-62　倾斜零件模型和斜视图

3）确定视图的相关属性：选择"箭头（A）"表示辅助视图投射方向的标注；在如图 5-62c 所示界面中图标"　"后的文本框内键入要随父视图和辅助视图显示的文字标注"A"。通过单击"反转方向"按钮　可以更改视图投射方向。

4）当移动鼠标到适当位置时，单击左键放置视图，即生成与已有的视图具有对齐关系的辅助视图，如图 5-62b 所示。如果在移动鼠标时同时按住<Ctrl>键，可将辅助视图放在任意合理位置，与已有的视图不具有对齐关系。

同时，可以根据需要进行视图的移动和旋转。

① 通过解除对齐关系，独立移动辅助视图到任意所需位置。如图 5-63a 所示，在视图边界内部单击右键，然后在弹出的快捷菜单中选择"对齐"→"解除对齐关系"，或单击"工具"→"对齐视图、解除对齐关系"即可以实现；若使已经解除对齐关系的视图回到原来的对齐关系，应在视图边框内部单击右键，然后选择"对齐"→"默认对齐关系"，或单击"工

具"→"对齐视图"→"默认对齐关系"。

② 通过视图的"旋转"命令 ⟳，可以使视图旋转到水平放置。如图 5-63b 所示，单击视图工具栏上的"旋转视图"命令按钮 ⟳，或右键单击视图，然后在快捷菜单中选择"缩放/平移/旋转"→"旋转视图"，出现"旋转工程视图"对话框，在对话框中的"工程视图角度"文本框中键入角度，选择或取消"选择相关视图反映新的方向"复选框，然后单击"应用"按钮观看旋转效果。单击"确定"按钮关闭此对话框。如要使视图回到其原来的位置，可用右键单击视图，然后选择"视图对齐"中的"默认旋转"选项，则视图恢复至初始对齐位置。

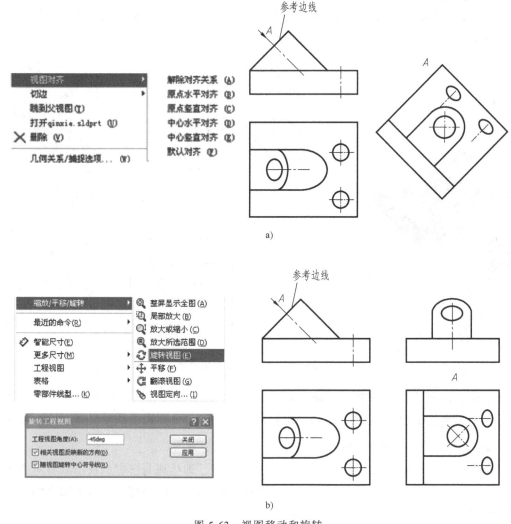

图 5-63　视图移动和旋转

三、生成剖视图

SOLIDWORKS 中可以用单一的剖切线、几个平行的剖切线和几个相交的剖切线来分割父视图，在工程图中生成全剖视图、半剖或局部剖视图。

1. 生成全剖视图

利用"剖面视图"命令 ⤵ 可以生成单一剖切平面和几个平行的剖切平面剖切得到的全剖视图。

（1）生成单一剖切平面剖得全剖视图

操作步骤：

1）打开要生成剖面视图的工程图，如图 5-64a 所示的主视图。

2）单击工程图工具栏上的"剖面视图"命令按钮 ⤵，左侧的文件管理区域出现"剖面视图辅助"属性管理器，如图 5-64b 所示，选择"切割线水平"选项按钮 ⋯ 。

3）此时在视图中出现水平切割线，在工程图上的剖切位置处绘制一条剖切线，同时自动激活快捷菜单 ⌂⌂⌂⌂✓✗ 。

4）单击快捷菜单中的按钮 ✓，在"剖面视图"属性管理器界面中设置参数如图 5-64c 所示：通过单击"反转方向" ⬆ 按钮选择剖切方向（俯视或仰视）；在 ⬆ 后的文本框内输入剖面视图相关的字母；根据需要选择其他参数。移动鼠标在适当的位置时，单击放置视图，则生成如图 5-64a 所示全剖俯视图。

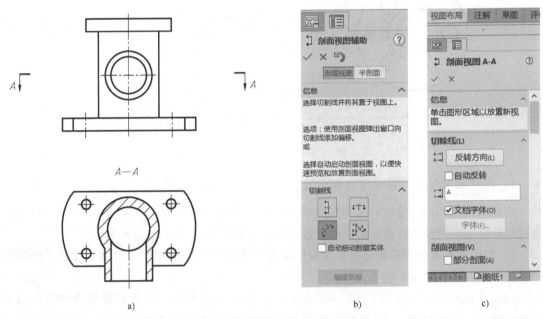

图 5-64　单一剖切平面剖得全剖视图

"剖面视图辅助"属性管理器中"切割线"有 4 种方式：竖直 ⤵ 、水平 ⋯ 、辅助视图 ⤴ 、对齐 ⤴ ，选择不同的方式可以对应生成全剖的左（右）视图、仰（俯）视图、不平行基本投影面的单一斜剖视图、两个相交剖切平面获得的旋转剖视图。可根据视图表达的需要自行选择。

运用 SOLIDWORKS 在工程图中生成剖视图时常遇到均匀分布的肋、孔等结构，如图 5-65 所示模型，按照国家标准规定：当零件回转体上均匀分布的肋、轮辐、孔等结构不处于剖切平面上时，可将这些结构旋转到剖切平面上画出，均布孔只需详细画出一个，其他只画出轴线；肋板纵剖时按不剖处理。

图 5-65　带肋板结构模型

操作步骤：

1）、2）、3）同前例。

4）单击快捷菜单中的按钮 ✅，系统自动识别有"筋（肋板）特征"，弹出"剖面范围"对话框，在工程图中选中肋板，单击"确定"按钮，如图 5-66 所示；

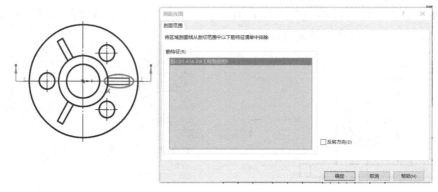

图 5-66　"剖面范围"对话框选中肋板

5）在"剖面视图"属性管理器设置参数：通过单击"反转方向" 按钮选择剖切方向（俯视或仰视）；在 后的文本框内输入剖面视图相关的字母；根据需要确定其他参数。通过移动鼠标将剖视图放置在适当的位置，则生成如图 5-67 所示全剖视图。

6）按国家标准的规定画法补画主视图中的线并调整区域草图线的粗细、线型，隐藏不必要的边线，结果如图 5-68 所示。

（2）生成几个平行剖切平面的全剖视图　生成由几个平行剖切平面剖切得到的全剖视图的步骤与"剖面视图"命令 生成由单一剖切平面剖切得到的全剖视图的步骤基本相同，平行剖切平面通过快捷菜单" "中的" "按钮选择单口偏移（两个平行剖切平面）或凹口偏移（三个平行剖切平面）类型。使用"单口偏移"命令 时，先选择剖切线上等距的第一个转折点，然后选择等距的第二个转折点。"凹口偏移" 先选择剖切线上凹口的第一点，然后选择剖切线上的第二点以获取凹口宽度，再选择第三点以获取凹口深度。

生成几个平行剖切平面全剖视图也可以通过以下方式：

1）在视图上用草图"画线"命令绘制几条剖切线，如图 5-69a 所示。

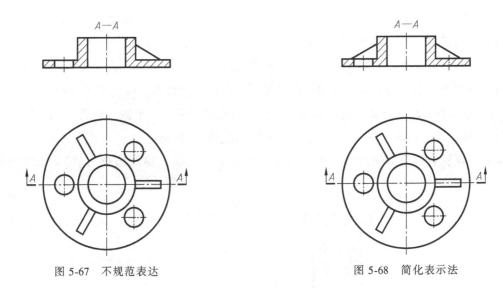

图 5-67　不规范表达　　　　　　　　　　　图 5-68　简化表示法

2）单击工程图工具栏上的"剖面视图"命令按钮 ⤴，或单击下拉菜单"插入"→"工程视图"→"剖面视图"；设置参数；通过移动鼠标，将剖视图放置在适当的位置，生成如图 5-69b 所示全剖视图，此时，剖视图中转折处产生一条不应该有的剖切线投影，应隐藏此线。

3）用鼠标右键单击剖视图中转折处产生的剖切线，从弹出的快捷菜单中选择"隐藏边线"，将其隐藏。

4）可修改、移动视图标号和文字字体，完成几个平行剖切平面的全剖视图，如图 5-69c 所示。

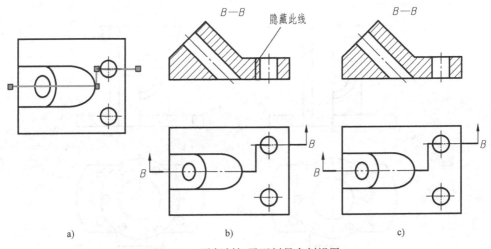

　　　a)　　　　　　　　　　　　b)　　　　　　　　　　　　c)

图 5-69　平行剖切平面剖得全剖视图

2. 生成半剖视图和局部剖视图

利用"断开的剖视图"命令 🖱 可以生成半剖视图和局部剖视图。

（1）生成半剖视图

方法一：

1）单击工程图工具栏上的"模型视图"命令按钮 🖼，或单击下拉菜单"插入"→"工程视图"→"模型视图"生成模型视图，如图 5-70a 所示主视图和俯视图。

2）激活需要画半剖的主视图，绘制一个与模型中心线重合的矩形，如图 5-70a 所示。

3）选择矩形，单击工程图工具栏上"断开的剖视图"命令按钮，在如图 5-70b 所示"断开的剖视图"属性管理器中设置深度参考或深度数值：深度参考可在同一视图或相关视图中选择几何体，如一边线或轴。这里选择俯视图中的一个圆（通孔），将其深度作为剖视深度，单击确定按钮，生成如图 5-70c 所示的半剖视图。

4）用鼠标右键单击剖视图，从弹出的快捷菜单中选择"隐藏边线"，将多余线隐藏，完成半剖视图，如图 5-70d 所示。

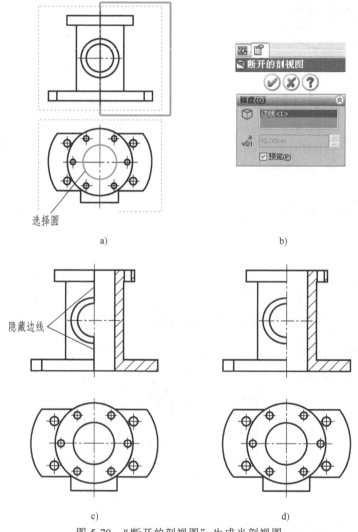

图 5-70 "断开的剖视图"生成半剖视图

方法二：

1）单击工程图工具栏上的"模型视图"命令按钮，或单击下拉菜单"插入"→"工程视图"→"模型视图"生成模型视图，如图 5-70d 所示的俯视图；

2）单击工程图工具栏上的"剖面视图"命令按钮 ⤵ ，左侧的文件管理区域"剖面视图辅助"属性管理器如图 5-64b 所示，选择"半剖面"选项卡，在"半剖面"区域中有八种类型，如图 5-71 所示，选择适合的一种，例如 ⊕ᵗ ；

3）选择俯视图中的圆心，并在"剖面视图"属性管理器设置参数：通过单击"反转方向"按钮 ⇄ 选择剖切方向；在 ⇄ 后的文本框内输入剖面视图相关的字母；根据需要确定其他参数。通过移动鼠标将剖视图放置在适当的位置，生成如图 5-72 所示半剖视图。

图 5-71 "半剖面"选项卡

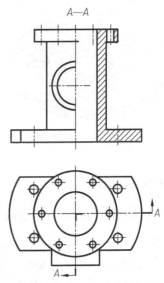

图 5-72 "剖面视图"生成半剖视图

（2）生成局部剖视图 单击工程图工具栏上的"断开的剖视图"命令按钮 ⤵ ，指针变成 ↘ ，在视图中绘制要局部剖的闭合轮廓，如图 5-73a 所示的底板上小孔，在断开的"剖视图属性"管理器界面设置深度参考 ⬡ 或深度 ↗ 数值，单击确定按钮 ✔ ，即可生成局部剖视图，如图 5-73b 所示。

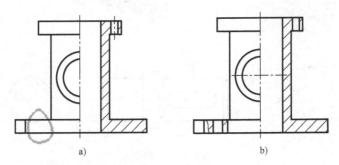

a)   b)

图 5-73 局部剖视图

3. 生成相交剖切平面剖得的视图

如图 5-74 所示圆盘模型，利用 SOLIDWORKS 中的"剖面视图"命令 ⤵ 可以生成两个相交剖切平面获得的旋转剖视图。选择"剖面视图辅助"属性管理器中的"切割线"对齐

按钮 ；在视图中出现相交的切割线，先选择圆心，再选择切割线位置，最后通过移动鼠标将剖视图放置在适当的位置，生成如图 5-75 所示相交剖切平面剖得的视图。

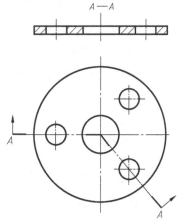

$A—A$

图 5-74　圆盘模型

图 5-75　相交剖切平面剖得的视图

四、生成断面图

利用 SOLIDWORKS 中"剖面视图"命令 可生成断面图。

创建断面图与前面用"剖面视图"命令 生成全剖视图步骤一样，只是在设置剖面视图属性管理器设置"剖面视图"选项中勾选"横截剖面（C）"；通过单击"反转方向"按钮 选择剖切方向；在 后的文本框内输入与剖面线或剖面视图相关的字母；根据需要确定其他参数。通过移动鼠标，将断面图放置在适当的位置，生成的断面图如图 5-76 所示。

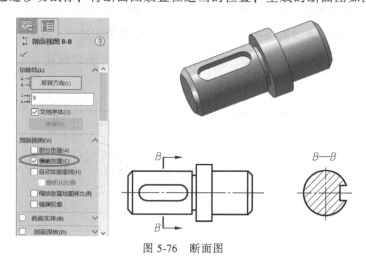

图 5-76　断面图

本 章 小 结

本章介绍了国家标准规定中表达形体的视图、剖视图、断面图、规定画法和简化画法；

以及在 SOLIDWORKS 中利用模型文件创建工程图、快速生成各种视图的方法。

在上述表达形体的方法中,需要重点掌握的是:基本视图、向视图、局部视图、斜视图的画法和标注;剖视图的概念,全剖、半剖、局部剖视图的画法和标注;断面图的概念、种类、画法和标注以及规定画法;掌握 SOLIDWORKS 中生成三视图、视图、剖视图、断面图的方法。

区分剖视图和断面图的画法,初学者常常在剖视图中漏画剖切面后面的可见投影线,注意在什么特殊情况下断面图按剖视图绘制。另外,要设法多看有关实物,增加形体内、外形状的感性认识,反复练习,以正确、熟练地运用工程形体的表达方法。

思考与练习

5-1 表达形体外形的视图分哪几类?作用分别是什么?

5-2 画局部视图时应注意什么问题?

5-3 表达形体内部结构的剖视图有哪几类?适用条件分别是什么?

5-4 什么是半剖视图?绘制半剖视图时应注意什么问题?如何在 SOLIDWORKS 中生成?

5-5 绘制阶梯剖视图时应注意什么问题?如何在 SOLIDWORKS 中生成?

5-6 绘制旋转剖视图时应注意什么问题?如何在 SOLIDWORKS 中生成?

5-7 剖视图和断面图的区别是什么?

5-8 在什么情况下断面图要按剖视图绘制?

第六章

轴 测 图

工程上一般采用正投影法绘制物体的三视图，如图 6-1a 所示，这种图能准确地表达物体的形状和大小，作图简便，是工程上广泛使用的图示方法。前已述及，为确保三视图能反映物体的真实性，构成三维模型的面和直线应尽量处于特殊位置，当面和直线垂直于投影面时，其在投影面上的投影必然有积聚性，这便导致基于正投影的三视图缺乏立体感，增大了三视图的读图难度。工程上有时也需要采用立体感较强的轴测图来弥补三视图的不足，如图 6-1b 所示。但由于轴测图度量性较差，作图比较复杂，因此轴测图在工程上仅用来作为辅助图样。

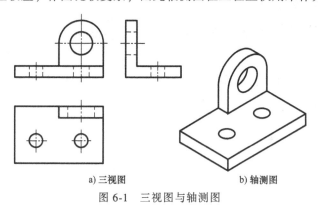

a) 三视图   b) 轴测图

图 6-1 三视图与轴测图

第一节 轴测图的基本知识

一、轴测图的形成

如图 6-2 所示，将物体连同确定其空间位置的直角坐标系，沿不平行于任一坐标面的方向，用平行投影法将其投射在单一投影面（称为轴测投影面）上，所得到的具有立体感的图形称为轴测投影图，简称轴测图。

二、轴测图的基本参数

1. 轴测轴与轴间角

在轴测图中，把空间直角坐标轴 O_1X_1、O_1Y_1、O_1Z_1 在轴测投影面上的投影，得到的

OX、OY、OZ 称为轴测轴；把两轴测轴之间的夹角 $\angle XOY$、$\angle YOZ$、$\angle ZOX$ 称为轴间角。

2. 轴向伸缩系数

轴测轴上的单位长度与相应空间直角坐标轴上的单位长度的比值，称为轴向伸缩系数，分别用 p、q、r 分别表示 OX、OY、OZ 轴的轴向伸缩系数。从图 6-2 中可以看出：

$$p = \frac{OA}{O_1A_1}, q = \frac{OB}{O_1B_1}, r = \frac{OC}{O_1C_1}$$

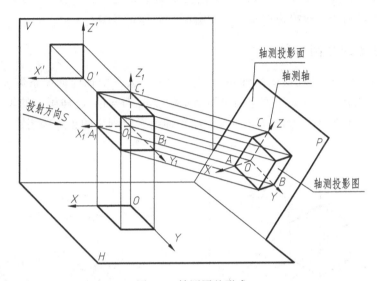

图 6-2 轴测图的形成

三、轴测图的投影特性

由于轴测图采用的是平行投影法，所以轴测图具有平行投影的特性。

1）物体上互相平行的直线，其轴测投影仍互相平行；物体上平行于坐标轴的直线，其轴测投影仍平行于相应的轴测轴。

2）物体上互相平行的线段，其轴测投影伸长或缩短的倍数相同；物体上与某一坐标轴平行的线段，其轴测投影长度等于该线段空间实长与相应轴向伸缩系数的乘积。

四、轴测图的种类

根据投射方向与轴测投影面的夹角关系，轴测投影图可分为正轴测投影图（轴测投射方向垂直于轴测投影面）和斜轴测投影图（轴测投射方向倾斜于轴测投影面）。这两类轴测投影，根据轴向伸缩系数的不同，又可分为三种：

1）正（或斜）等测轴测图，$p = q = r$。

2）正（或斜）二测轴测图，$p = r \neq q$。

3）正（或斜）三测轴测图，$p \neq q \neq r$。

正等测和斜二测由于作图简便兼具一定的度量性，应用较为广泛，本章主要介绍正等轴测图和斜二等轴测图的画法。

第二节　正等轴测图

一、正等轴测图的形成

如图 6-3a 所示，如果使三条坐标轴 OX、OY、OZ 对轴测投影面处于倾角都相等的位置，也就是将图中立方体的对角线 AO 放成与轴测投影面垂直的位置，并以 AO 的方向为轴测投射方向，这样所得到的轴测投影就是正等轴测图，简称正等测。

二、正等轴测图的画图参数

如图 6-3b 所示，正等轴测图的轴间角均为 120°，且三个轴向伸缩系数 $p = q = r \approx 0.82$。为使作图简便，工程中一般采用简化轴向伸缩系数 $p = q = r = 1$，这样画出的轴测图沿轴向都放大了约 $1/0.82 \approx 1.22$ 倍。如图 6-4 所示为两种伸缩系数画出的正等轴测图。

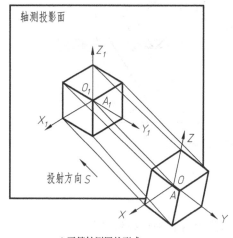
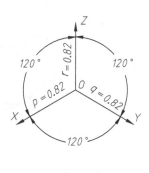

a) 正等轴测图的形成　　　　　　　　　　b) 正等轴测图的画图参数

图 6-3　正等轴测图

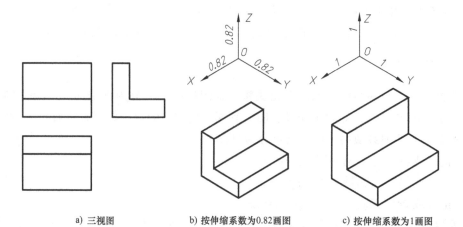

a) 三视图　　　　b) 按伸缩系数为0.82画图　　　　c) 按伸缩系数为1画图

图 6-4　两种伸缩系数的正等轴测图

三、正等轴测图的画法

1. 平面立体正等轴测图的画法

在画轴测图时，对于物体上平行于各坐标轴的线段，可沿着平行于相应轴测轴的方向画，并可直接度量其尺寸。当所画线段不与坐标轴平行时，绝不可在图上直接度量，而应根据线段两端点的 x、y、z 坐标作出它们在轴测图上的投影，然后连线得到该线段的轴测图。

轴测图中，应用粗实线画出物体的可见轮廓，一般不画虚线。必要时，可用虚线画出物体的不可见轮廓。下面举例说明画平面立体正等测的方法。

（1）坐标法 画平面立体正等轴测图的基本方法是沿坐标轴测量，得到平面立体各顶点的投影，该方法称为坐标法。

【例 6-1】 根据如图 6-5a 所示的三视图，绘制六棱柱的正等轴测图。

分析：为了便于作图，取六棱柱顶面的中心点为坐标原点，从上向下画，作图过程如下，如图 6-5 所示：

① 作轴测轴，如图 6-5b 所示；

② 按坐标值作出顶点 1_1，2_1，…，5_1，6_1 的轴测投影 1，2，…，5，6 各点，如图 6-5c 所示；

③ 用直线依次连接 1，2，…，5，6 各点，再自各点向下作 OZ 轴的平行线，在各线上截取高度 h 的各对应点，如图 6-5d 所示；

④ 用直线依次连接各对应点，擦去作图过程线，最后检查、加深，如图 6-5e 所示。

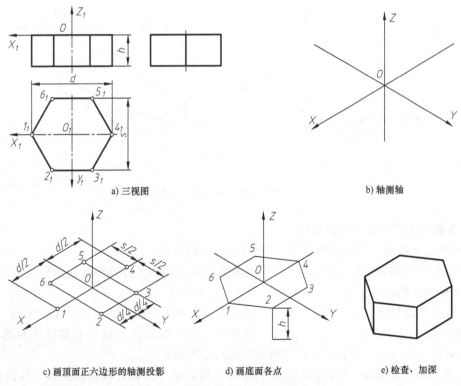

a) 三视图　　　　　　　　　　　　　　　　　　　b) 轴测轴

c) 画顶面正六边形的轴测投影　　　d) 画底面各点　　　e) 检查、加深

图 6-5　坐标法画平面立体正等轴测图

（2）切割法　根据形体分析，可将形状较复杂的物体看作由基本形体切割而形成，先画出基本形体正等测，再通过逐步切割，画出物体轴测图的方法称为切割法。

【例6-2】　用切割法作五棱柱的正等轴测图。

作图步骤：

① 将视图表示的立体补全成长方体，并定出坐标原点与坐标轴，如图6-6a 所示；

② 画轴测轴，并根据尺寸 L、B、H 画出长方体的正等轴测图，如图6-6b 所示；

③ 作出Ⅰ、Ⅱ 点，然后切去该角，如图6-6c 所示；

④ 擦去多余的线，并加深可见的图线，最后得到五棱柱的正等轴测图，如图6-6d 所示。

注意：在轴测图上作与轴测轴不平行的的斜线时，应先根据坐标定出其两个端点，再连接而成。

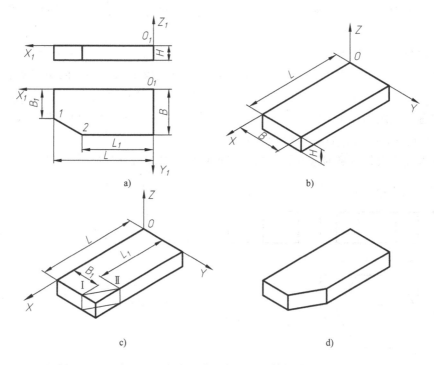

图6-6　用切割法作五棱柱的正等轴测图

2. 曲面立体正等轴测图的画法

要画曲面立体的正等测必须先研究圆和圆弧的轴测图。

（1）圆的正等轴测图的画法　由正等轴测图的形成可知，各坐标面与轴测投影面倾斜，平行于坐标面的圆的正等轴测图是椭圆。椭圆有两种画法：

1）坐标法画椭圆。如图6-7所示，在圆的视图上作适当数量的平行于 X_1（或 Y_1）轴的弦，将圆分成 1_1、2_1、3_1……点，然后作轴测图，用坐标法找到这些点的轴测投影1、2、3……最后用光滑曲线连接各点，即可得到该圆的正等轴测图。

2）四心圆法画椭圆。即用四段圆弧光滑地连接起来近似地代替椭圆曲线。其画法步骤如下（以平行于 H 面的圆为例）：

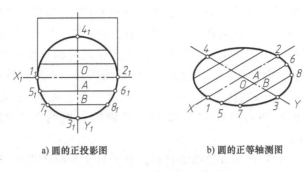

a) 圆的正投影图   b) 圆的正等轴测图

图 6-7 坐标法画椭圆轴测图

① 画轴测轴 OX、OY，以圆的直径为边长作出圆的外切正方形的轴测投影，即得如图 6-8b 所示菱形；

② 连接点 A 与点 2，该直线与长轴的交点 D 为小圆弧的圆心；连接点 B 与点 4，得到另一侧的小圆弧的圆心 C，如图 6-8c 所示；

③ 分别以 A、B 为圆心，以 $A2$ 为半径画大圆弧；以 C，D 为圆心，以 $C1$ 为半径画圆弧与大圆弧相切，如图 6-8d 所示。

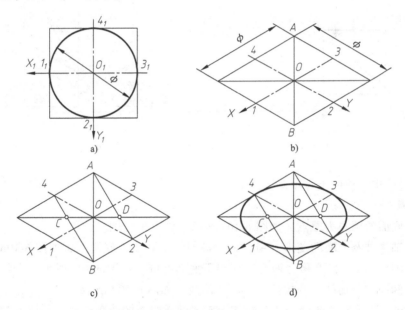

图 6-8 四心圆法画椭圆

（2）平行于各坐标面的圆的正等轴测图的画法 假设在正方体的三个面上各有一个直径为 D 的内切圆，如图 6-9a 所示，那么这三个面的轴测投影将是三个相同的菱形，而三个面上内切圆的正等轴测图应为内切于菱形的形状相同的椭圆，如图 6-9b 所示。这些椭圆具有以下特点：

1）椭圆的长、短轴的方向。椭圆长轴的方向是菱形的长对角线的方向，短轴的方向是菱形的短对角线的方向。它们与轴测投影轴的关系是（此处保持 $X_1O_1Z_1$ 平面与 V 面平行）：

平行于 $X_1O_1Z_1$ 面的圆：其轴测椭圆的长轴垂直于 OY 轴，短轴与 OY 轴一致；

平行于 $Y_1O_1Z_1$ 面的圆：其轴测椭圆的长轴垂直于 OX 轴，短轴与 OX 轴一致；

平行于 $X_1O_1Y_1$ 面的圆：其轴测椭圆的长轴垂直于 OZ 轴，短轴与 OZ 轴一致。

2）椭圆长、短轴的大小。在正等轴测图中，各坐标面对轴测投影面的倾角均相等，平行于各做表面的圆，其轴测投影均为长短轴之比相同的椭圆。在采用轴向伸缩系数 0.82 作图时，椭圆的长轴长度等于圆的直径 D，椭圆短轴长度约等于 $0.58D$；在采用简化轴向伸缩系数作图时，椭圆的长短轴均被放大 1.22 倍。长轴的长度约为 $1.22D$，短轴的长度为 $(1.22 \times 0.58)D \approx 0.71D$。

3）圆上过内切圆四个切点的直径由于它们分别平行于相应的坐标轴，因此其轴测投影仍然平行于相应的轴测轴，其长度仍然为 D。

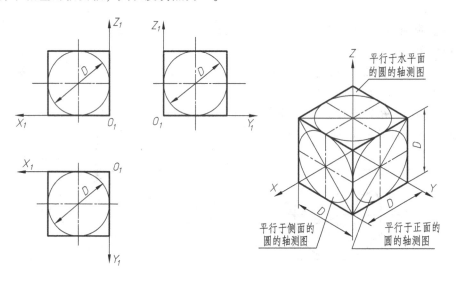

图 6-9 平行于各坐标面的圆的正等轴测图的画法

【例 6-3】 作圆柱的正等轴测图。

作图步骤：

① 选上底面的圆心为原点，如图 6-10a 所示，画出坐标轴。

② 画出轴测轴及上底的菱形，用"四心椭圆法"作出上底椭圆，如图 6-10b 所示。

③ 根据圆柱高度 h，平移"四心"作出下底面椭圆，如图 6-10c 所示。

④ 作两椭圆的公切线，并擦掉多余的作图线，如图 6-10d 所示。

（3）圆角的正等轴测图的画法　物体上 1/4 圆弧组成的圆角轮廓，如图 6-11a 所示，在轴测图上为 1/4 椭圆弧。其简便画法如图 6-11 所示。

1）先画出直角板的轴测图，并根据半径 R 得到四个切点，如图 6-11b 所示。

2）过切点作相应边的垂线，得到上表面的圆心，如图 6-11c 所示。

3）过圆心作圆弧切于切点，如图 6-11d 所示。

4）从圆心处向下量取板的厚度，得到下底面的圆心，同样方式作圆弧，如图 6-11e 所示。

5）作中心为 M、K 的两段圆弧的公切线，并擦掉多余的作图线，加深后如图 6-11f 所示。

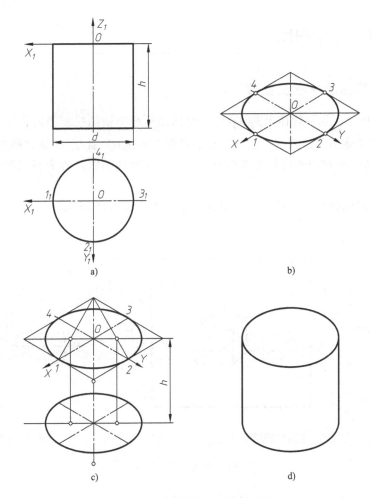

图 6-10 圆柱的正等轴测图

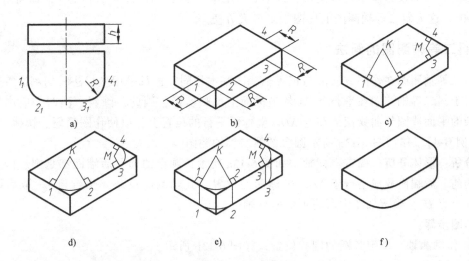

图 6-11 圆角的正等轴测图的画法

第三节 斜二等轴测图

一、斜二等轴测图的形成及参数

如图 6-12a 所示，如果物体上的 $X_1O_1Z_1$ 坐标面平行于轴测投影面时，采用平行斜投影法也能得到具有立体感的轴测图。当所选择的投射方向使 OY 轴与 OX 轴之间的夹角为 135°、$OX \perp OZ$ 轴、并使 OY 轴的轴向伸缩系数为 0.5 时，这种轴测图就称为斜二等轴测图，简称斜二测。

斜二等轴测图的轴测轴、轴间角及轴向伸缩系数如图 6-12b 所示。

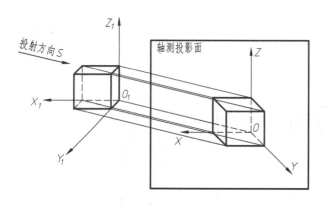

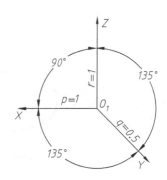

a) 斜二等轴测图的形成   b) 斜二等轴测图的参数

图 6-12　斜二等轴测图的形成及参数

由于 $X_1O_1Z_1$ 坐标面平行于轴测投影面，无论投射方向如何改变，此坐标面及其平行面上的几何元素的投影总是反映实形，即 OX、OZ 轴上的轴向伸缩系数恒为 1，轴间角 $\angle ZOX$ 恒为 90°。这为斜二等轴测图的作图带来极大方便。

二、斜二等轴测图的画法

斜二等轴测图在作图方法上与正等轴测图基本相同，也可采用坐标法、切割法等作图方法。由于斜二等轴测图在平行于 XOZ 坐标面上反映实形，因此，画斜二测时，应尽量把形状复杂的平面或圆等曲线摆放在与 XOZ 坐标面平行的位置上，以使作图简便、快捷。

【例 6-4】　作如图 6-13a 所示圆台的斜二等轴测图。

分析：形体分析，确定坐标轴。如图 6-13a 所示，圆台的前、后端面都是圆。因此，将圆台的前、后端面放成平行于 XOZ 坐标面的位置，其轴测图反映实形（圆）。取后端面的圆心为原点 O_1，确定如图中所附加的坐标轴。

作图步骤：

① 作轴测轴，确定各圆的圆心位置，如图 6-13b 所示。

② 画出前、后两个端面的斜二测，分别是反映实形的圆，如图 6-13c 所示。

③ 作两端面圆的公切线，如图 6-13d 所示。

④ 擦去作图线，加深。作图结果如图 6-13e 所示。

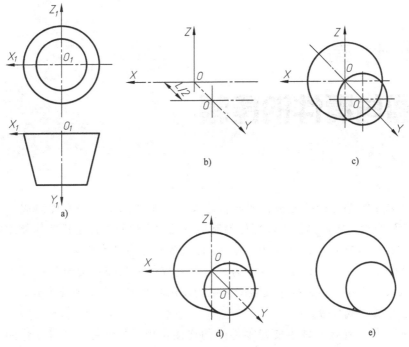

图 6-13　圆台的斜二等轴测图的画法

本 章 小 结

　　本章主要介绍轴测投影的基本知识，包括轴测投影的形成、基本参数和种类。介绍了正等轴测图和斜二等轴测图的作图方法。

思 考 与 练 习

6-1　轴测投影是如何形成的？它与多面正投影有何区别？

6-2　画轴测投影图的主要参数是什么？说出各种轴测投影图的对应参数。

6-3　画轴测图的基本方法有哪些？

6-4　平行坐标面的圆的各种轴测投影椭圆有何特点？其长短轴方向和长短是否有共同规律？

第七章

零件图与零件的建模

机器是由若干零部件组装而成，而部件也是由一组协同工作的零件组成的装配体，如图 4-3 所示的旋塞阀。零件是机器或部件的制造单元，零件和部件是机器的装配单元。

根据零件在机器或部件上的不同作用，一般将零件分为三大类：

（1）一般零件　一般零件是指专门为某台机器或部件的需要而设计的零件。这类零件的结构形状及尺寸大小都是根据它在装配体中的作用和制造工艺上的要求确定的。如上文旋塞阀的阀体、压盖、阀杆等。

（2）连接零件　连接零件主要起零件间的连接作用，如螺钉、螺母、垫圈等。这类零件因使用面广、应用量大，其结构国家标准已经将其标准化，通常由专业厂家大批量生产。在产品设计中可查阅有关标准手册进行选用，不必画出零件图。这类由国家标准规范化（包括其形式、结构、材料、尺寸、制造精度、图样画法等）的零件称为标准件。

（3）传动零件　传动零件在部件上起传递运动的作用，如齿轮、皮带轮等。这类零件上一般都有起传动作用的结构要素，如轮齿、齿槽等，这部分结构及尺寸参数大多已经标准化并有规定画法。在这类零件的设计中，标准化的部分应按标准设计，其他部分按一般零件设计。因其在各类机械产品中经常使用，称为常用件。

本章主要介绍一般零件的结构分析、表达方法、尺寸标注和技术要求。有关标准件、常用件的相关内容详见本书第八章。

第一节　零件图的内容

表达单个零件的工程图样称为零件图。零件图是制造和检验零件的依据，因此在零件图上应包括以下内容：

（1）一组视图　用以表达零件各部分的内、外结构形状。表达方法包括视图、剖视图、断面图等。

（2）完整的尺寸　用于确定零件各部分的形状大小和相对位置。

（3）技术要求　说明零件在加工、检验或装配时应达到的技术指标，如零件的表面结构要求、尺寸公差、几何公差、材料的热处理、表面处理等。

（4）标题栏　说明零件的名称、材料、数量、绘图比例和责任人员的签署等。

如图 7-1 所示为压盖的零件图。

绘制零件图一般按以下过程进行：形体分析和功用分析、选择表达方案、标注尺寸、注写技术要求、填写标题栏。

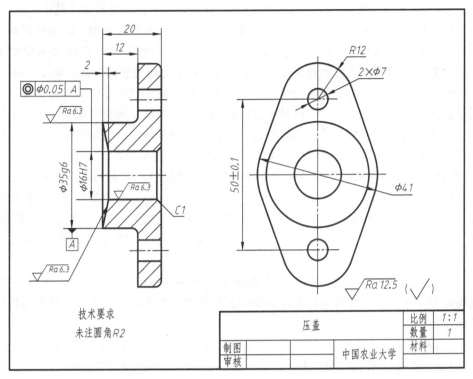

图 7-1 压盖零件图

零件图的视图选择和尺寸标注

一、零件图的视图选择

1. 视图选择的要求

零件图的视图选择，就是要根据零件的形状、功用和加工方法，合理地选用一组视图，把零件的结构形状完整、正确、清晰又简便地表达出来。

（1）完整 零件各部分的结构形状及其相对位置，要表达完全，唯一确定。

（2）正确 各视图之间的投影关系以及采用的视图、剖视图、断面图等表达方法要正确。

（3）清晰 视图表达、图面布置等应清晰易懂，便于看图。

零件图的视图选择应该包括：主视图的选择、确定视图数量和选择表达方法等几项内容。选择各视图的表达方法时应兼顾零件内、外结构形状的表达。

2. 视图选择的方法和步骤

（1）对零件进行形体和功用分析 在选择视图之前，分析零件的整体功能和工作位置，确定零件各组成部分的形状及作用，以便分清主要结构和次要结构。

（2）选择主视图　组合体的主视图选择原则对零件仍然适用，只是从方便加工制造的角度出发，还要综合考虑以下两点：

1）零件的安放位置要尽量符合零件的加工位置原则或工作位置原则。其中：

加工位置原则：主视图所表示的零件位置，最好和零件在机床上加工时的放置状态保持一致，以便于工人照图加工。轴、套、盘、盖等回转体类零件，因主要在车床和磨床上加工，一般均将主要轴线水平放置画主视图。如图 7-1 所示的压盖和图 7-10a 所示的轴的表达。

工作位置原则：零件的主视图位置和工作位置一致，便于想象零件的工作状况，有利于与装配图直接对照，方便装配。一般对于箱体类和支架类零件，因其形状较复杂，毛坯多由铸造而成，切削加工时，加工孔、端面等的工序较多，加工位置不固定，所以常按工作位置选择主视图。如第四章图 4-51 所示轴承座的安放位置即是工作位置。

2）主视图的投射方向应选择最能明显反映零件形状特征和各组成部分之间相互位置关系的方向作为其投射方向。零件结构从功能上可分为工作部分、安装部分及其之间的连接支承部分，其中零件的工作部分是最主要的组成部分，因此主视图应重点表达工作部分的内、外形状以及与其他部分的联系，使人一看主视图就能大体上了解该零件的基本结构。如图 4-51 中，将 A 向作为轴承座的主视图投射方向。

（3）选择其他视图　通常只用一个主视图不能将零件的结构形状表达完全，主视图选定后还要根据零件的复杂程度全面考虑所需的其他视图，形成表达方案。选择其他视图时应综合考虑以下几点：

1）在主视图中，还有哪些结构的形状特征、位置没有表达清楚，需要补充表达。

2）对主视图上未表达清楚的主要结构，应尽量选用基本视图表达。

3）对零件上未表达清楚的局部结构和细小结构应选用必要的局部视图、局部剖视图、斜视图、断面图、局部放大图表达；当局部结构与主要结构的投影关系不重叠时，也可在原基本视图上增加局部剖视表达，如图 7-4 所示的 A—A 剖视图。

4）视图数量不宜过多，以免支离破碎和不必要的重复表达，导致主次不分，不便看图。

（4）检查、调整、确定最佳表达方案包括：

1）检查各部分的内、外结构形状是否表达清楚、完全，相对位置和连接关系是否完全确定。

2）是否有更佳的表达方案，宜设想几种表达方案，比较后确定一个最佳方案。

3. 零件视图选择举例

现以如图 7-2 所示泵体为例，说明如何确定零件的表达方案。

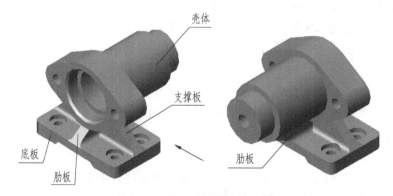

图 7-2　泵体

（1）形体分析和功用分析　　该泵体是柱塞泵上的一个主要零件，属于箱体类零件。根据功用可将泵体的结构划分成由壳体、底板、支承板、肋板四部分构成。

壳体——用于容纳、支承柱塞并形成柱塞活动空腔，连接控制油路。结构形状主要由法兰盘和两段圆柱筒构成。是工作部分，属于泵体的最主要结构。

底板——用于安装、固定柱塞泵。结构形状主要是带圆角的矩形板，板的四角上开有用于安装螺栓的圆柱孔；板的底面上，为减少加工面，设置矩形凹槽。是安装部分，属于泵体的次主要结构。

支承板——用来支承壳体并与底板连接，属于柱体结构，是泵体的次要结构。

肋板——用来支承壳体，加强刚度，防止受载变形，属于柱体结构，是泵体的次要结构。支承板和肋板属于连接支承部分。

（2）选择主视图　　取工作位置放置后，选择主视图的投射方向，如图 7-2 箭头所示。这个方向最能够反映壳体的结构形状。因泵体内部结构较多，所以采用全剖视图表达。

（3）选择其他视图　　包括：

1）未表达清楚的主要结构：壳体左面法兰盘的形状特征还未表达清楚，故应增加左视图表达；底板的形状特征及底板上螺栓孔的分布情况也未表达清楚，故应增加俯视图表达。

2）未表达清楚的次要结构：当选择了主视（全剖视图）、俯视、左视三个视图后，肋板的断面形状还未表达清楚，需在俯视方向增加一个断面图；此外，零件上还有两处局部结构：法兰盘螺纹孔和底板螺栓孔的轴向形状未表达清楚，需要增加两个局部剖视图。

以上分析形成的表达方案一，如图 7-3 所示。

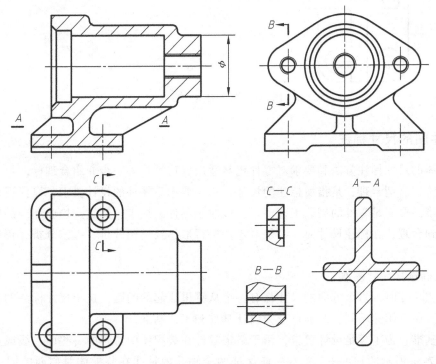

图 7-3　泵体表达方案一

（4）检查、调整，确定最佳表达方案　　经检查，表达方案一已将零件的结构形状正确、完整地表达出来，但视图数量较多，比较零碎，壳体的主、俯视图存在着重复表达。需对方案一进行调整、合并。考虑到泵体前后对称，可以选择在 A—A 位置做半剖视图，将肋板的断面形状在俯视图中进行表达；法兰盘上的螺纹孔在俯视投射方向上与原俯视图要表达的主要结构投影关系不重叠，故在俯视图上增加局部剖视表达螺纹孔；底板上的螺栓孔在左视投射方向上与基本视图要表达的主要结构投影关系不重叠，故在左视图上增加局部剖视表达螺栓孔，形成的表达方案二，如图 7-4 所示。显然在泵体表达上，方案二比方案一更清晰、简便。

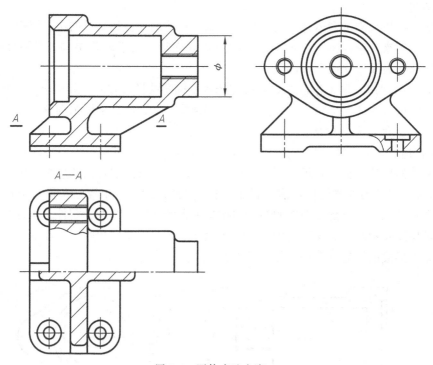

图 7-4　泵体表达方案二

二、零件图的尺寸标注

组合体的尺寸标注方法和要求对零件仍然适用，这里将进一步介绍合理标注尺寸的一些原则和方法。所谓合理，是指所标注的尺寸，第一要满足零件的设计要求，以保证零件的使用性能；第二要满足零件的制造工艺要求，以便于零件的加工、测量、检验和产品装配。为了能够做到合理，在标注尺寸时，必须对零件进行形体及结构分析、工艺分析，正确选择尺寸基准。

1. 正确选择尺寸基准

在标注尺寸时，每个方向的尺寸都有一个从哪里注起的问题，这个尺寸标注的起始位置就是基准。由于用途不同，基准可分为设计基准和工艺基准。

设计基准：为了满足设计要求，用于确定零件在装配体中位置的一些面、线或点。

如图 7-5a 所示的轴承座，安装后应保证两个轴孔的轴线在装配体对称面的同一条水平线上，并使相对的两个轴孔端面间的距离达到必要的精确度。根据上述设计要求，在轴承座中应选择与基础接触的底面和侧面、零件的对称面来确定其在装配体中的位置，这三个平面就是轴承座的设计基准。如图 7-5b 所示。

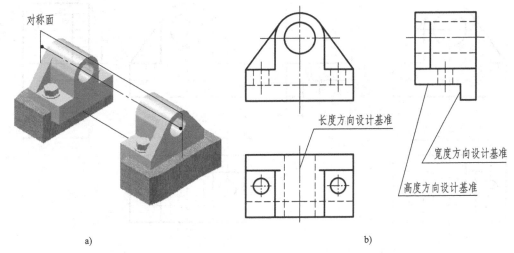

图 7-5　轴承座的尺寸基准

工艺基准：为了满足工艺要求，用于确定零件在加工或测量时的位置的一些面、线或点。

如图 7-6 所示的套，在车床上加工时，用其左端的大圆柱面来定位；而测量有关轴向尺寸时，则以右端面为起点，因此，这两个面都是工艺基准。

所谓选择尺寸基准，就是选择是从设计基准出发，还是从工艺基准出发标注尺寸。从设计基准出发标注尺寸，能满足设计要求；从工艺基准出发标注尺寸，则能保证零件的加工或测量的精度要求。当然最好把设计基准与工艺基准统一起来，这样既能满足设计要求又能满足工艺要求。如果二者不能统一时，则应在首先保证设计要求的前提下，满足工艺要求，即重要尺寸必须直接从设计基准出发标注。

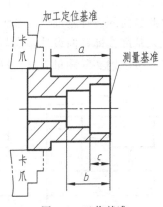

图 7-6　工艺基准

一般零件在长、宽、高三个方向上至少各有一个主要的设计基准。根据加工、测量上的要求，会设置一些辅助的工艺基准，两个基准之间要有尺寸联系。

2. 合理标注尺寸的一些原则

（1）重要尺寸必须直接注出　重要尺寸是指影响零件使用性能的尺寸、与其他零件相配合的尺寸、重要的定位尺寸、重要的结构尺寸等。由于零件在加工制造时总会产生尺寸误差，注出这些尺寸可以直接对其提出精确度要求，还可以避免加工误差的累积。如图 7-7a 所示轴承座的重要尺寸都直接从设计基准出发标注，这样才能保证设计要求。如图 7-7b 所示的注法是错误的。

（2）避免注成封闭的尺寸链　一组首尾相连的链状尺寸称尺寸链，每个尺寸是尺寸链中的一环。如图 7-8a 所示，尺寸 15、10、12、37 互相衔接，构成一个封闭的尺寸链。封闭尺寸链标注的尺寸意味着每个尺寸都要控制误差范围，这在加工中是无法保证的。因此，标注尺寸时，应在该链中挑选一个最不重要的尺寸不注，注成开口环，如图 7-8b 所示。这样

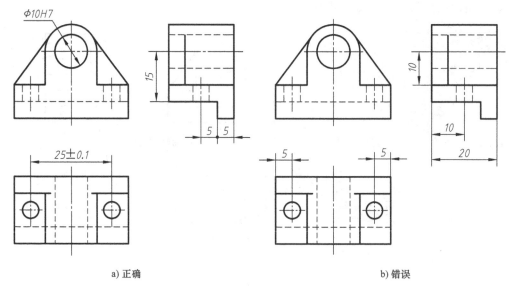

a) 正确   b) 错误

图 7-7 轴承座的重要尺寸

使所有各环尺寸的加工误差最终都累积在这个开口环上，可以保证重要尺寸的精度，使零件达到设计要求。

（3）非重要尺寸要符合加工顺序 如图 7-9 所示的小轴，径向基准及尺寸标注：为保证轴上安装的齿轮与另一齿轮的正确啮合，转动平稳，要求各段圆柱的轴线位于同一直线上，因此径向的设计基准就是轴线。由于轴在加工时，以轴线作为径向定位基准，因此轴线亦是工艺基准，即径向设计基准与工艺基准重合。径向尺寸大部分以轴线为基准注出。键槽深度尺寸考虑到实际测量方便，以图 7-10a 所示的外圆轮廓线为基准（辅助基准）进行标注。

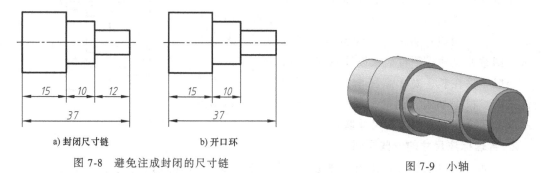

a) 封闭尺寸链   b) 开口环

图 7-8 避免注成封闭的尺寸链

图 7-9 小轴

轴向基准及尺寸标注：轴上安装的齿轮以 $\phi 45$ 轴段的右端面定位，故选用右端面为轴向设计基准，标注重要尺寸 51。其余都按加工顺序标注。小轴的加工过程如图 7-10b~f 所示。

（4）标注尺寸应便于测量 如图 7-11 所示为套筒轴向尺寸的标注，按图 7-11a 标注尺寸 14、11 便于测量，若按图 7-11b 标注尺寸 29，则不便于测量。

（5）加工面与非加工面的尺寸标注 标注零件上各非加工面的尺寸时，同一方向上最好只有一个非加工面与加工面有尺寸联系，其他的非加工面只与非加工面有尺寸联系。如图 7-12a 所示，铸件高度方向有三个毛坯面 A、B、C，只有 C 面与加工面 D 有尺寸联系，这是合理的。

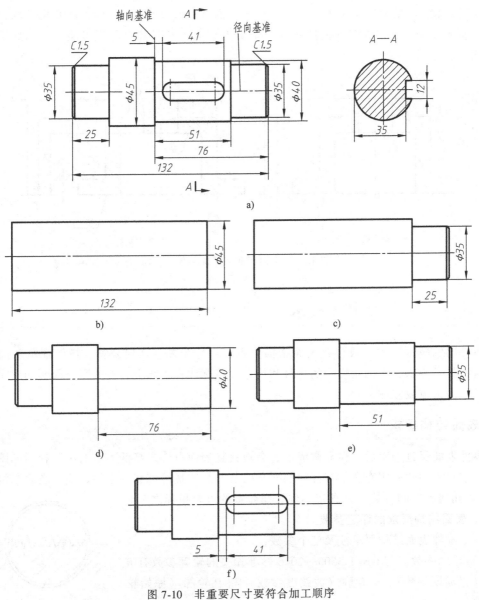

图 7-10　非重要尺寸要符合加工顺序

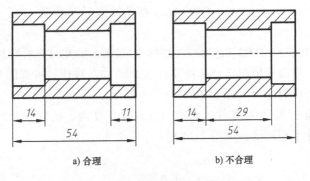

图 7-11　标注尺寸应便于测量

如图 7-12b 所示的尺寸注法中，三个非加工面 A、B、C 都与加工面 D 有尺寸联系，那么，在加工 D 面时，要同时保证这些尺寸是很困难的，有时甚至是不可能的。因此该注法不合理。

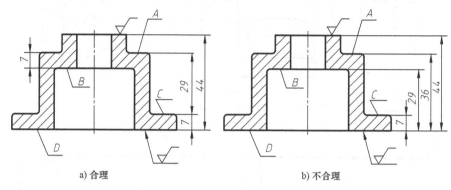

a) 合理   b) 不合理

图 7-12   加工面与非加工面的尺寸标注

第三节 零件图的技术要求

零件图的技术要求一般包括表面结构要求、尺寸公差、几何公差、热处理及表面处理等。这些技术要求，有的用规定的符号和代号直接标注在视图上，有的则以简明的文字注写在标题栏的上方或左侧。

一、表面结构要求

零件表面经过加工后，在显微镜下总会观察到表面有许多高低不平的峰和谷，如图 7-13 所示，它对零件的使用寿命、零件间的配合以及外观质量等都有一定的影响。表面结构参数（即微观几何特征的参数）是评定零件表面质量的重要指标之一。

1. 表面结构要求的评定参数

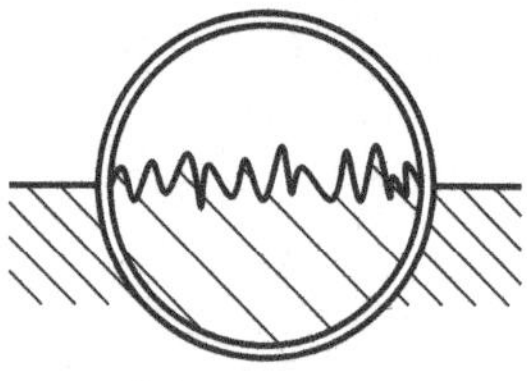

评定零件表面结构要求涉及三个参数：

1）轮廓参数，与 GB/T 3505—2016 标准相关的轮廓参数有 R 轮廓（粗糙度参数）、W 轮廓（波纹度参数）和 P 轮廓（原始轮廓参数）；

图 7-13　显微镜下的表面结构

2）图形参数，与 GB/T 18618—2009 标准相关的图形参数有粗糙度图形和波纹度图形；

3）与 GB/T 18778.2—2003 和 GB/T 18778.3—2006 相关的支承率曲线参数。

三个主要的表面结构参数组已经标准化，表面结构参数代号可查阅相关标准。常用的评定参数为 R 轮廓参数的算术平均偏差 Ra。

轮廓算术平均偏差 Ra 是在零件表面的一段取样长度内，轮廓线上各点相对于基准线的轮廓偏距绝对值的算术平均值，如图 7-14 所示。

用公式表示为：

$$Ra = \frac{1}{l} \int_0^l |y(x)| \, \mathrm{d}x$$

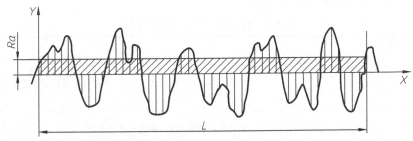

图 7-14　轮廓算术平均偏差 Ra

近似为：

$$Ra = \frac{1}{n} \sum_{i=1}^{n} |y_i|$$

国家标准 GB/T 1031—2009 规定了 Ra 值，常用的参数值范围是 0.025～6.3μm，表 7-1 列出了常用加工表面的 Ra 值与其相应的加工方法以及应用实例。

表 7-1　常用加工表面的 Ra 值与相应的加工方法及应用实例

Ra 值/μm	加工方法		应用举例
25	粗加工面	粗车	钻孔表面,倒角,端面,穿螺栓用的光孔、沉孔、要求较低的非接触面
12.5		粗刨粗铣钻孔等	
6.3	半精加工面	精车精刨精铣精镗铰孔刮研粗磨等	要求较低的静止接触面,如轴肩、螺栓头的支撑面、盖板的结合面;要求较高的非接触表面,如支架、箱体、离合器、皮带轮、凸轮的非接触面等
3.2			要求紧贴的静止结合面,如支架、箱体上的结合面;较低配合要求的内孔表面
1.6			一般转速的轴孔,低速转动的轴;一般配合用的内孔,一般箱体用的滚动轴承孔;齿轮的齿廓表面,轴与齿轮、皮带轮的配合表面等
0.8	精加工面	精磨精铰抛光研磨精拉等	一般转速的轴;定位销孔的配合面,要求较高的配合表面;一般精度的刻度盘;需镀铬抛光的表面等
0.4			要求保证规定的配合特性的表面,如滑动导轨面,高速工作的滑动轴承;凸轮的工作表面等
0.2			精密机床的主轴锥孔;活塞销和活塞孔;要求气密的表面等

另一个重要的 R 轮廓参数为最大轮廓偏差 Rz，公式表示为：

$$Rz = \max\{y_i\}, i = 1,2,3,\cdots,n$$

2. 表面结构图形符号、代号

不同的零件根据其作用不同，应恰当地选择表面结构要求的评定参数，在零件图中用相应的图形符号表示。

（1）表面结构图形符号　在技术产品文件中对表面结构要求可用几种不同的图形符号

表示，每种符号都有特定的意义，见表 7-2。

表 7-2 表面结构图形符号及意义

符号	意义及说明
	基本图形符号,仅用于简化代号标注,没有补充说明时不能单独使用
	要求去除材料的图形符号,在基本符号上加一短划,表示指定表面是用去除材料的方法获得,如:车、铣、钻、磨、抛光、腐蚀、电火花加工等
	要求不去除材料的图形符号,在基本符号上加一个圆圈,表示指定表面是用不去除材料的方法获得,如:铸、锻、冲压、热轧、冷轧、粉末冶金等;或是用保持原供应状况的表面
	完整图形符号,在前述三个符号的长边上均可加一横线,用于标注表面结构特征的补充信息
	工件轮廓各表面的图形符号,在上述前三个符号的长边上均可加一小圆,表示图样某个视图上构成封闭轮廓的各表面有相同的表面结构要求
	表面结构完整图形符号,由表面结构的参数、数值及补充要求组成。补充要求包括传输带、取样长度、加工工艺、表面纹理及方向、加工余量等,注写位置 (a～e) a—注写表面结构的单一要求 a 和 b—注写两个或多个表面结构要求 c—注写加工方法 d—注写表面纹理和方向 e—加工余量(单位为 mm)

（2）表面结构图形符号的画法 表面结构图形符号的比例和尺寸如图 7-15 所示，并见表 7-3。

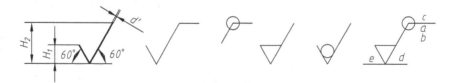

图 7-15 表面结构图形符号的比例和尺寸

完整图形符号中的水平线长度取决于其上下所标注内容的长度，在"a""b""d""e"区域中的所有字母高应该等于 h；在区域"c"中的字体可以是大写字母、小写字母或汉字，高度可以大于 h。

表 7-3 表面结构图形符号的尺寸 （单位：mm）

数字与字母高度 h(见 GB/T 14690—1993)	2.5	3.5	5	7	10	14	20
符号线宽 d' 数字与字母线宽 d	0.25	0.35	0.5	0.7	1	1.4	2
高度 H_1	3.5	5	7	10	14	20	28
高度 H_2(最小值)[①]	7.5	10.5	15	21	30	42	60

① H_2 取决于标注内容

（3）表面结构代号　图样上用表面结构代号给出表面结构要求，应标注其参数代号和相应数值，并包括要求解释的以下四项重要信息：

1）三种轮廓（R、W、P）中的一种。

2）轮廓特征。

3）满足评定长度要求的取样长度的个数。

4）要求的极限值。

标注三类表面结构参数时应使用完整符号，表面结构参数的单位是 μm，只注一个值时，表示为上限值；当作为下限值标注时，参数代号前应加注 L，表示双向极限时应标注极限代号，上限值在上方用 U 表示，下限值在下方用 L 表示，在不引起歧义的情况下，U、L 可省略。当标注上限值或上限值与下限值时，允许实测值中有 16% 的测值超差（16% 规则）。当不允许任何实测值超差时，应在参数代号后加注 max（最大规则）。评定长度若不存在默认的评定长度时（Ra 轮廓参数默认 5 个取样长度），参数代号中应标注取样长度的个数。表面结构代号含义见表 7-4。

表 7-4　表面结构代号意义

代号	意义	代号	意义
$\sqrt{}$ $Ra6.3$	表示不允许去除材料,单向上限值,默认传输带,R 轮廓,算术平均偏差 6.3μm,评定长度为 5 个取样长度(默认),"16% 规则"(默认)	$\sqrt{}$ $Ra\,max3.2$	表示不允许去除材料,单向上限值,默认传输带,R 轮廓,算术平均偏差 3.2μm,评定长度为 5 个取样长度(默认),"最大规则"
$\sqrt{}$ $0.8/Ra3\ 3.2$	表示去除材料,单向上限值,传输带:根据 GB/T 6062—2009,取样长度 0.8μm(默认 0.0025mm),R 轮廓,算术平均偏差 3.2μm,评定长度包含 3 个取样长度,"16% 规则"(默认)	$\sqrt{}$ $0.008-0.8/Ra3.2$	表示去除材料,单向上限值,传输带:0.008 ~ 0.8mm,R 轮廓,算术平均偏差 3.2μm,评定长度为 5 个取样长度(默认),"16% 规则"(默认)
$\sqrt{}$ $U\,Ra\,max3.2$ $L\,Ra0.8$	表示去除材料,双向极限值,两极限值均使用默认传输带,R 轮廓,上限值:算术平均偏差 3.2μm,评定长度为 5 个取样长度(默认),"最大规则",下限值:算术平均偏差 0.8μm,评定长度为 5 个取样长度(默认),"16% 规则"(默认)	车 $3\sqrt{\perp}$ $U\,Ra\,3.2$ $L\,Ra0.8$	表示用车削加工方法,表面纹理:垂直于视图所在的投影面,加工余量 3mm,双向极限值,两极限值均使用默认传输带,R 轮廓,上限值:算术平均偏差 3.2μm,评定长度为 5 个取样长度(默认),"16% 规则"(默认),下限值:算术平均偏差 0.8μm,评定长度为 5 个取样长度(默认),"16% 规则"(默认)

3. 表面结构代号（符号）在图样上的标注

表面结构要求对每一表面一般只标注一次，并尽可能注在相应的尺寸及其公差的同一视图上，除非另有说明，所标注的表面结构要求是对完工零件表面的要求。

1）根据 GB/T 4458.4—2003 的规定，使表面结构的注写和读取方向与尺寸的注写和读取方向一致，如图 7-16a 所示；

2）表面结构要求可注写在轮廓线上或其延长线上，其符号应从材料外指向接触表面，必要时，也可用带箭头或黑点的指引线引出标注，如图 7-16b 所示，在不致引起误解时，可标注在给定的尺寸线上或几何公差框格的上方，如图 7-16c 所示；

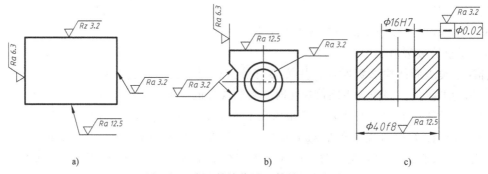

a)   b)   c)

图 7-16　表面结构代号（符号）的标注

3）表面结构要求有简化注法。如果在工件的多数（包括全部）表面有相同的表面结构要求，则表面结构要求可统一标注在图样的标题栏附近。此时（除全部表面有相同的表面结构要求的情况外），表面结构要求的符号后面应在圆括号内给出无任何其他标注的基本符号，如图 7-17a 所示；或在圆括号内给出不同的表面结构要求，不同的表面结构要求应直接标注在图形中，如图 7-16b 所示。

当多个表面有共同的表面结构要求或图纸空间有限时，可以采用简化注法。可用带字母的完整符号，以等式的形式，在图形或标题栏附近进行简化标注，如图 7-17c 所示；也可只用表面结构符号进行简化标注，如图 7-17d 所示。

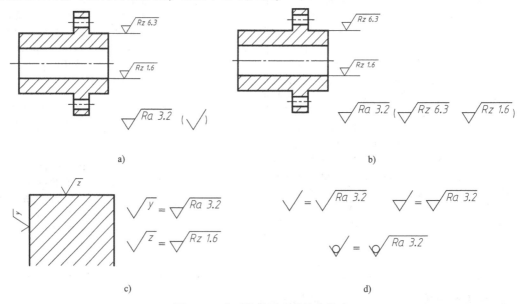

a)   b)

c)   d)

图 7-17　表面结构要求的简化注法

二、极限与配合

极限与配合是零件图和装配图中的一项重要技术要求，也是评定产品质量的重要技术指标之一。

1. 零件的互换性

机器中同种规格的零件，任取其中一个，不经挑选和修配，就能装到机器中去，并满足机器性能的要求。零件的这种性质，称为零件的互换性。零件具有互换性，不仅能组织大规模的专业化生产，而且可以提高产品质量、降低成本和便于维修。保证零件具有互换性的措施是由设计者确定合理的配合要求和尺寸公差大小。

2. 尺寸公差的有关术语

尺寸公差的有关术语如图 7-18、图 7-19 所示。

（1）公称尺寸 设计给定的尺寸。

（2）实际尺寸 零件制成后，通过测量获得的尺寸。

（3）极限尺寸 一个孔或轴允许变动的两个极限值。包括上极限尺寸和下极限尺寸：上极限尺寸是孔或轴允许的最大尺寸；下极限尺寸是孔或轴允许的最小尺寸。实际尺寸在两个极限尺寸之间即为合格。

（4）尺寸偏差 某一尺寸减其公称尺寸所得的代数差，简称偏差。偏差数值可以是正值、负值和零。

1）上极限偏差。上极限尺寸减其公称尺寸所得的代数差，孔（轴）的上极限偏差为 ES（es）。

2）下极限偏差。下极限尺寸减其公称尺寸所得的代数差，孔（轴）的下极限偏差为 EI（ei）。

（5）尺寸公差 上极限尺寸减下极限尺寸之差，或上极限偏差减下极限偏差之差，简称公差。公差是允许尺寸的变动量，是一个没有符号的绝对值。

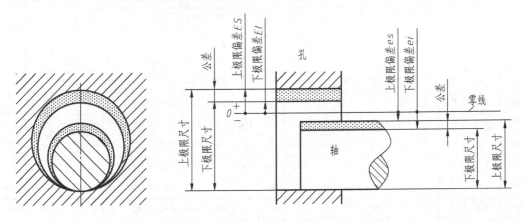

图 7-18 极限尺寸、尺寸偏差及公差

（6）公差带 由代表上极限偏差和下极限偏差或上极限尺寸和下极限尺寸的两条直线所限定的一个区域，称为公差带（其左右长度可任定），如图 7-19 中所示。

（7）零线和公差带图 在分析尺寸公差与公称尺寸的关系时，通常不必画出孔和轴的图形，而将其上下极限偏差按放大比例画成简图，称为公差带图。表示公称尺寸的一条直线，称为零线，以其为基准确定偏差和公差。通常，零线沿水平方向绘制，正偏差位于其上，负偏差位于其下。

（8）标准公差和基本偏差 在公差带图中，公差带是由"公差带大小"和"公差带位置"两个要素组成的，公差带大小是由"标准公差"来确定的，"公差带位置"是由"基本偏差"确定的。

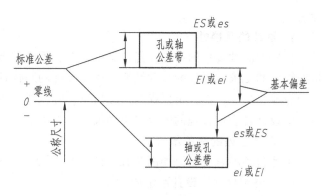

图 7-19 公差带图

1）标准公差：标准公差是国家标准所规定的用以确定公差带大小的任一公差值。

国家标准 GB/T 1800.1—2009 规定标准公差分为 20 个等级，分别用 IT01，IT0，IT1，IT2，…，IT18 表示。IT 表示标准公差，数字表示公差等级。由 IT01-IT18，公差等级依次降低，亦即尺寸的精确程度依次降低，而公差数值则依次增大。同一公差等级因公称尺寸不同公差值也不相同。所以标准公差是由"公差等级"和"公称尺寸"确定的，见表 7-5。

表 7-5 标准公差数值（GB/T 1800.1—2009）

公称尺寸 /mm		标准公差等级																	
大于	至	IT1	IT2	IT3	IT4	IT5	IT6	IT7	IT8	IT9	IT10	IT11	IT12	IT13	IT14	IT15	IT16	IT17	IT18
		μm											mm						
—	3	0.8	1.2	2	3	4	6	10	14	25	40	60	0.1	0.14	0.25	0.4	0.6	1	1.4
3	6	1	1.5	2.5	4	5	8	12	18	30	48	75	0.12	0.18	0.3	0.48	0.75	1.2	1.8
6	10	1	1.5	2.5	4	6	9	15	22	36	58	90	0.15	0.22	0.36	0.58	0.9	1.5	2.2
10	18	1.2	2	3	5	8	11	18	27	43	70	110	0.18	0.27	0.43	0.7	1.1	1.8	2.7
18	30	1.5	2.5	4	6	9	13	21	33	52	84	130	0.21	0.33	0.52	0.84	1.3	2.1	3.3
30	50	1.5	2.5	4	7	11	16	25	39	62	100	160	0.25	0.39	0.62	1	1.6	2.5	3.9
50	80	2	3	5	8	13	19	30	46	74	120	190	0.3	0.46	0.74	1.2	1.9	3	4.6
80	120	2.5	4	6	10	15	22	35	54	87	140	220	0.35	0.54	0.87	1.4	2.2	3.5	5.4
120	180	3.5	5	8	12	18	25	40	63	100	160	250	0.4	0.63	1	1.6	2.5	4	6.3
180	250	4.5	7	10	14	20	29	46	72	115	185	290	0.46	0.72	1.15	1.85	2.9	4.6	7.2
250	315	6	8	12	16	23	32	52	81	130	210	320	0.52	0.81	1.3	2.1	3.2	5.2	8.1
315	400	7	9	13	18	25	36	57	89	140	230	360	0.57	0.89	1.4	2.3	3.6	5.7	8.9
400	500	8	10	15	20	27	40	63	97	155	250	400	0.63	0.97	1.55	2.5	4	6.3	9.7
500	630	9	11	16	22	32	44	70	110	175	280	440	0.7	1.1	1.75	2.8	4.4	7	11

2）基本偏差：基本偏差用以确定公差带相对于零线位置的上极限偏差或下极限偏差，一般为靠近零线的那个偏差。当公差带在零线的上方时，基本偏差为下极限偏差；反之，则为上极限偏差，如图 7-19 所示。

国家标准规定了孔、轴各 28 个基本偏差，其代号用拉丁字母表示，大写为孔，小写为轴，如图 7-20 所示，孔的基本偏差从 A~H 为下极限偏差，J~ZC 为上极限偏差；轴的基本偏差从 a~h 为上极限偏差，j~zc 为下极限偏差；JS 和 js 的公差带相对于零线对称分布，故

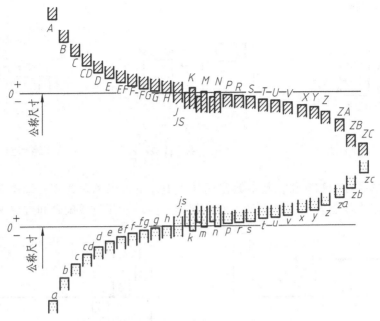

图 7-20　基本偏差系列示意图

基本偏差可以是上极限偏差，也可以是下极限偏差。基本偏差系列图只表示公差带的位置，不表示公差带的大小，公差带一端是开口的，另一端由标准公差限定。因此，根据孔、轴的基本偏差（附录表 C-1 和附录表 C-2）和标准公差，就可以计算出孔、轴的另一个偏差。

孔的另一个偏差为：$ES = EI + IT$ 或 $EI = ES - IT$；

轴的另一个偏差为：$es = ei + IT$ 或 $ei = es - IT$。

（9）公差带代号　孔和轴的公差带代号由基本偏差代号与公差等级数字组成。

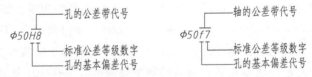

3. 配合

公称尺寸相同、相互结合的孔和轴公差带之间的关系，称为配合。为了满足零件间不同的配合要求，国家标准将配合分为三类：

（1）间隙配合　孔与轴装配时，具有间隙（包括最小间隙为零）的配合称为间隙配合。此时，孔的公差带在轴的公差带之上，如图 7-21 所示。

（2）过盈配合　孔与轴装配时，具有过盈（包括最小过盈为零）的配合称为过盈配合。此时，孔的公差带在轴的公差带之下，如图 7-22 所示。

（3）过渡配合　孔与轴装配时，可能具有间隙或过盈的配合称为过渡配合。此时，孔的公差带和轴的公差带相互重叠，如图 7-23 所示。

4. 配合制

国家标准规定有两种配合制度：

（1）基孔制　基本偏差为一定的孔的公差带，与不同基本偏差的轴的公差带构成的各种配合制度称为基孔制。

图 7-21　间隙配合　　　　图 7-22　过盈配合　　　　图 7-23　过渡配合

基孔制中的孔称为基准孔，基本偏差代号为 H，下极限偏差为零，如图 7-24 所示。基孔制中与轴的基本偏差为 a~h 配合属于间隙配合，j~zc 用于过渡配合和过盈配合。

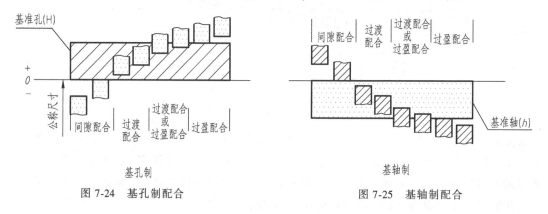

图 7-24　基孔制配合　　　　　　　图 7-25　基轴制配合

（2）基轴制　基本偏差为一定的轴的公差带，与不同基本偏差的孔的公差带构成的各种配合的一种制度称为基轴制。

基轴制中的轴称为基准轴，基本偏差代号为 h，上极限偏差为零，如图 7-25 所示。基轴制中与孔的基本偏差为 A~H 配合属于间隙配合，J~ZC 用于过渡配合和过盈配合。

一般情况下应优先选用基孔制，但若与标准件形成配合时，应按标准件确定基准制如：与滚动轴承内圈配合的轴应选基孔制；与滚动轴承外圈配合的孔应选基轴制。国家标准根据产品生产的实际情况，考虑各类产品的不同特点，制定了优先及常用配合，表 7-6 和表 7-7 为国家标准规定的公称尺寸不大于 500mm 时基孔制及基轴制优先、常用配合。

表 7-6　基孔制常用、优先配合

基准孔	轴																				
	a	b	c	d	e	f	g	h	js	k	m	n	p	r	s	t	u	v	x	y	z
	间隙配合								过渡配合			过盈配合									
H6					$\frac{H6}{e5}$	$\frac{H6}{f5}$	$\frac{H6}{g5}$	$\frac{H6}{h5}$	$\frac{H6}{js5}$	$\frac{H6}{k5}$	$\frac{H6}{m5}$	$\frac{H6}{n5}$	$\frac{H6}{p5}$	$\frac{H6}{r5}$	$\frac{H6}{s5}$	$\frac{H6}{t5}$					
H7					$\frac{H7}{f6}$	$\frac{H7}{g6}_\triangle$	$\frac{H7}{h6}_\triangle$	$\frac{H7}{js6}$	$\frac{H7}{k6}_\triangle$	$\frac{H7}{m6}$	$\frac{H7}{n6}$	$\frac{H7}{p6}_\triangle$	$\frac{H7}{r6}$	$\frac{H7}{s6}_\triangle$	$\frac{H7}{t6}$	$\frac{H7}{u6}_\triangle$	$\frac{H7}{v6}$	$\frac{H7}{x6}$	$\frac{H7}{y6}$	$\frac{H7}{z6}$	
H8				$\frac{H8}{e7}$	$\frac{H8}{f7}_\triangle$	$\frac{H8}{g7}$	$\frac{H8}{h7}_\triangle$	$\frac{H8}{js7}$	$\frac{H8}{k7}$	$\frac{H8}{m7}$	$\frac{H8}{n7}$	$\frac{H8}{p7}$	$\frac{H8}{r7}$	$\frac{H8}{s7}$	$\frac{H8}{t7}$	$\frac{H8}{u7}$					
			$\frac{H8}{d8}$	$\frac{H8}{c8}$	$\frac{H8}{f8}$		$\frac{H8}{h8}$														

（续）

基准孔	轴																				
	a	b	c	d	e	f	g	h	js	k	m	n	p	r	s	t	u	v	x	y	z
	间隙配合								过渡配合				过盈配合								
H9			H9/c9	H9/d9△	H9/e9	H9/f9		H9/h9△													
H10			H10/c10	H10/d10				H10/h10													
H11	H11/a11	H11/b11		H11/d11				H11/h11△													
H12		H12/b12						H12/h12	标△者为优先配合												

注：$\dfrac{H6}{n5}$、$\dfrac{H7}{p6}$在公称尺寸小于或等于 3 和 $\dfrac{H8}{r7}$在小于或等于 100 时为过渡配合。

表 7-7　基轴制常用、优先配合

基准轴	孔																				
	A	B	C	D	E	F	G	H	JS	K	M	N	P	R	S	T	U	V	X	Y	Z
	间隙配合								过渡配合				过盈配合								
h5						F6/h5	G6/h5	H6/h5	JS6/h5	K6/h5	M6/h5	N6/h5	P6/h5	R6/h5	S6/h5	T6/h5					
h6						F7/h6	G7/h6△	H7/h6△	JS7/h6	K7/h6△	M7/h6	N7/h6△	P7/h6△	R7/h6	S7/h6	T7/h6	U7/h6△				
h7					E8/h7	F8/h7△		H8/h7△	JS8/h7	K8/h7	M8/h7	N8/h7									
h8				D8/h8	E8/h8	F8/h8		H8/h8													
h9				D9/h9△	E9/h9	F9/h9		H9/h9													
h10				D10/h10				H10/h10													
h11	A11/h11	B11/h11	C11/h11△	D11/h11				H11/h11△													
h12		B12/h12						H12/h12	标△者为优先配合												

5. 尺寸公差与配合的标注

（1）装配图中的标注　根据国家标准规定，在两配合零件的公称尺寸后面标注配合代号。配合代号由孔、轴公差带代号组合表示，写成分数形式，分子为孔的公差带代号，分母为轴的公差带代号。例如：$\dfrac{K7}{h6}$、$\dfrac{H8}{f7}$，也可以写成 K7/h6、H8/f7。

如图 7-26 所示为装配图上配合代号的标注。

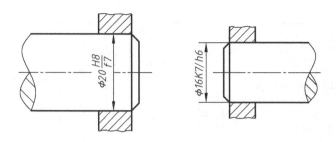

图 7-26　装配图上配合代号的标注

（2）零件图中的标注　零件图中的标注有三种形式，如图 7-27 所示。

1）在公称尺寸的后面只注公差带代号，代号字体的大小与尺寸数字字体的相同。

2）在公称尺寸后面注出上、下极限偏差数值，上极限偏差注在右上角，下极限偏差注在右下角，单位为 mm。偏差数值的字体比尺寸数字的小一号。当某偏差为零时，亦应注出。对不为零的偏差，应注出正、负号。

3）在公称尺寸后面同时注出公差带代号和上、下极限偏差数值，这时应将偏差数值加上括号。

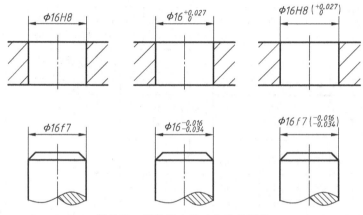

图 7-27　零件图上尺寸公差的标注

若上、下极限偏差数值相同而符号相反，则在公称尺寸后面加上"±"号，再填写一个偏差数值，其数字大小与公称尺寸数字的相同，如图 7-28 所示。

当同一公称尺寸所确定的表面具有不同的配合要求时，应采用细实线分开，并在各段表面上分别注出其公称尺寸和相应的公差带代号或偏差数值。如图 7-29 所示。

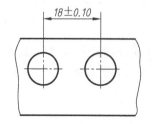

图 7-28　上、下极限偏差数值相同的标注

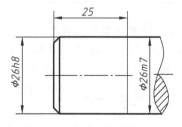

图 7-29　同一表面具有不同的配合要求的标注

三、几何公差

经过加工的零件表面，不但会有尺寸误差，而且还有形状和相对位置的几何误差，这些误差也会影响零件的使用要求和互换性。为此，国家标准 GB/T 1182—2018 规定了零件形状、位置、方向和跳动的允许最大变动量，称为几何公差。其中零件表面的实际形状对理想形状所允许的变动量称为形状公差；零件表面或轴线的实际位置对基准所允许的变动量，称为位置公差；两个零件表面或轴线的相互平行、垂直或倾斜允许的变动量，称为方向公差；表面的起伏跳动允许的变动量，称为跳动公差。

1. 几何公差代号

常用几何公差的几何特征和符号见表 7-8。

表 7-8　常用几何公差的几何特征和符号

公差类型	几何特征	符号	有无基准	公差类型	几何特征	符号	有无基准
形状公差	直线度	——	无	方向公差	平行度	//	有
	平面度	▱	无		垂直度	⊥	有
	圆度	○	无		倾斜度	∠	有
	圆柱度	⌀	无	位置公差	同轴度	◎	有
	线轮廓度	⌒	无		对称度	═	有
	面轮廓度	⌓	无		位置度	⊕	有或无
				跳动公差	圆跳动	↗	有
					全跳动	⌰	有

2. 几何公差的标注方法

（1）几何公差的框格代号　框格用细实线绘制，框格高为字高的两倍。有两格或多格等形式，从框格的左边起，第一格填写几何特征符号，第二格填写公差数值，从第三格起填写代表基准的字母，如图 7-30 所示。与被测要素相关的基准用一个大写字母表示，字母标注在基准方格内，与一个涂黑的或空白的三角形相连以表示基准，如图 7-31 所示。表示基准的字母还应标注在公差框格内。涂黑的和空白的基准三角形含义相同。框格用指引线与被测要素联系起来。

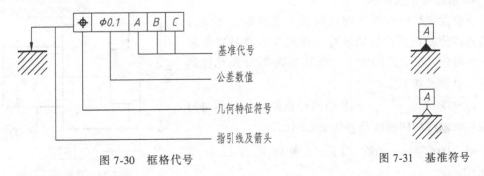

图 7-30　框格代号　　　　　　　　　　　　图 7-31　基准符号

（2）被测要素的标注　用带箭头的指引线从框格任意一侧引出与被测要素相连，按下列方式标注：

1）当公差涉及轮廓线或表面时，将箭头置于被测要素轮廓线或其延长线上，且必须与相应尺寸线明显错开，如图 7-32a 和 b 所示。

2）当被测要素指向实际表面时指引线箭头可置于带点的参考线上，该点指在实际表面上，如图 7-32c 所示。

3）当公差涉及轴线、中心平面或由带尺寸要素的点时，则带箭头的指引线应与尺寸线的延长线重合，如图 7-32d 所示。

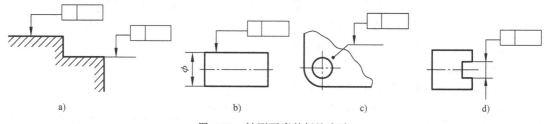

图 7-32　被测要素的标注方法

3. 基准要素的标注方法

基准要素用来确定被测要素方向或位置。

1）当基准要素为轮廓线或轮廓面时，基准三角形放置在要素的轮廓线上，如图 7-33a 所示；或放置在要素的延长线上，并明显地与尺寸线错开，如图 7-33b 所示；基准三角形也可放置在轮廓面引出线的水平线上，如图 7-33c。

2）当基准是尺寸要素确定的轴线、中心点或中心平面时，基准三角形应放置在该尺寸线的延长线上，如图 7-33d 所示。

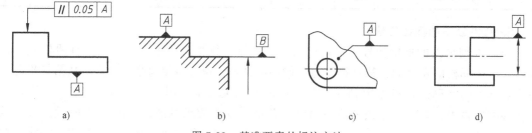

图 7-33　基准要素的标注方法

4. 标注与识读示例

在识读图样中所标注的几何公差含义时，必须弄清楚几何公差特征项目的名称、被测要素或基准要素所在的部位及公差值的大小。识读如图 7-34 所示标注的几何公差含义如下。

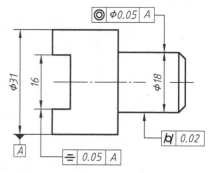

图 7-34　几何公差识读

1）◎ φ0.05 A ——φ18 的圆柱面轴线相对于 φ31 的圆柱面轴线的同轴度公差为 φ0.05mm。

2）⌿ 0.02 ——φ18 的圆柱面的圆柱度公差为 0.02mm。

3）= 0.05 A ——切口中心平面相对于 φ31 的圆柱面轴线的对称度公差为 0.05mm。

第四节 零件建模及零件图

零件在设计和制造过程有很多实际因素会影响到零件的结构形状。其中，零件满足功能结构设计后的制造工艺将会影响零件的局部结构，在此称之为工艺结构。机器上的大部分零件都是通过铸造和机械加工而来，本节将分别介绍铸造工艺和机械加工工艺对零件结构的要求，并以零件建模为例，通过模拟实际的零件加工生产过程来考虑零件的一些工艺结构，最终生成零件工程图。

一、零件的工艺结构及常见孔

1. 零件的铸造工艺结构

铸造是得到大部分零件毛坯的常用方法。其中砂型铸造主要是先将木模放入砂箱，填砂夯实后取出木模，然后往空腔中注入金属液体冷却成型、去砂得到零件毛坯。

（1）起模斜度 为了便于将模型从砂型中取出，在模型的内、外壁沿起模方向应设计出一定的斜度，称为起模斜度，也叫脱模斜度。由于起模斜度一般较小，故在零件图上通常只以小端为准表达，并不画出斜度。但若斜度较大时，则应画出，如图7-35a所示零件内表面。

（2）铸造圆角 在铸造零件毛坯时，为了防止在尖角处浇注时砂型落砂而形成夹砂，或冷却时产生裂纹或缩孔，铸件表面间的转角处均应设计成圆角，称为铸造圆角，如图7-35b所示。铸造圆角半径的大小要与铸件的壁厚相适应，一般为 $R3\sim5mm$，可以在技术要求中集中说明，但零件图上需要画出铸造圆角。但是，若两相交表面中有一个表面经过切削加工后，圆角就会被切除，变为尖角，如图7-35a所示。

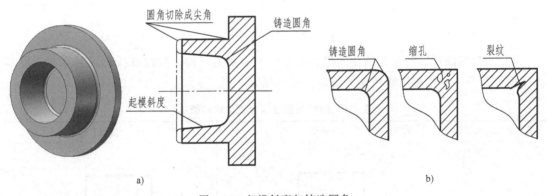

图 7-35 起模斜度与铸造圆角

由于铸造或锻造零件表面相交处添加了圆角后，使两表面的交线变得不明显。但是为了区分不同表面，仍需用细实线画出其理论交线，称为过渡线。过渡线的画法与相贯线一致，只是由于圆角的影响，交线的两端不再与轮廓线接触，而是画到不考虑圆角时的理论交点处。以下是不同表面相交时的过渡线画法：

1）两曲面相交。当两曲面相交时，过渡线不与圆角轮廓接触，只画到理论交点处，如图7-36a所示。

2）两曲面相切。当两曲面的轮廓线相切时，过渡线在切点附近应断开，如图 7-36b、c 所示。

3）平面与平面、平面与曲面相交，过渡线应在理论交线与轮廓的转角处断开，并沿轮廓加画过渡圆弧，且圆弧的弯向与铸造圆角一致，如图 7-36d 所示。

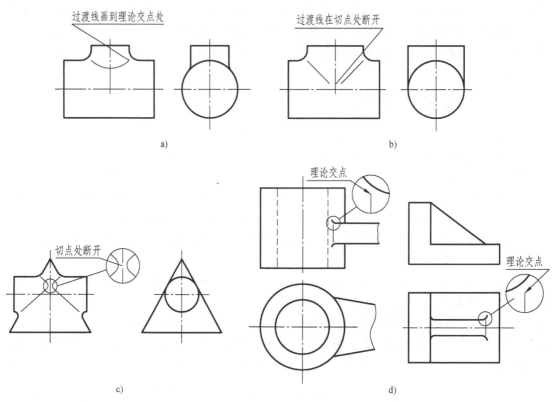

图 7-36　过渡线的画法

4）肋板与圆柱。肋板与圆柱的组合是零件上的常见结构。其过渡线的形状取决于肋板的断面形状及与圆柱相切或相交的关系，具体见表 7-9。

表 7-9　肋板与圆柱组合过渡线的画法

肋板断面形状	相交	相切

（续）

肋板断面形状	相交	相切
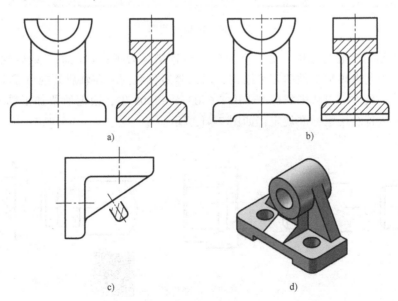		

（3）铸件壁厚 铸造类零件设计时，应尽量保证壁厚均匀。否则，因为各部分冷却速度不一致，容易在内应力作用产生缩孔或裂缝。不同壁厚连接时要逐渐过渡，如图7-37所示。

（4）肋板 为了增加铸件的强度，通常采用增加肋板的方法，而不是单纯考虑增加铸件壁厚。如图7-38a所示铸件容易造成铸造缺陷。肋板的厚度一般选用7~9mm，如图7-38b所示。肋的摆放位置，一般与材料的性能和工作时的受力状态有关。铸铁的受压性能要比受拉性能好，因此，铸铁件的肋板应加在受拉的一面，如图7-38c、d所示。

图7-37 铸件壁厚要逐渐过渡

a)

b)

c)

d)

图7-38 肋板

2. 零件的机械加工工艺结构

（1）凸台或凹坑 零件与零件的接触面都要进行机械加工，为了减少加工面积及便于装配，常见办法是在零件表面做出凸台、凹坑、凹槽等，如图 7-39 所示。

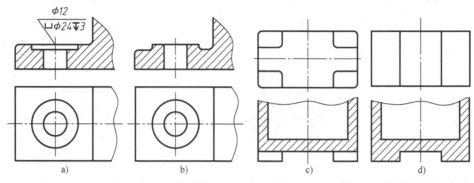

图 7-39　减少加工面积

（2）倒角和倒圆　倒角指的是将零件上的轴或孔端部尖角加工成一个小圆锥面的加工工艺。倒角不仅可以去除锐边和毛刺，防止划伤其他零件或人，同时也便于孔、轴装配。另外，为了避免轴肩处应力集中而产生裂纹，一般应加工成圆角，称为倒圆。倒角和倒圆的尺寸大小主要以孔或轴的直径为依据，查阅国家标准 GB/T 6403.4—2008 确定。其尺寸注法如图 7-40 所示。

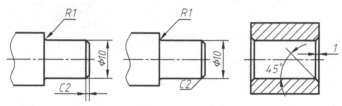

图 7-40　倒角和倒圆

（3）退刀槽与砂轮越程槽　退刀槽与砂轮越程槽是为了在切削加工或砂轮磨削加工时使刀具或砂轮顺利退出加工件的工艺结构，以保障零件装配时在轴肩处的可靠定位。其中砂轮越程槽的相关尺寸可以从国家标准 GB/T 6403.5—2008 中，根据所要加工轴的直径确定。其尺寸注法也应符合国家标准规定，如图 7-41 所示。

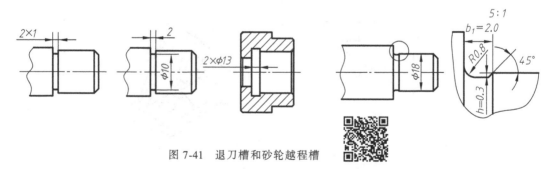

图 7-41　退刀槽和砂轮越程槽

（4）钻孔端面　被钻孔的端面应垂直于钻头的轴线，以免钻头折断或钻孔偏斜，如图 7-42 所示。

3. 零件上的常见孔

孔是零件上的常见结构，各种形式孔及其标法方法见表 7-10。

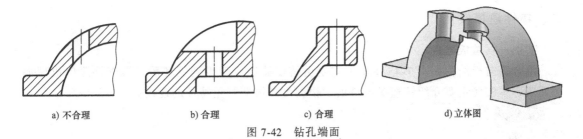

| a) 不合理 | b) 合理 | c) 合理 | d) 立体图 |

图 7-42　钻孔端面

表 7-10　常见孔及其标注方法

孔的结构类型		普通注法	旁注法		说明
螺纹孔	不通孔	4×M6-6H 10 12	4×M6-6H▼10 孔▼12	4×M6-6H▼10 孔▼12	4 个 M6 螺纹孔,螺纹深10、孔深 12,内螺纹的中径、顶径公差带代号均为 6H
光孔	一般孔	4×φ5 EQS 12	4×φ5 ▼12 EQS	4×φ5 ▼12 EQS	4 个均匀分布的光孔 φ5,深度 12
	锥销孔	φ5	锥销孔φ5 装配时作	锥销孔 φ5 装配时作	与锥销孔相配的圆锥销小端直径(公称直径)为 φ5,锥销孔是在两零件装配在一起时配作
沉孔	锥形深孔	90° φ13 4×φ7	4×φ7 ✔φ13×90°	4×φ7 ✔φ13×90°	4 个均匀分布的 φ7 孔,锥形沉孔直径 φ13,锥角 90°
	柱形沉孔	φ10 3.5 4×φ6	4×φ6 ⊔φ10▼3.5	4×φ6 ⊔φ10▼3.5	4 个均匀分布的 φ6 孔,柱形沉孔直径 φ10,深 3.5
	锪平面	φ16 4×φ7	4×φ7 ⊔φ16	4×φ7 ⊔φ16	4 个螺栓通孔 φ7,锪平直径 φ16,深度不需要标注,一般锪平到不出现毛面为止

二、零件建模实例

实例一：盖板建模

混合箱盖板结构如图 7-43 所示，它是由铸铁铸造成型得到毛坯后，再进行简单机械加工而成。本实例主要介绍铸造类零件的起模斜度和铸造圆角特征的建模。

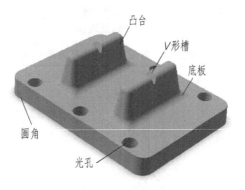

图 7-43　混合箱盖板

盖板建模主要过程：首先通过拉伸凸台建立底板长方体，再在其表面建立两个凸台，最后倒圆角、开 V 形槽和挖切出六个光孔。

（1）底板建模　步骤如下：

1）建立草图。新建零件文件，选择并正视于前视基准面。利于直线或矩形草图工具建立长为 38mm、宽为 27mm 的矩形草图，如图 7-44a 所示。添加原点为底边"中点"的几何关系约束并标注尺寸，使草图完全定义。

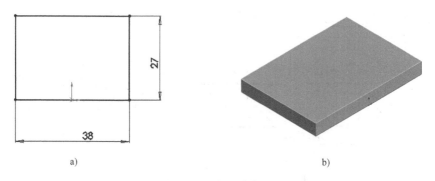

a)　　　　　　　　　　　　　　　　　　　　　b)

图 7-44　底板建模

2）拉伸底板。退出草图并单击"拉伸凸台/基体"命令按钮 ，设置底板高度为 4mm，建立的底板模型如图 7-44b 所示。

（2）凸台建模　步骤如下：

1）凸台底面草图绘制。选择底板上表面作为草图基准面。在草图基准面上，以底板上表面矩形的对称中心线为参考，如图 7-45a 草图右侧十字中心线所示，画出凸台底面草图。图中小矩形由水平、竖直和对称等几何关系和尺寸标注完全定义。可通过菜单"视图"→"隐藏/显示"→" 草图几何关系"来查看草图中的几何关系。

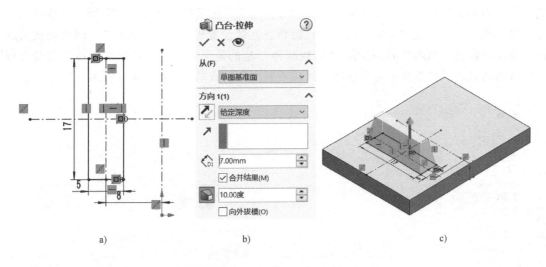

图 7-45 凸台建模

2）拉伸凸台。完成草图后退出，单击"拉伸凸台/基体"命令按钮。属性管理区主要参数设置如图 7-45b 所示。其中，拔模角度 默认情况下为"0 度"，即侧面与拉伸方向平行的直边拉伸。但是，在铸造类零件建模时，当起模斜度较大时，可以直接给定拔模角度，建立侧面倾斜的拉伸特征。给定斜度值"10.00 度"，向内倾斜拔模所得凸台，如图 7-45c 所示。

3）底板侧面拔模。对于已经经过直边拉伸的实体，SOLIDWORKS 还提供了直接生成"拔模"特征功能，它可以对已有平面进行倾斜拔模处理。本例主要是对底板四个侧面进行拔模处理，具体参数设置如图 7-46a 和 b 所示。

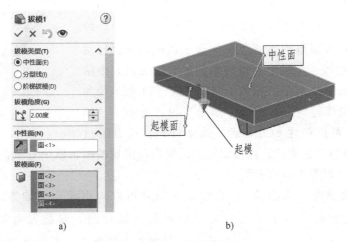

图 7-46 底板侧面拔模

（3）圆角建模 本例中圆角边线包括底板的四条平行的侧棱和凸台顶面圆角，以及凸台与底板的过渡连接分界处进行圆角处理。

1）底板侧棱圆角（等半径圆角）。单击特征工具栏中的"圆角特征"命令按钮 ，然后选择底板四条侧棱之一，接下来在此棱线旁会出现环选项栏，如图 7-47b 所示。选择第一个，则其他三条侧棱也会同时被选中。在圆角属性区设置半径为"2.5mm"，圆角类型为默认的等半径模式，如图 7-47a 所示。"切线延伸"指的是可以对连续且光滑连接的边线进行一次性圆角处理。完整预览可以在图形区域看到圆角的效果，如图 7-47b 所示。

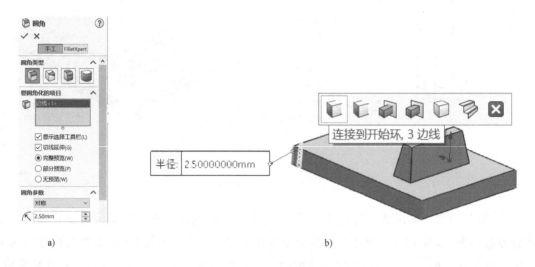

图 7-47　底板侧棱圆角

2）底板上表面与凸台的过渡圆角（等半径圆角）。圆角特征同上一步，单击"圆角特征"命令按钮，设置半径参数为"1.5mm"，结果如图 7-48 所示。

3）凸台侧边棱线圆角（变半径圆角）。因为凸台本身有较大起模斜度，所以不适合用等半径圆角。单击"圆角特征"命令按钮后将其圆角类型改为"变半径"模式 ，选择凸台棱边和邻接的上一步圆角产生的交线（选中切线延伸会自动提示）作为圆角边线，在属性面板的半径参数附加列表中依次选择 V1，V2 和 V3，在下方输入不同半径值，V1 处半径为 1mm，V2 和 V3 处半径均为 1.5mm，如图 7-49a、b 所示。相同的半径设置，可以按住<Ctrl>键多选来设定，或者通过

图 7-48　底板上表面与凸台过渡圆角

"设定所有"后再修改。此外，也可以在图形操作区出现的编辑框中直接输入不同点处的半径值来生成圆角，如图 7-49c 所示。

4）凸台顶面圆角（面圆角）。凸台顶面圆角可以采用面圆角的方式。单击"圆角特征"命令按钮后将其圆角类型改为"面圆角"模式。参数设置如图 7-50a 所示，半径为"1mm"，在"面组 1"中选择凸台顶面。"面组 2"则选择任意一侧面，此时因为勾选了"切线延伸"选项，所以可以自动找到凸台的所有侧面，形成如图 7-50b 所示的圆角特征。

（4）镜像凸台建模　单击特征工具栏中的"镜像"命令按钮，选择已有凸台和其上相关圆角特征为镜像对象，以右视基准面为镜像对称平面，如图 7-51 所示。

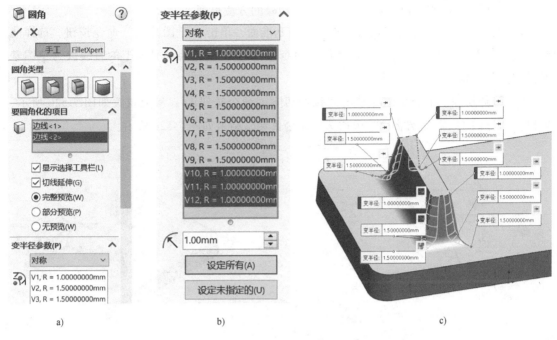

a)　　　　　　　　　　b)　　　　　　　　　　c)

图 7-49　凸台侧边棱线圆角

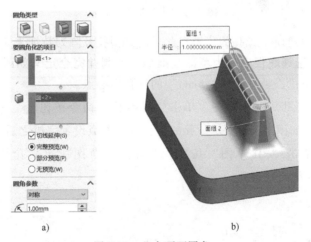

a)　　　　　　　　　　b)

图 7-50　凸台顶面圆角

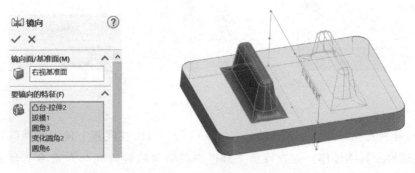

图 7-51　镜像凸台建模

（5）凸台V形槽建模　V形槽采用拉伸切除的方法得到。

1）建立草图。选择右视基准面作为草图基准面，单击"草图绘制"命令按钮。选择凸台顶面一条边线，然后单击"转换实体"命令按钮 ⬚。以转换到平面上的直线段为草图基准，完全定义如图7-52a所示草图。

2）拉伸切除。退出草图并单击"拉伸切除"命令按钮 ⬚，参数设置如图7-52b所示，在拉伸"方向1"和"方向2"中均选择完全贯穿，结果如图7-52c所示。

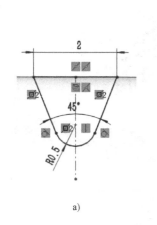

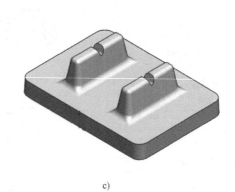

a)　　　　　　　　　b)　　　　　　　　　c)

图7-52　凸台V形槽建模

（6）六个光孔的建模　光孔的建模在此采用异型孔及阵列特征来完成。

1）建立草图。选择底板底面为草图基准面，绘制并完全定义如图7-53a所示草图，即距原点水平为"13mm"，竖直为"2.5mm"的挖孔中心点。

2）建立第一个光孔。退出草图，单击"异型孔"命令按钮 ⬚。在孔规格的设置区中进行参数设置，具体如图7-53b所示。孔的类型规格参数设置完成之后，单击属性面板中的"位置"按钮 ⬚，单击"3D草图"按钮，选择上述草图所定义孔的中心位置，得到如图7-54b右上角所示单个异型孔。

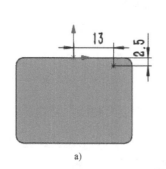

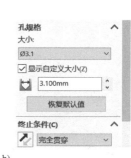

a)　　　　　　　　　　　　　　　b)

图7-53　异型孔

3）线性阵列光孔。从6个光孔的分布情况分析，可以在底板上使用线性阵列同时完成其他5个孔建模。具体操作：先在特征工具栏中激活"线性阵列" ⬚ 命令。设置两个方向参数和选择要阵列的特征，如图7-54a、b所示。方向1中阵列方向选择标注为"13mm"的草图尺寸，确定边线 1 间距为 "13mm"，实例数为 "3"。方向 2 中阵列方向选择标注为 "2.5mm" 的草图尺寸，确定边线 2 间距为 "22mm"，实例数为 2。在工作窗口左上角展开零件黑箭头，▶ 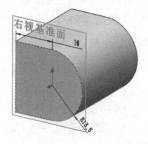 ，从特征设计树中选择上一步得到的异型孔为阵列特征。

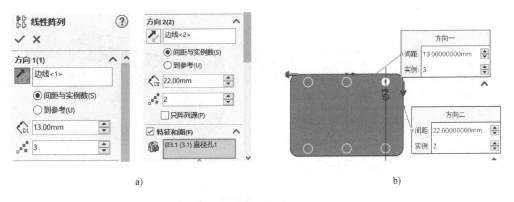

a)　　　　　　　　　　　　　b)

图 7-54　线性阵列光孔

经过以上建模步骤，可以得到如图 7-43 所示混合箱盖板。

实例二：箱体建模

箱体结构如图 7-55，经形体分析可知模型主要由四部分组成：带圆柱面的薄壁基体、基体左端面突出的法兰、上顶面板以及连接面板和基体的过渡部分。其次为模型上的各种孔和圆角。本实例将重点介绍薄壁基体的不等厚抽壳和空腔底部的肋板生成等建模问题。

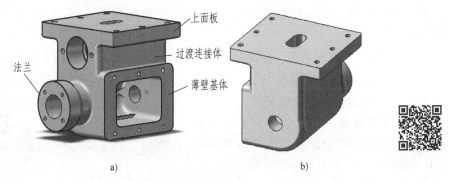

a)　　　　　　　　　　　　　b)

图 7-55　混合箱箱体结构

（1）薄壁基体建模　该部分模型建立的主要过程是，先根据外形特征拉伸出实体，然后再利用抽壳特征将其加工成薄壁件，具体步骤如下：

1）建立草图。选择并正视于右视基准面，以原点为草图基准点，绘制如图 7-56 所示右视基准面上的草图，圆弧半径为 "13.5mm"，连接矩形长度为 "16mm"。

2）拉伸基体。退出草图并单击 "拉伸凸台/基体" 命令按钮 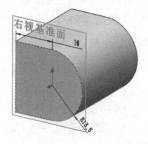 ，设置拉伸深度为 "38mm"，得到带半圆柱面的基体外形，如图 7-56 所示。

3）抽壳。单击 "抽壳" 命令按钮 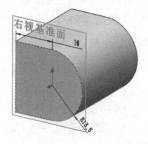 ，属性设置如图 7-57a

图 7-56　基体

所示。距离数值设为"5mm"，参数面板中删除面列表主要是选择抽壳后向外敞开的面，在此选择模型前表面。抽壳特征不仅可以壁厚相同，也可以使少数面壁厚不同。本例中基体柱面及与柱面相切的上、下两面壁厚为"5mm"，左右两端面壁厚则为"7mm"。抽壳结果如图7-57b所示。

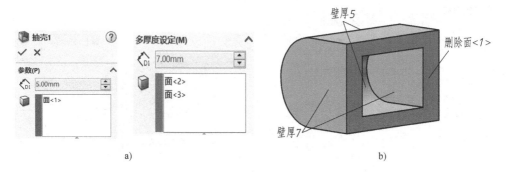

图 7-57　基体抽壳

（2）法兰建模　步骤如下：

1）建立基准轴。为了方便建模，可以先建立一条过基体柱面轴线的基准轴，如图7-58b中的"基准轴1"。通过"插入"菜单或界面上方工具栏→"参考几何体"→"基准轴/"命令，在"属性"面板中选择以"圆柱/圆锥面"■为参考，然后在图形区选择柱面。对于圆柱轴线，也可以直接选择圆柱面。

2）草图生成。选择并正视于前视基准面。绘制并完全定义如图7-58b所示草图轮廓。

3）旋转凸台。退出草图，在特征工具栏中单击"旋转凸台"命令按钮●，设置参数如图7-58a，草图绕基准轴1旋转"360.00度"便可得到如图7-58b所示模型。

（3）上面板建模　步骤如下：

1）建立基准面。先建立一个平行于上视基准面且距离为"30mm"的草图基准面1，具体操作可以参考本书第四章第二节。

2）建立草图。注意到上面板与基体左右对齐，所以可利用"转换实体"命令■，将基体的左右边线投影到新基准面上的草图中。同时，将左端法兰上的圆边线也投影到

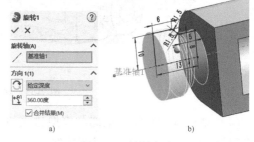

图 7-58　旋转凸台

草图上并利用"构造几何线"命令⇄转化为构造线（非草图轮廓线），取其中点，画出对称中心线。最后根据尺寸22和对称几何关系完全定义草图，如图7-59所示。

3）拉伸上面板。退出草图并拉伸出上面板。

（4）过渡连接体建模　步骤如下：

1）草图绘制。选择并正视于上面板的下表面，单击"草图绘制"命令按钮。此时发现草图平面被基体遮挡，不便于绘制草图，可在特征设计树中利用鼠标右键快捷菜单中的特征

"隐藏"命令 👁 将基体暂时隐藏起来。

有时为了便于操作，还可以利用"退回到前"命令 ⬅/
"向前推进（C）"命令和"压缩"命令 ↓/"解压缩"命令
↑ 将部分特征隐藏起来。但要注意特征生成的先后父子关
系，如图7-60所示。隐藏或压缩父特征，子特征也将被隐藏
或压缩。

隐藏基体特征后，在上面板的下表面上绘制并完全定义
如图7-61所示草图。

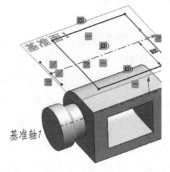

图 7-59　上面板

图 7-60　特征生成的先后父子关系

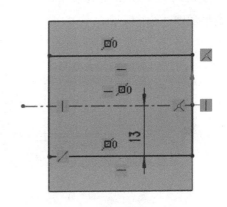

图 7-61　过渡连接体草图

2）建立过渡连接体。退出草图并选择拉伸特征，在拉伸"方向1"中将"终止条件"
设为"成形到实体"，如图7-62a所示，选择基体，得到过渡连接体，如图7-62b所示。

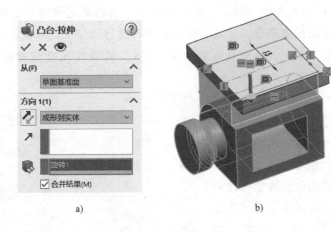

a)　　　　　　　　　　　　　　　b)

图 7-62　过渡连接体

（5）其他圆角和拉伸切除结构　完成以上四个主要组成部分的建模之后，其他部分如
圆角和拉伸切除，因前文有比较详细介绍，在此不赘述，其参数和效果如图7-63所示，未
注出圆角半径为R1。以下只介绍基体内腔底部的支承肋板和右侧面上的螺纹孔建模，其他

异型孔的建模类似于上例所述的异型孔建模，不再赘述。

（6）肋板建模　步骤如下：

1）建立草图。肋板主要起支承加强作用，多为薄板结构，草图一般建立于厚度对称面上。在此，选择"前视基准面"为草图基准面，即厚度的对称面，绘制如图 7-64a 所示只有一条直线的草图。

2）建立肋板（筋）特征。不需退出草图，直接单击"筋"特征命令按钮 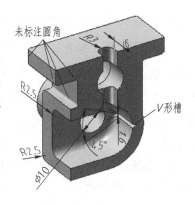。"厚度模式"设为"两侧" ，"距离"设为"1.5mm"，"拉伸方向"设为"平行于草图" ，"反转材料"项由预览效果图中的指示箭头 而定。最终效果如图 7-64b 所示。

图 7-63　圆角和拉伸切除等结构的参数和效果

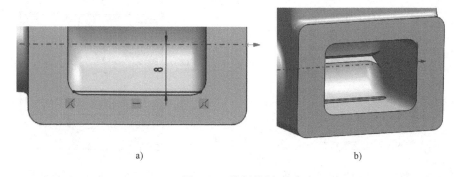

a)　　　　　　　　　　　　　　b)

图 7-64　肋板特征

（7）模型基体右壁上的螺纹孔建模　螺纹是建模中经常会遇到的结构特征。但是螺纹的真实建模却不太容易，可采用沿螺旋线扫描和添加/删除组合的方法得到。事实上，在 SOLIDWORKS 中常采用"注释"中的"装饰螺纹线"功能来达到内外螺纹的效果，并且装饰螺纹线包含了螺纹的标注信息，生成零件工程图时能自动按规定画法表达。

1）螺纹孔建模。单击"异型孔"命令按钮 ，然后在孔类型面板中设置参数，将"标准"设为"GB"，将"孔规格"的"大小"设为"M8"，如图 7-65a 所示。终止条件在不通螺纹孔中要分别设定光孔深度和螺纹终止线深度，本例为成形到下一面的终止方式，如图 7-65b 所示。在装饰选项中采用带装饰螺纹线的方式，并可选择带螺纹标注、螺纹线等级（公差）和锥形倒角进行设置，如图 7-65b 所示。

2）显示装饰螺纹线。装饰螺纹线以注解的形式存在，而且默认并不显示。可以在特征管理（FeatureManager）

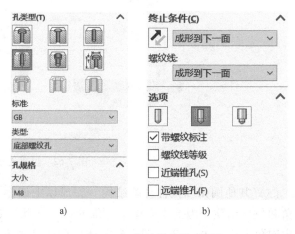

图 7-65　螺纹孔参数选项

设计树中用鼠标右键单击"注解"按钮，选择快捷菜单顶部的"细节…"选项，在弹出如图 7-66a 所示的"注解属性"对话框中对注解的显示等信息进行设置，勾选"上色的装饰螺纹线"复选框，单击"确定"按钮退出，则装饰螺纹线显示效果如图 7-66b 所示。

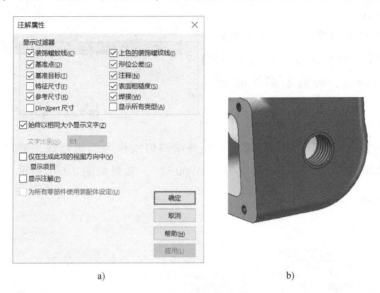

图 7-66　显示装饰螺纹线

实例三：六角头螺栓建模

本实例主要是以螺栓的加工过程介绍外螺纹的建模，并介绍退刀槽和倒角的建模过程。

（1）六角头螺栓毛坯建模　将前视基准面作为草图基准面，绘直径为"10mm"的圆，并拉伸长度为"50mm"的圆柱。然后在圆柱起始端面（与前视基准面重合），建立外接圆直径为"20mm"，高度为"7.5mm"的正六棱柱，正六边形参数设置如图 7-67a 所示，结果如图 7-67b 所示。

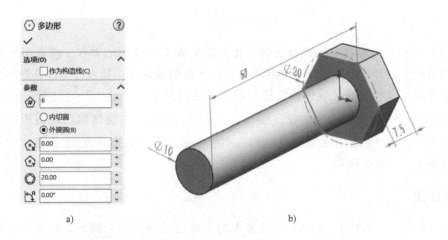

图 7-67　六角头螺栓正六边形参数设置和螺栓毛坯

（2）退刀槽　退刀槽和砂轮越程槽在 SOLIDWORKS 中建模均采用"旋转切除"特征命令 。

1）建立草图。建立草图之前先插入旋转基准轴，如图 7-68 所示"基准轴1"。建立如图所示草图，矩形大小为 2mm×1mm，上边与圆柱轮廓重合。

2）旋转切出退刀槽。在特征工具栏中单击"旋转切除"特征命令按钮 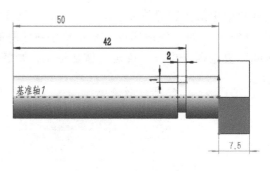，以基准轴 1 为旋转轴线，得到如图 7-68 所示效果。

图 7-68　退刀槽

（3）倒角　在特征工具栏中单击"倒角"命令按钮，在图形区域选择螺栓毛坯外端圆边线作为倒角边线，倒角参数设置如图 7-69a 所示，边距为"1.50mm"，角度为"45.00度"。效果如图 7-69b 所示。

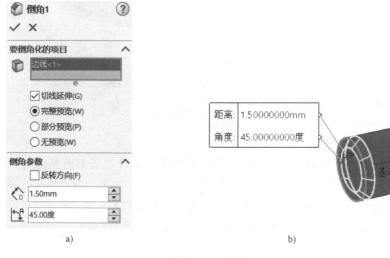

a)　　　　　　　　　　　　　　　　b)

图 7-69　倒角

（4）外螺纹建模　内螺纹和外螺纹的装饰螺纹线生成不一样的地方在于前者可直接由异型孔的插入得到，后者需先有柱状或锥状外形再插入装饰螺纹线。插入外螺纹装饰螺纹线的过程：单击注解工具栏上的"装饰螺纹线"按钮，或打开菜单"插入"→"注解"→"装饰螺纹线"选项"🖉 装饰螺纹线(O)…"；设置如图 7-70a 所示参数，在装饰螺纹线面板中选择标准、类型和大小，螺纹起始边线选择外端圆，小径中输入一个近似于 0.85 倍螺纹大径的数值。最终效果如图 7-70b 所示。

三、绘制零件图

作为工程设计软件，SOLIDWORKS 具有强大的工程图绘制功能。用户可以利用已建立的三维模型快速的生成零件的各种表达方法，然后再根据国家标准要求做出适当的修改。完成工程图表达方案之后，再利用尺寸标注功能和注解功能完善零件的尺寸、几何公差、表面结构要求和技术要求等。下面将以如图 7-55 所示箱体零件为例来生成其相应的零件工程图，如图 7-71 所示。

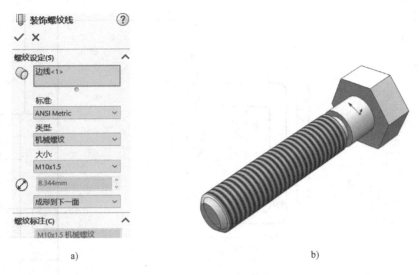

图 7-70　外螺纹装饰螺纹线

1. 图纸与图纸格式的设置

（1）图纸空间　零件图绘制的第一步便是根据零件的大小及比例选定标准图幅的图纸，并根据图纸标号及装订要求画出图框线及标题栏，然后才开始正式绘制表达零件的一组视图。在 SOLIDWORKS 中也是如此，生成零件图首先要选择图纸格式，然后再在图纸空间中绘制视图、尺寸等信息。

（2）图纸格式　图纸格式包含在图纸空间中，如图 7-72 所示。图纸格式中的内容与图纸空间的其他内容是不能同时进行编辑的。为了快速高效的建立工程图，一般应事先建立好符合国家标准的工程图模板和一系列图纸格式。本例箱体零件图创建之后，在左侧列表中的图纸或图纸格式上单击鼠标右键，选择"属性"项，可以重新设置图纸及图纸格式有关的参数。在设置图纸格式/大小时，通过"浏览"按钮 ![浏览(B)...] ，选择在前文中建立并使用过的模板文件定义的图纸格式，如图 7-73 所示。

（3）标题栏　本例工程图模板采用了国家标准规定的标题栏格式，填写相关内容后如图 7-74 所示。

2. 表达方案

选定图纸后可以开始插入相应的一组视图，如图 7-75 所示。有关视图标注参数设置可以参见本书第五章所述。

（1）左视图　各种表达方法有各自的表达目的，而且在生成的过程中它们之间是有一定的父子关系，先建立模型的左视图为父视图，左视图表达了零件的外部结构特征。单击"模型视图"命令按钮 ，将比例改为自定义 2∶1，生成左视图，如图 7-76a 所示。

在左视图上单击鼠标右键，选择弹出快捷菜单中的"切边"选项，单击弹出的"切边不可见"选项，如图 7-76b 所示。最终左视图效果如图 7-76c 所示。

（2）全剖主视图　主视图主要表达零件的内部结构形状，利用"剖面视图"命令 生成全剖视图。剖切位置起点从左视图竖直中心上端开始，利用推理线往体外延长，终点则利用自动竖直关系往下拉伸到下端体外，如图 7-77 所示。注意，如果两个端点至少有一个位于图形内部，将会产生移出的局部剖视图。

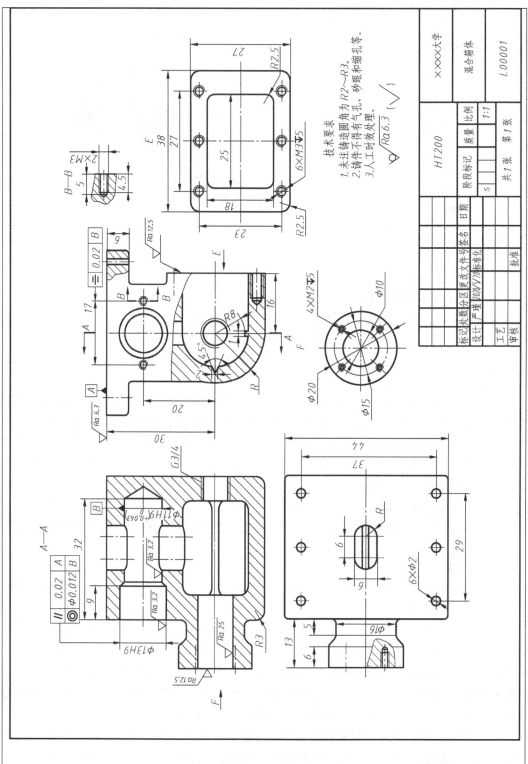

图 7-71　混合箱体零件图

图 7-72 图纸与图纸格式

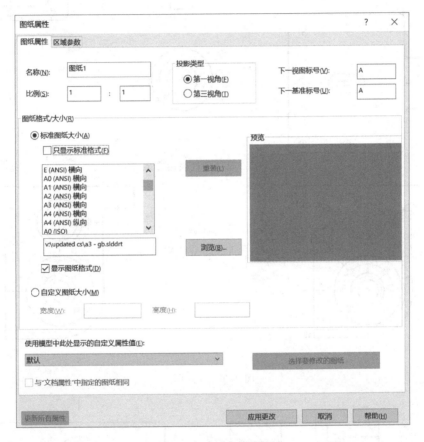

图 7-73 选择图纸格式

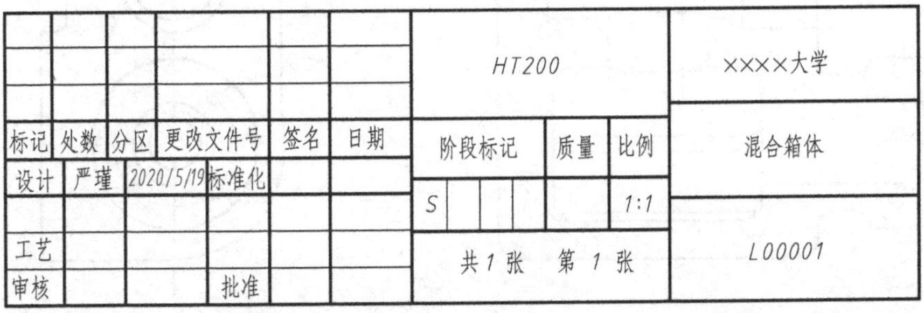

标记	处数	分区	更改文件号	签名	日期						
						HT200				××××大学	
设计	严瑾	*2020/5/19*	标准化			阶段标记	质量	比例		混合箱体	
						S		*1:1*			
工艺						共 *1* 张　第 *1* 张				*L00001*	
审核			批准								

图 7-74 标题栏

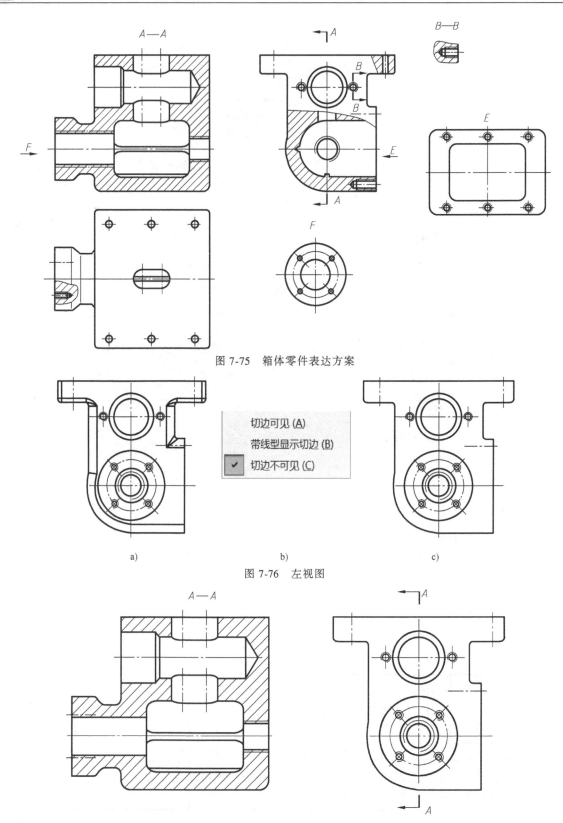

图 7-75　箱体零件表达方案

图 7-76　左视图

图 7-77　全剖主视图

（3）俯视图 俯视图主要表达上面板上六个光孔的分布情况，以及中间长圆槽的结构形状。在此采用"投影视图" 🔲 的方法。选择主视图，往下移动光标到适当位置即可。俯视图由于切边不可见，所在左端应利用草图绘制的方法补画两条细实线（过渡线）。关于线型及粗细的修改，可以打开"线型"工具栏 ▦ 进行设置或参考"图层"定义 ⬗。默认给出的顶面 6 个小孔中，上下 3 组孔中间分别会有连接线，可以通过选择孔中心线，然后在左侧窗口中取消勾选"连接线"项来消除连接线。最终生成俯视图如图 7-78 所示。

（4）*B*—*B* 视图 因为在全剖主视图中，零件上部的水平阶梯孔可以表达清楚，但是孔左端面前、后两侧的螺纹孔仅通过左视图并未完全表达清楚，为此选择采用局部剖视图。首先，在左视图中靠前螺纹孔处生成"部分剖面"视图，如图 7-79a 所示。然后，在部分剖面视图中，用样条曲线画出图中所示环形封闭草图，再采用"剪裁视图"命令 🔳 便可生成移出局部剖视图 *B*—*B*，如图 7-79b

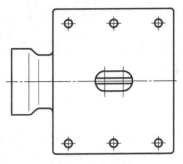

图 7-78　俯视图

所示。生成"部分剖面"视图的方法是在生成剖视过程中，当选择完剖切位置后，单击左侧的"编辑草图"按钮 [编辑草图]，将代表剖切位置的剖切线两端拖动到部分剖切的范围，确认后即可得到长条形"部分剖面"效果。

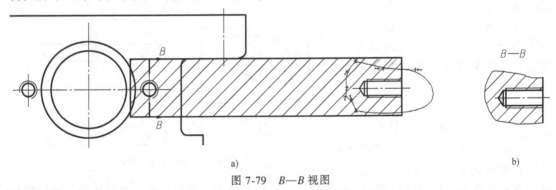

a)　　　　　　　　　　　　　　　　　　　　　　　　　b)

图 7-79　*B*—*B* 视图

为了便于视图布置，可以在视图上单击鼠标右键，选择快捷菜单中"视图对齐"，单击弹出的"解除对齐关系"项。这样就可以把视图从其父视图的约束中解脱出来并随意摆放。当然，在生成并放置视图时按住<Ctrl>键也可以随意摆放视图。

（5）*E* 向局部视图 *E* 向局部视图用于表达零件基体前表面的端面形状以及 6 个螺纹孔分布。绘制局部视图时可以先采用"辅助视图"命令 🗠，然后再利用剪裁视图或隐藏图中部分轮廓线的方法得到。如图 7-80a 为通过在要隐藏的边线上单击鼠标右键，执行"显示/隐藏边线"选项 ▭ 得到的效果。如果要重新显示某条边，可以将光标移到相应线上，等到出现所要线段，再单击鼠标右键，选择"显示/隐藏边线"选项进行设置。为了便于选择隐藏线，还可以在视图上空白处单击鼠标右键，选择"显示/隐藏边线"选项 ▭，则所有隐藏边线会以橘黄色显示，通过单击鼠标左键就可以实现显示和隐藏的切换。最终的 *E* 向视图效果如图 7-80b 所示。

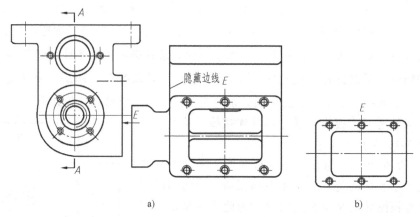

图 7-80 E 向局部视图

（6）左视局部剖视图　从目前的表达方案还不能确定零件基体的内腔结构，所以选择在左视图上采用局部剖视图的方法。如果剖切位置能过 E 向端面的竖直对称面，即通过中间螺纹孔的轴线时，则同时也表达该螺纹孔的轴向结构特征。

局部剖视图采用"断开视图"命令 🔲。首先，在左视图中用样条曲线画出一个封闭环。然后，执行"断开视图"命令，选择 E 向局部视图中代表螺纹孔内径的圆，如图 7-81 所示光标箭头所指，此时在左侧面板的"深度"设置下方边线框中将自动出现生成螺纹孔轴线的边线（也可以输入剖切深度数值或选择一个实体来得到局部剖）。

从得到的效果图可以看出有一些不符合标准的地方。如螺纹没有中心线、断裂波浪线为粗实线以及未剖切到的螺纹孔中显示出了虚线装饰螺纹线。单击菜单"插入"→"注解"或单击注解工具栏中的"中心线"命令按钮 🔲，选择螺纹的两条对称边即可生成螺纹的中心

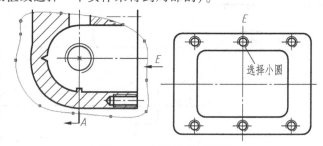

图 7-81 左视局部剖视图

线。波浪线则可以选择后将其赋予细实线层。虚线装饰螺纹线可以通过右键快捷菜单中的相应功能隐藏。

另外，在左视图中还需表达上面板中光孔结构的局部剖，方法同上，不再详述。最终的左视图如图 7-82 所示。

（7）F 向局部视图　左视图剖切之后，零件左端法兰消失，其上螺纹孔的分布没有表达。为此，还需要从主视的左端面生成一个新的 F 向局部视图，如图 7-83 所示。其方法同 E 向视图，不再赘述。

（8）主视肋板表达　从左视图空腔底部可以看到一个起支承作用的肋板，而在全剖主视图的表达并不符合肋板的规定画法，为此需要作适当修改。其主要过程为将其原有"区域填充" 🔲 区域剖面线/填充 设为"无"，然后利用"转换实体"命令将被遮挡的轮廓显示出来，如图 7-84a 所示。最后按新的轮廓填充剖面线，结果如图 7-84b 所示。

3. 尺寸标注

视图表达确定并完成之后，就可以对零件图进行尺寸标注。

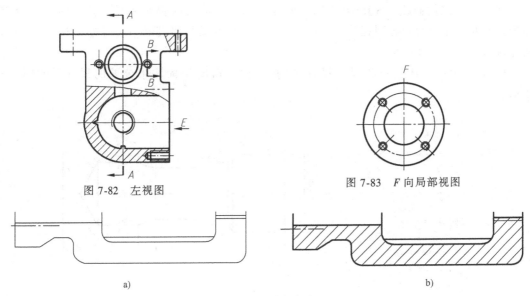

图 7-82　左视图

图 7-83　F 向局部视图

a)

b)

图 7-84　主视肋板的表达

（1）尺寸基准　高度和宽度方向的基准选择箱体基体半圆柱的轴线，即在建模时插入的基准轴 1。长度方向的基准选择基体长度对称面。

（2）标注尺寸　尺寸的标注过程和建模过程一样，也要利用形体分析法，从主到次顺序进行标注并考虑形体之间相对位置关系。具体标注时可以综合灵活运用"自动标注尺寸"、"模型项目"和"智能尺寸"三个命令。其中，简单零件可以用自动标注"尺寸"的方法。本例零件标注以"模型项目"为主，"智能尺寸"为辅，具体如图 7-85 所示。

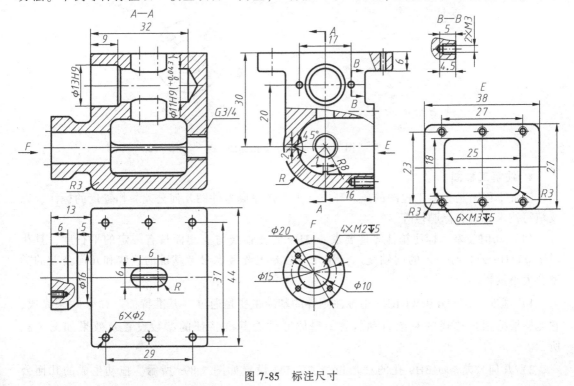

图 7-85　标注尺寸

（3）尺寸属性修改　SOLIDWORKS 的自动标注功能有时很难满足一些特殊尺寸要求，如带公差的尺寸和均布异型孔等。一般情况下，可以在属性管理器中或通过双击尺寸，打开属性对话框修改尺寸属性。

1）尺寸公差。通过修改尺寸属性中的"公差/精度"标注带公差的尺寸，如图 7-86 所示。

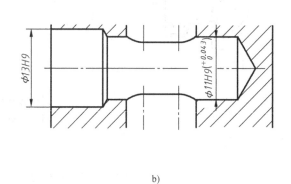

图 7-86　修改尺寸标注

2）均布孔。各类孔在建模时就可以设置标注样式，在工程图中可以利用右键菜单来插入其标注。在属性管理区的标注尺寸文字框中可以编辑尺寸文本，如图 7-87 所示。

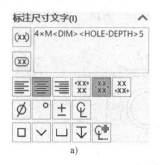
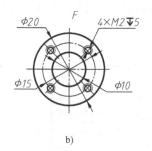

图 7-87　均布异型孔标注

4. 注解工程图

注解工程图是完善工程图的最后环节。主要是完成零件图几何公差、粗糙度的标注，以及填写技术要求和标题栏等。

（1）几何公差　标注箱体零件要求 $\phi13H9$ 的孔轴线与上端面具有一定的平行度，且相对于 $\phi11H9$ 的孔有一定的同轴度。标注几何公差主要考虑参考基准的选取和几何公差的类型及大小设置。

1）基准。在 SOLIDWORKS 中标注零件的基准主要是通过"基准特征"命令 A 来完成，它能够根据用户选择的对象自动放置。箱体零件图基准特征的参数设置及效果如图 7-88 所示。

2）几何公差。$\phi13H9$ 孔的"形位公差" 设置如图 7-89a 所示。拖动生成的几何公

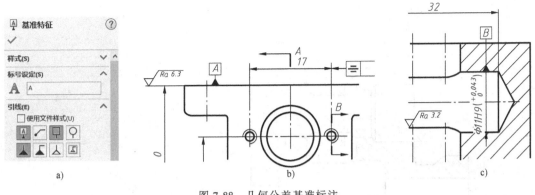

图 7-88　几何公差基准标注

差线框到指定对象上，如尺寸、边线等。也可以先选择对象，再插入几何公差。效果如图 7-89b 所示。

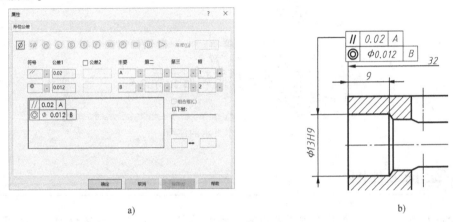

图 7-89　几何公差标注效果

（2）表面结构要求　标注表面结构使用"表面粗糙度"命令 √ 进行标注，设置如图 7-90 所示。在工程图中选择要标注表面结构要求的积聚轮廓线或相应的尺寸标注放置粗糙度符号，如图 7-91a 所示，对于零件的不加工表面统一在图纸标题栏附近标注粗糙度符号，如图 7-91b 所示。

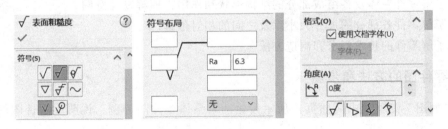

图 7-90　表面结构参数设置

（3）技术要求的注写　单击"注解"命令按钮 **A**，单击图纸中标题栏附近空白区域，出现编辑窗口，注写技术要求内容。如图 7-92 所示。

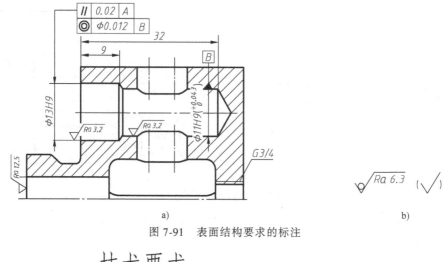

图 7-91　表面结构要求的标注

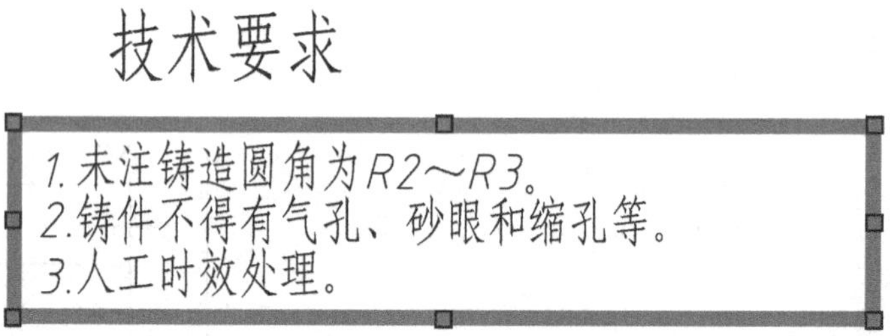

技术要求

1. 未注铸造圆角为R2～R3。
2. 铸件不得有气孔、砂眼和缩孔等。
3. 人工时效处理。

图 7-92　技术要求的注写

第五节　读零件图

在设计和制造中，经常会遇到需要读零件图的情况，例如在设计零件时，往往需要参考同类零件的图样，借鉴别人的成果、经验或在此基础上进一步改进、创新。在制造零件时也需首先看懂图样，才能制定相应的加工方法和工序。

一、读零件图的目的和要求

1）了解零件的名称、数量、材料和用途。

2）了解零件整体及各组成部分的结构形状和作用，理解设计意图。

3）了解零件各部分的尺寸大小以及之间的相对位置。

4）了解零件的技术要求和制造方法。

二、读零件图的方法和步骤

现以如图 7-93（见书后插页）所示齿轮油泵泵体零件图为例，说明读零件图的方法和步骤。

1. 概括了解

看标题栏：名称为"泵体"，判断该零件属于箱体类零件，是齿轮油泵中的一个主要零件。主要用来容纳、支承齿轮和轴并形成吸、排油腔。齿轮油泵的工作原理见图 7-94。材料为"HT200"，显然应先铸成毛坯再经多道机械加工而成，工序较多。

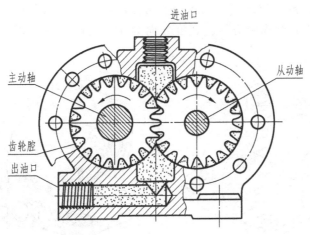

进油口

主动轴

从动轴

齿轮腔

出油口

图 7-94　齿轮油泵工作原理

2. 分析表达方案、了解表达意图

采用了主、俯、左三个基本视图和一个局部视图来表达。初步可将泵体分为壳体、底板、凸台（共有五个）几部分结构组成。主视图采用了局部剖视，剖切位置由 *A—A* 标注可知是在进出油口轴线处，它表达了壳体的结构形状及齿轮腔与进、出油口在长、高方向的相对位置；俯视图采用了全剖视，剖切位置在两齿轮轴孔的轴线处，表达了壳体的齿轮腔、轴孔及其凸台、螺纹连接孔、安装底板的形状和底板上四个螺栓孔的分布情况，以及底板与壳体在长、宽方向的相对位置；左视图采用了大范围局部剖视图，未剖部分用来表达出油口的外形。由 *B—B* 标注可知，剖切位置通过主动轴的轴线，主要是为了表达主动轴孔凸台（见 *C* 向视图）上的两个螺孔、进、出油口与壳体、安装底板之间在宽、高方向的相对位置，还有壳体齿轮腔凸台；*C* 向局部视图主要是为了表达主动轴轴座凸台的形状特征。

3. 形体分析和线面分析，想象整个零件的形状

可按以下顺序进行：

1）按功用大致分块，对其外部结构进行形体分析，逐个看懂。

2）对各块的内部结构进行形体分析，逐个看懂。

3）对不便进行形体分析的部分进行线面分析，搞清投影关系。如左视图上，壳体齿轮腔中的两个倒"L"形线框，它是哪部分的投影？经过与主视图投影对照，可以判定，它是在齿轮腔底面，因加工齿轮腔（两轴线平行的圆柱面相交）形成的凸起部分。

4）最后分析细节。例如一些次要结构和工艺结构。

总之，看图的过程应按"先大后小、先整体后局部"的次序逐一分析，直至读懂全图，想象出零件的整体形状，如图 7-95 所示。

4. 结构分析

分析各组成部分的作用、结构特点、零件上有哪些结构属于功能结构、哪些属于工艺结构，以便深入了解零件，为分析尺寸和技术要求打下基础。当然，这需要具有一定的机械专业基础知识，在学习过程中逐步积累经验。

5. 尺寸分析

1）找出尺寸基准。选择哪些面或线作为基准应从设计者的角度出发，看其是否能保证设计要求和确定各部分的相对位置，以及是否方便加工、检验、测量。如本泵体的尺寸基准为：长度方向为壳体的对称中心线；宽度方向为壳体的前端面；高度方向为安装底板的底面。

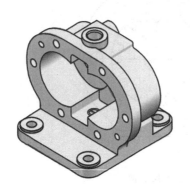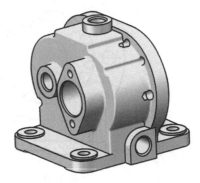

图 7-95　齿轮油泵泵体直观图

2）找出各部分的定形、定位尺寸。泵体上定形尺寸、定位尺寸很多，其中几个主要的定形尺寸：壳体齿轮腔内径 $\phi54$、外径 $R36$、深度 40，进、出油口螺孔 $M14\times1.5$，主动轴孔径 $\phi28$，从动轴轴座凸台外径 $\phi26$，从动轴孔径 $\phi14$。

壳体高度方向的位置是以轴孔中心来定位的，定位尺寸为 55，底板宽度方向的定位尺寸为 38，出油口凸台在长度方向的定位尺寸为 57，地脚螺栓孔在长、宽方向的定位尺寸为 74 和 90，主、从动轴的中心距为 48，进油口凸台在宽、高方向的定位尺寸为 20、50。通过尺寸分析，可进一步看清该零件各部分的形状、大小和相对位置。

3）确定总体尺寸。泵体的总长、总宽、总高分别为：$45\times2+48=138$、116、（$55+50$）$=105$。

6. 分析技术要求

技术要求包括尺寸公差，表面结构要求和图形内外的符号和文字注解等。

1）带公差的尺寸。两轴孔中心距 48 ± 0.01、齿轮腔内径 $\phi54H7$、两轴孔直径 $\phi28H8$ 和 $\phi14H7$；这是根据油泵装配后，能保证正常运转的设计要求而提出的。

2）加工面与非加工面。加工面一般均标注有表面结构代号，如：齿轮腔内表面为 $Ra3.2$，两轴孔内表面为 $Ra6.3$ 等。在图样的标题栏上方标注有"$\sqrt{\ }$（$\sqrt{\ }$）"符号，表示其余表面为铸造毛坯面，不需要进行机械加工。

3）加工精度与加工方法。表面粗糙度的要求不同，加工方法和工序也不相同，如：壳体前端面为 $Ra12.5$，螺栓孔为 $Ra25$。可参考"机械设计手册"，确定合理而经济的加工方法。

4）其他要求。如图 7-93 所示，壳体上主动齿轮腔孔的轴线对 $\phi14$ 从动轴孔的平行度要求为 0.05，对 $\phi28$ 主动轴孔的同轴度要求为 $\phi0.05$；从动齿轮腔孔的轴线对 $\phi14$ 从动轴孔的同轴度要求为 $\phi0.05$；壳体端面对两轴孔的垂直度要求为 0.04；底板的底面对两轴孔的平行度要求为 0.05。对于以上部位的加工要求是比较严格的，这是设计人员从保证油泵的工作性能出发而制定的。

因泵体材料为铸铁，所以提出时效处理要求，目的是释放因铸造而产生的内应力，机械加工应在时效处理之后进行。

7. 综合归纳

通过以上看图过程，将所获得的各方面认识，资料在头脑中进行归纳，再分析，通过综合想象，从而将零件图全面看懂。

应当指出，以上所述看图步骤，有时也应交叉进行，根据零件的具体情况，对图形、尺寸、技术要求灵活交叉地进行阅读、分析，往往对看懂这张图起到相辅相成的作用。

本 章 小 结

本章主要介绍了零件图的作用和内容、视图选择方法、尺寸标注方法、技术要求、零件的结构分析与建模以及读零件图的方法和步骤。

零件图的视图选择要根据零件的形状、功用和加工方法，合理地用一组视图正确、完整、清晰又简便地表达出零件的结构形状。

零件图的尺寸标注，要注意选好尺寸基准，按国家标准标注，特别要注意尺寸标注的合理性。

通过 SOLIDWORKS 软件配合实体介绍零件的建模过程，掌握零件的形体分析过程和零件工艺结构的意义；通过箱体实例展示了如何快速和有条理地利用零件三维模型创建其零件图的过程，掌握和理解 SOLIDWORKS 软件在产品三维设计过程中的功能和作用。

读零件图时，要注意各视图之间的相互关系，运用形体分析法，先读主要部分，后读次要部分，逐一读懂零件各部分的形状，以及各部分之间的相对位置关系，想象整个零件的形状，结合尺寸标注和技术要求，全面读懂零件图。

思 考 与 练 习

7-1 零件图包括哪些内容？在生产中起什么作用？

7-2 零件图视图选择的方法和步骤是什么？

7-3 零件图上标注尺寸的基本要求是什么？如何才能做到标注得合理？

7-4 Ra 表示什么意义？表面结构代（符）号在图样上的注法有哪些主要规定？

7-5 什么叫公差？公差带代号由什么组成？什么叫配合？配合有几类？基准制有几种？

7-6 如何在零件图和装配图上标注公差与配合？

7-7 零件上常见工艺结构有哪些？

7-8 完成零件模型测绘，用 SOLIDWORKS 建模并完成零件图绘制，特别注意尺寸和表面结构要求的标注方法。

第八章

标准件与常用件

在机器中有些大量使用的零件，如螺栓、螺母、螺钉、键、销、轴承等，这些结构和尺寸均已标准化，称为标准件。还有些机件的部分参数已标准化，称为常用件，如齿轮、弹簧等。本章将分别介绍这些机件的结构、画法和标注方法。

第一节　螺纹及螺纹紧固件

螺纹是零件上常用的一种结构，如各种螺钉、螺母、丝杠等都具有螺纹结构。螺纹的主要作用是连接零件或传递动力。

一、螺纹的基本知识

1. 螺纹的形成

螺纹是在圆柱体（或圆锥体）表面上，沿着螺旋线所形成的螺旋体，具有规定牙型的连续凸起和沟槽。凸起是指螺纹两侧面间的实体部分，又称为牙。凸起部分的顶端称为牙顶，沟槽底部称为牙底。在圆柱（或圆锥）外表面上形成的螺纹叫外螺纹，在圆柱（或圆锥）内表面上形成的螺纹叫内螺纹。在车床上车削螺纹是常见的一种螺纹加工方法，如图 8-1 所示。

2. 螺纹的基本要素

1）螺纹牙型。螺纹牙型是指螺纹轴向断面的轮廓形状。常用的有三角形、梯形、锯齿形等。螺纹牙型标志着螺纹特征，以不同的代号表示，称为螺纹特征代号。

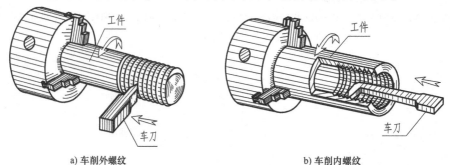

a) 车削外螺纹　　　　　　　　　　b) 车削内螺纹

图 8-1　在车床上加工螺纹

2）公称直径（D，d）。公称直径是代表螺纹直径的尺寸，一般指螺纹大径，即与外螺纹牙顶或内螺纹牙底相切的假想圆柱或圆锥的直径，内螺纹用大写字母 D 表示，外螺纹用小写字母 d 表示。螺纹的小径（d_1、D_1）是指与外螺纹牙底或内螺纹牙顶相切的假想圆柱面或圆锥的直径；而螺纹中径（d_2、D_2）是一个假想圆柱或圆锥的直径，该圆柱或圆锥的母线通过牙型上沟槽和凸起宽度相等的地方，如图 8-2 所示。

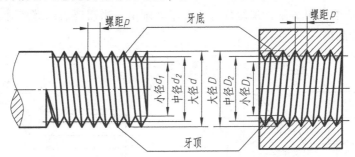

图 8-2　螺纹各部分的名称

3）线数（n）。螺纹有单线和多线之分。沿一条螺旋线所形成的螺纹称为单线螺纹，沿两条或两条以上的螺旋线所形成的螺纹叫多线螺纹，如图 8-3 所示。

4）导程（P_h）和螺距（P）。导程是同一条螺旋线上相邻两牙在中径线上对应点之间的轴向距离；螺距是螺纹上相邻两牙在中径线上对应两点之间的轴向距离。单线螺纹 $P = P_h$，多线螺纹 $P = P_h/n$。

5）旋向。螺纹有右旋与左旋之分如图 8-4 所示。顺时针旋转时旋入的螺纹为右旋螺纹；逆时针旋转时旋入的螺纹为左旋螺纹。

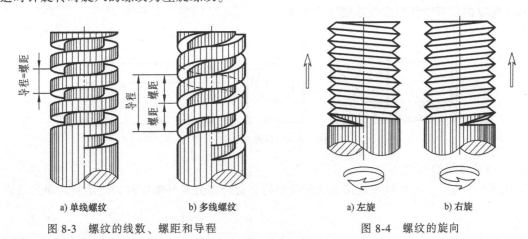

a）单线螺纹　　　　b）多线螺纹　　　　　　　a）左旋　　　　b）右旋

图 8-3　螺纹的线数、螺距和导程　　　　　　图 8-4　螺纹的旋向

只有五项要素完全相同的外螺纹和内螺纹才能相互旋合。

为了方便设计和制造，国家标准规定了标准的牙型、大径和螺距。凡是这三项都符合国家标准的称为标准螺纹；牙型符合标准而大径或螺距不符合标准的称为特殊螺纹；牙型不符合标准的称为非标准螺纹（如矩形螺纹）。

二、螺纹的规定画法

螺纹结构要素均已标准化，绘图时不必画出螺纹的真实投影。国家标准 GB/T 4459.1—

1995 中统一规定了螺纹的画法。

1. 外螺纹的画法

如图 8-5 所示，外螺纹大径用粗实线表示，小径用细实线表示，螺杆的倒角和倒圆部分也要画出，小径可近似地画成大径的 0.85 倍，螺纹终止线用粗实线表示。在投影为圆的视图上，表示牙底的细实线只画约 3/4 圈，螺杆端面的倒角圆省略不画。螺纹加工过程中刀具退出形成的不完整结构叫螺尾，螺尾部分一般不必画出，当需要表示螺尾时，该部分用与轴线成 30°的细实线画出。

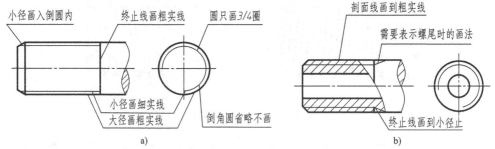

图 8-5　外螺纹的画法

2. 内螺纹的画法

如图 8-6 所示，当内螺纹画成剖视图时（右视图），大径用细实线表示，小径和螺纹终止线用粗实线表示，剖面线画到粗实线处。在投影为圆的视图上，小径画粗实线，大径用细实线只画约 3/4 圈，倒角圆省略不画。对于不穿通的螺孔，应将钻孔深度和螺孔深度分别画出，钻孔深度比螺孔深度深 0.5d。底部的锥顶角是钻头钻孔时自然形成的，应画成 120°。不可见螺纹的所有图线用虚线绘制（左视图）。

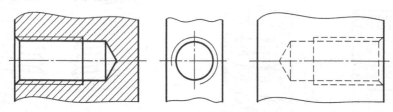

图 8-6　内螺纹的画法

3. 螺纹连接的画法

如图 8-7 所示，内外螺纹连接画成剖视图时，旋合部分按外螺纹的画法绘制，即大径画

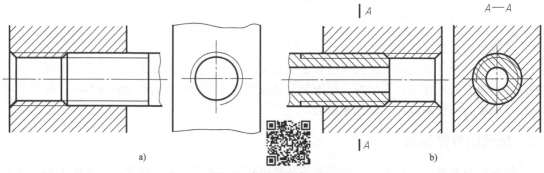

图 8-7　螺纹连接的画法

成粗实线，小径画成细实线，其余部分仍按各自的规定画法绘制。此时，内外螺纹的大径和小径应分别对齐，螺纹的小径与螺杆的倒角大小无关，剖面线均应画到粗实线。外螺纹若为实心杆件，按轴线方向剖切的全剖视图仍按不剖绘制。

三、螺纹的种类和标注

螺纹的种类很多，按用途可分为连接螺纹和传动螺纹。由于螺纹的规定画法相同，因此在图样上对标准螺纹采用螺纹代号或标记来表达螺纹牙型、公称直径、螺距、线数、旋向、公差带和旋合长度等要素。

1. 普通螺纹标记

普通螺纹完整的标记由螺纹特征代号、尺寸代号、公差带代号及其他有必要做进一步说明的个别信息组成。

1）螺纹特征代号。普通螺纹的螺纹特征代号用字母"M"表示。

2）尺寸代号。单线螺纹的尺寸代号为"公称直径×螺距"，公称直径和螺距数值的单位为 mm。粗牙螺纹可以省略标注其螺距项；多线螺纹的尺寸代号为"公称直径×Ph 导程 P 螺距"，公称直径、导程和螺距数值的单位为 mm。如果要进一步表明螺纹的线数，可在后面增加括号说明（使用英语进行说明例如双线为 two starts；三线为 three starts；四线为 four starts）。

例如，公称直径为 16mm、螺距为 1.5mm、导程为 3mm 的双线螺纹写为：

$$M16×Ph3P1.5 \text{ 或 } M16×Ph3P1.5 \text{（two starts）}$$

3）公差带代号。公差代号包含中径公差带代号和顶径公差带代号。中径公差带代号在前，顶径公差带代号在后。各直径的公差带代号由表示公差等级的数值和表示公差带位置的字母（内螺纹用大写字母；外螺纹用小写字母）组成。如果中径公差带代号与顶径公差带代号相同，则应只标注一个公差带代号。螺纹尺寸代号与公差带间用"-"号分开。

4）其他有必要做进一步说明的个别信息，包括螺纹的旋合长度和旋向。

对短旋合长度组和长旋合长度组的螺纹，宜在公差带代号后分别标注"S"和"L"代号，中等旋合长度组螺纹不标注旋合长度代号（N）。旋合长度代号与公差带间用"-"号分开。对左旋螺纹，应在旋合长度代号之后标注"LH"代号。旋合长度代号与旋向代号间用"-"号分开。右旋螺纹不标注旋向代号。

标记示例：

M20×1.5-5g6g-L-LH，表示普通细牙外螺纹，公称直径为 20mm，螺距为 1.5，中径公差带为 5g，顶径公差带为 6g，长旋合长度，左旋。

2. 管螺纹的标记

（1）55°非密封管螺纹 该螺纹牙型角为 55°、螺纹副本身不具有密封性的圆柱管螺纹，标记由螺纹特征代号、尺寸代号和公差等级代号组成。

螺纹特征代号用字母"G"表示，尺寸代号从本书附表中可查得，有 1/2、1、3/4 等，公差等级代号只标注外螺纹，分为 A、B 两级，当螺纹为左旋时，标注"LH"。表示内、外螺纹旋合的螺纹副时，仅需标注外螺纹的标记代号。

标记示例：

尺寸代号为 2 的右旋圆柱内螺纹的标记为 G2；尺寸代号为 3 的 A 级左旋圆柱外螺纹的标记为 G3A—LH。

（2）55°密封管螺纹　该螺纹牙型角为 55°，密封管螺纹的标记由螺纹特征代号和尺寸代号组成，当螺纹为左旋时，应在尺寸代号后加注"LH"。

螺纹特征代号：R_p——圆柱内螺纹，R_1——与圆柱内螺纹相配合的圆锥外螺纹，R_c——圆锥内螺纹，R_2——与圆锥内螺纹配合的圆锥外螺纹。

标记示例：

尺寸代号为 3/4 的右旋圆柱内螺纹的标记为 $R_p3/4$；尺寸代号为 3 的右旋圆锥外螺纹的标记为 R_13；尺寸代号为 3/4 的左旋圆柱内螺纹的标记为 $R_p3/4LH$。

密封管螺纹可有两种配合形式：圆柱内螺纹与圆锥外螺纹配合和圆锥内螺纹与圆锥外螺纹配合。表示螺纹副时，螺纹的特征代号为"R_p/R_1"或"R_c/R_2"，前面为内螺纹的特征代号，后面为外螺纹的特征代号，中间用斜线分开。

标记示例：

由尺寸代号为 3 的右旋圆锥外螺纹与圆柱内螺纹所组成的螺纹副的标记为 $R_p/R_1\ 3$。

3. 梯形螺纹的标记

梯形螺纹的牙型角为 30°，标记由螺纹特征代号、尺寸代号、旋向、公差带代号以及旋合长度组成。特征代号用"Tr"表示；尺寸代号不分粗细牙，单线螺纹用"公称直径×螺距"表示，多线螺纹用"公称直径×导程（P 螺距）"表示，当螺纹为左旋时，标注"LH"，右旋时不标注。其公差带代号只标注中径的，旋合长度只分中旋合长度和长旋合长度两种。

标记示例：

Tr50×16（P8）LH-7e-L 表示梯形外螺纹，公称直径 50mm，导程 16mm，螺距 8mm，双线，左旋，中径公差带代号 7e，长旋合长度。

标记示例：

Tr40×7-7H 表示梯形内螺纹，公称直径 40mm，右旋，单线，螺距 7mm，中径公差带代号 7H，中旋合长度。

4. 锯齿形螺纹的标记

锯齿形螺纹的牙型角为 30°，特征代号为"B"，它的标注形式基本与梯形螺纹一致。

标记示例：

B32×12（P6）LH-8c 表示公称直径为 32mm，导程为 12mm，螺距为 6mm、双线、左旋、中径公差带代号为 8c，中旋合长度的锯齿形外螺纹。

注意：普通螺纹、梯形螺纹和锯齿形螺纹，按标注尺寸的形式采用从大径处引出尺寸线进行标注；管螺纹必须采用从大径轮廓线上引出的引出标注法。内外螺纹旋合时，其公差带代号用斜线分开，左方表示内螺纹公差带代号，右方表示外螺纹公差带代号，标记示例：

M16×1.5-6H/6g，Tr24×5-7H/7e

常用标准螺纹的种类、特征代号、标注示例、用途见表 8-1。

表 8-1　常用标准螺纹

种类		特征代号	牙型图	标注示例	用途
普通螺纹	粗牙	M	60°	$M14-5g6g$ $M14-7H-LH$	最常用的连接螺纹
	细牙			$M14\times1.5-5g6g$	用于细小的精密零件或薄壁零件
连接螺纹	55°非密封管螺纹	G		$G1\frac{1}{2}A$ $G1\frac{1}{2}A$	用于水管、油管、气管等一般低压管路的连接
	55°密封管螺纹	R_1 R_2 R_c R_p	55°	$R_1\ 1/2-LH$ $R_c\ 1/2-LH$ $R_P\ 1/2$	

（续）

种类		特征代号	牙型图	标注示例	用途
传动螺纹	梯形螺纹	Tr	30°	Tr40×7-7e-L	用于承受双向轴向力的一般传动零件,如车床丝杠
	锯齿形螺纹	B	3° 30°	B40×14 (P7)-8c	用于承受单向轴向力的传动零件,如千斤顶丝杠

四、螺纹紧固件

1. 螺纹紧固件种类和标记

螺纹紧固件包括螺栓、螺柱、螺钉、螺母和垫圈等。如图 8-8 所示，它们都是标准件，由专门的工厂生产，一般不画出它们的零件图，只要按规定进行绘制和标记，根据标记就可从国家标准中查到它们的结构形式和尺寸数据。常用螺纹紧固件的标记格式一般为：

名称　标准代号　螺纹规格×公称长度

表 8-2 列出了一些常用螺纹紧固件及其规定标记。

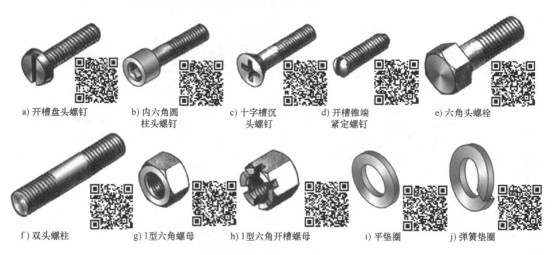

a) 开槽盘头螺钉　　b) 内六角圆柱头螺钉　　c) 十字槽沉头螺钉　　d) 开槽锥端紧定螺钉　　e) 六角头螺栓

f) 双头螺柱　　g) 1型六角螺母　　h) 1型六角开槽螺母　　i) 平垫圈　　j) 弹簧垫圈

图 8-8　常用的螺纹紧固件

2. 螺纹紧固件的连接

常用螺纹紧固件的连接形式有：螺栓连接、双头螺柱连接、螺钉连接等。螺纹紧固件连接的画法遵从装配图的一般规定：

1）相邻两零件接触表面和配合表面，只画一条粗实线；不接触表面和不配合表面应分别画出各自的轮廓线，如间隙太小，可夸大画出；

表 8-2　常用螺纹紧固件及其规定标记

名称和标准代号	简化画法	标记示例
六角头螺栓 GB/T 5782—2016		标记:螺栓 GB/T 5782 M12×40 表示:螺纹规格 M12,公称长度 l = 40mm、A 级的六角头螺栓
六角螺母 GB /T 6170—2015		标记:螺母 GB/T 6170　M12 表示:螺纹规格 M12,性能等级 10 级、不经表面处理、A 级的 1 型六角头螺栓
平垫圈 GB/T 97.1—2002		标记:垫圈 GB/T 97.1　12 表示:公称尺寸 12mm(螺纹公称直径),不经表面处理的 A 级平垫圈
双头螺柱 GB/T 897—1988		标记:螺柱 GB/T 897　M12×40 表示:两端均为粗牙普通螺纹、螺纹规格 M12,公称长度 40mm、B 型、旋入长度 $b_m = 1d$ 的双头螺柱
开槽圆柱头螺钉 GB/T 65—2016		标记:螺钉 GB/T 65　M10×40 表示:螺纹规格 M10,公称长度 40mm,不经表面处理的开槽圆柱头螺钉
开槽沉头螺钉 GB/T 68—2016		标记:螺钉 GB/T 68　M10×45 表示:螺纹规格 M10,公称长度 45mm,不经表面处理的开槽沉头螺钉

2）在剖视图中，当剖切平面通过螺纹紧固件的轴线时，螺纹紧固件按不剖画出；

3）在剖视图中，相邻两被连接件的剖面线方向应相反，必要时也可以相同，但要相互错开或间隔不等。在同一张图样上，同一零件的剖面线在各个剖视图中方向应相同，间隔应相等。

（1）螺栓连接　螺栓连接适用于两个被连接件都不太厚，而且能加工成通孔的情况。螺栓穿过两被连接件上的通孔，加上垫圈，拧紧螺母，如图 8-9a 所示。被连接件上通孔直径比螺栓直径大，一般可按 1.1d 画出。

按下式算出螺栓的参考长度（l'）：

$$l' \geq \delta_1 + \delta_2 + h + m + a$$

式中　δ_1、δ_2——被连接件的厚度（已知条件）；

　　　　h——平垫圈厚度（根据标记查表）；

　　　　m——螺母高度（根据标记查表）；

a——螺栓末端超出螺母的高度，一般可取 $a \approx 0.3d$。

按上式计算出螺栓长度后，应查阅国家标准手册根据螺栓的标准长度系列，选取接近的标准公称长度值 l。

为方便画图，螺纹紧固件可以不按标准中规定的尺寸画出，而采用按螺纹大径 d 的比例值画图。六角螺母和六角螺栓头部外表面上的曲线（双曲线），可根据公称直径的尺寸，采用比例画法（图8-9b）或简化画法（图8-9c）画出。

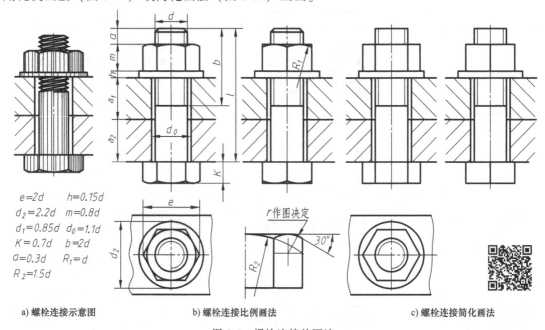

$e=2d$ $h=0.15d$
$d_2=2.2d$ $m=0.8d$
$d_1=0.85d$ $d_0=1.1d$
$K=0.7d$ $b=2d$
$a=0.3d$ $R_1=d$
$R_2=1.5d$

a) 螺栓连接示意图   b) 螺栓连接比例画法   c) 螺栓连接简化画法

图 8-9   螺栓连接的画法

（2）双头螺柱连接   双头螺柱连接常用于被连接件之一太厚而不能加工成通孔的情况。双头螺柱两端都有螺纹，其中一端全部旋入被连接件的螺孔内，称为旋入端。其长度用 b_m 表示；另一端穿过另一被连接件的通孔，加上垫圈，旋紧螺母，如图8-10所示。

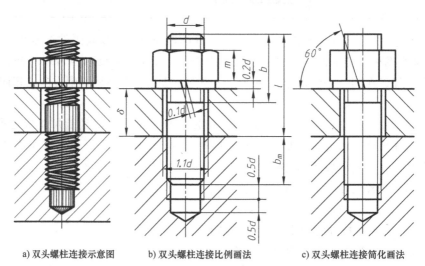

a) 双头螺柱连接示意图   b) 双头螺柱连接比例画法   c) 双头螺柱连接简化画法

图 8-10   双头螺柱连接的画法

旋入端螺纹长度 b_m 是根据被连接件的材料来决定的, 被连接件的材料不同, 则 b_m 的取值不同。通常 b_m 有四种不同的取值:

被连接件材料为钢或青铜时 $b_m = 1d$;

被连接件材料为铸铁时 $b_m = 1.25d$ 或 $1.5d$;

被连接件材料为铝时 $b_m = 2d$。

双头螺柱旋入端长度 b_m 应全部旋入螺孔内, 即双头螺柱下端的螺纹终止线应与两个被连接件的结合面重合, 画成一条线。故螺孔的深度应大于旋入端长度, 一般取 $b_m + 0.5d$。

螺柱的公称长度 l 按下式计算后取标准长度: $l' \geqslant \delta + h + m + a$。

其中: δ 为被连接件厚度; 弹簧垫圈厚度 h、螺母的高度 m 可在标准手册中查表获得; a 的取值与螺栓相同, 为 $0.3d$。

(3) 螺钉连接 螺钉连接一般用于受力不大而又不经常拆卸的地方。被连接的零件中一个为通孔, 另一个为不通的螺纹孔。螺孔深度和旋入深度的确定与双头螺柱连接基本一致, 螺钉头部的形式很多, 应按规定画出, 如图 8-11 所示。

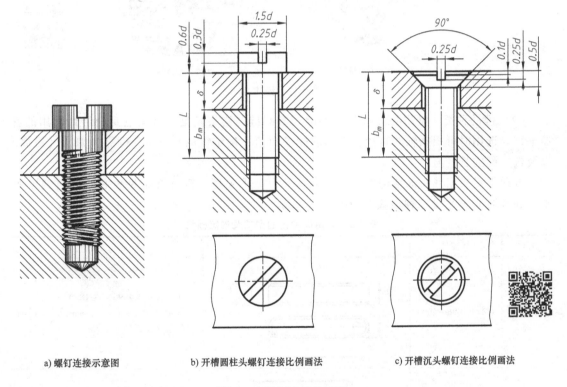

a) 螺钉连接示意图   b) 开槽圆柱头螺钉连接比例画法   c) 开槽沉头螺钉连接比例画法

图 8-11 螺钉连接的画法

螺钉的公称长度计算如下:

$$L \geqslant \delta(\text{通孔零件厚}) + b_m$$

b_m 为螺钉的旋入长度, 其取值与螺柱连接相同。按上式计算后再查表取标准公称长度 l。

螺钉的螺纹终止线应画在两个被连接件的结合面之上，这样才能保证螺钉的螺纹长度与螺孔的螺纹长度都大于旋入深度，使连接牢固。

第二节　键和销

一、键

1. 普通型平键的形式和规定标记

（1）键的功用　键是机器上常用的标准件，用来连接轴和装在轴上的零件（如齿轮、带轮等），起传递转矩的作用，如图 8-12 所示。

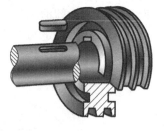

a) 平键连接　　　　　　　　b) 半圆键连接

图 8-12　键连接

（2）键的种类　常用的键有普通平键、半圆键、钩头楔键，这里主要介绍最常用的普通平键。选用时可根据轴的直径，查键的标准数值，确定键的尺寸 b（键宽）和 h（键高）以及选定键的长度值。

普通平键根据其头部结构的不同，可以分为普通 A 型平键（标记见表 8-3）、普通 B 型平键和普通 C 型平键三种型式，如图 8-13 所示。

表 8-3　常用键和销的型式及规定标记

名称	标准号	图例	标记示例
普通平键	GB/T 1096—2003	A型	标记：GB/T 1096　键 18×11×100 表示：$b = 18\text{mm}$，$h = 11\text{mm}$，$L = 100\text{mm}$ 的普通 A 型平键
圆柱销	GB/T 119.1—2000		标记：销 GB/T 119.1　6 m6×30 表示：公称直径 $d = 6\text{mm}$、公差为 m6、长度 $l = 30\text{mm}$ 的圆柱销
圆锥销	GB/T 117—2000		标记：销 GB/T 117　6×30 表示：公称直径 $d = 6\text{mm}$、长度 $l = 30\text{mm}$ 的圆锥销

图 8-13　普通平键的型式

2. 普通平键的连接画法

采用普通平键连接时，键的长度 L 和宽度 b 要根据轴的直径 d 和传递的转矩大小从标准中选取适当值。普通平键能使套在轴上的零件与轴连接后的同轴度好。其画法如图 8-14 所示。当沿着键的纵向剖切时，键按不剖绘制；当沿着键的横向剖切时，则要画上剖面线；普通平键的工作表面是两侧面，这两个侧面与键槽的两侧面相接触，键的底面与轴上键槽的底平面相接触，所以画一条粗实线，键的顶面是非工作面，与键槽顶面不接触，有一定的间隙量，故画两条线。

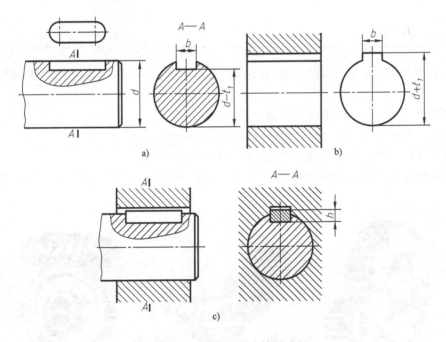

图 8-14　普通平键连接画法

二、销

1. 销的形式和规定标记

销是标准件，主要用来连接、定位或防松。常用的有圆柱销、圆锥销和开口销，型式和标记见表 8-3。圆柱销利用微量过盈固定在销孔中，经过多次装拆后，连接的紧固性及精度降低，故只宜用于不常拆卸处。圆锥销有 1：50 的锥度，装拆比圆柱销方便，多次装拆对连接的紧固性及定位精度影响较小，因此应用广泛。用销连接和定位的两个零件上的销孔，一般须一起加工，并在图上注写"装配时作"或"与××件配作"。圆锥销的公称尺寸是指小端直径。

2. 销连接的画法

圆柱销和圆锥销在装配图中的画法如图8-15所示。

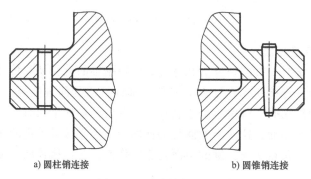

a) 圆柱销连接   b) 圆锥销连接

图 8-15　销连接的画法

第三节　齿轮

齿轮是传动零件，其主要作用是传递动力、改变运动的速度或方向。常用的齿轮有三种：

圆柱齿轮，用于平行轴之间的传动，如图8-16a所示；

锥齿轮，用于相交二轴之间的传动，如图8-16b所示；

蜗轮与蜗杆，用于交叉二轴之间的传动，如图8-16c所示。

圆柱齿轮按其齿形方向可以分为：直齿、斜齿和人字齿等，这里主要介绍直齿圆柱齿轮。

a) 圆柱齿轮   b) 锥齿轮   c) 蜗轮与蜗杆

图 8-16　常用的传动齿轮

一、直齿圆柱齿轮各部分的名称和尺寸关系

齿轮结构上一般分为三部分：作为工作部分的轮齿，作为安装部分的轮毂，作为支承连接部分的轮辐。如图8-17所示为相互啮合的一对标准直齿圆柱齿轮的啮合区示意图。图中给出了轮齿各部分名称和代号。

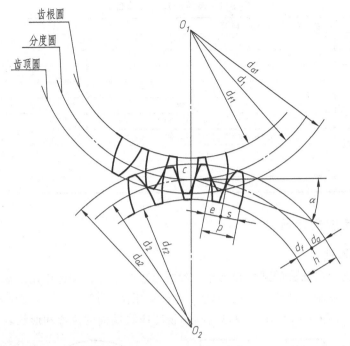

图 8-17　轮齿各部分名称和代号

1. 直齿圆柱齿轮各部分名称

（1）齿顶圆　通过齿轮轮齿顶端的假想圆称为齿顶圆，其直径用 d_a 表示。

（2）齿根圆　通过齿轮轮齿根部的假想圆称为齿根圆，其直径用 d_f 表示。

（3）分度圆　在齿轮上有一个设计和加工时计算尺寸的基准圆，它是一个假想圆。标准齿轮分度圆上齿厚 s 与齿槽宽 e 相等，分度圆直径用 d 表示。

（4）齿顶高　分度圆到齿顶圆之间的径向距离称为齿顶高，用 h_a 表示。

（5）齿根高　分度圆到齿根圆之间的径向距离，称为齿根高，用 h_f 表示。

（6）齿高　齿顶圆到齿根圆之间的径向距离，称为齿高，用 h 表示，$h = h_a + h_f$。

（7）齿厚　在分度圆上，同一齿两侧齿廓之间的弧长，称为齿厚，用 s 表示。

（8）齿槽宽　在分度圆上，齿槽宽度的一段弧长，称为齿槽宽，用 e 表示。

（9）齿距　在分度圆上，相邻两齿同侧齿廓之间的弧长，称为齿距，用 p 表示。

（10）压力角　两齿轮啮合时，轮齿在分度圆上啮合点处的受力方向和该点瞬时运动方向之间的夹角。我国标准齿轮采用的压力角为 20°，用字母 α 表示。

（11）中心距　两齿轮回转中心的连线称为中心距，用 a 表示。

（12）模数　分度圆大小与齿距和齿数有关，即：$\pi d = pz$ 或 $d = z \cdot p/\pi$，令 $m = p/\pi$ 则 $d = mz$，m 称为模数，单位为 mm。模数的大小直接反映出轮齿的大小。一对相互啮合的齿轮，其模数必须相等。为了便于设计和制造齿轮，减少齿轮加工的刀具，模数已标准化，国家标准 GB/T 1357—2008 规定了标准数值。

2. 各部分尺寸计算公式

标准直齿圆柱齿轮各部分的尺寸与模数有一定的关系，计算公式见表 8-4。

表 8-4　齿轮的尺寸计算公式

基本参数：模数 m、齿数 z			已知：$m=3$　$z_1=22$　$z_2=42$	
名称	代号	尺寸公式	计算举例	
分度圆	d	$d=mz$	$d_1=66$	$d_2=126$
齿顶高	h_a	$h_a=m$	$h_a=3$	
齿根高	h_f	$h_f=1.25m$	$h_f=3.75$	
齿高	h	$h=h_a+h_f=2.25m$	$h=6.75$	
齿顶圆直径	d_a	$d_a=d+2h_a=m(z+2.5)$	$d_{a_1}=72$	$d_{a_2}=132$
齿根圆直径	d_f	$d_f=d-2h_f=m(z-2.5)$	$d_{f_1}=58.5$	$d_{f_2}=118.5$
齿距	p	$p=\pi m$	$p=9.42$	
齿厚	s	$s=p/2$	$s=4.71$	
中心距	a	$a=d_1+d_2/2=m(z_1+z_2)/2$	$a=96$	

二、直齿圆柱齿轮规定画法

1. 单个齿轮画法

常用的齿轮其轮齿部分的结构和尺寸等参数已经标准化，国标给出了规定画法，而轮毂和轮辐按正常投影绘制。单个齿轮的表达一般只采用两个视图，主视图画成剖视图（也可画成半剖视图），如图 8-18 所示。投影为圆的视图应将键槽的位置和形状表达出来。

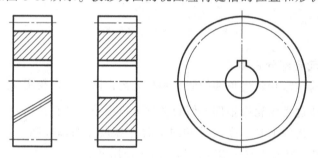

图 8-18　单个圆柱齿轮的规定画法

当需要表示斜齿轮和人字齿轮的齿线方向时，可用三条与齿线方向一致的细实线表示。

齿顶线和齿顶圆用粗实线绘制；分度线和分度圆用细点画线绘制；齿根线和齿根圆用细实线绘制，也可省略不画。在剖视图中，当剖切平面通过齿轮轴线时，齿根线用粗实线绘制，轮齿按不剖处理，即轮齿部分不画剖面线。

齿轮的零件图应按零件图的全部内容绘制和标注完整，并且在其零件图的右上角给出有关齿轮的啮合参数和检验精度的表格并注明有关参数。

2. 两齿轮啮合的画法

一对模数、压力角相同且符和标准的圆柱齿轮，处于正确的安装位置时，两齿轮的分度圆相切，此时的分度圆又叫节圆。

在垂直于齿轮轴线的投影面的视图中，啮合区内的齿顶圆均用粗实线绘制，也可省略不画，两分度圆用点画线画成相切，两齿根圆省略不画。

在非圆视图中，若画成剖视图，啮合区内的两条节线重合为一条，用细点画线绘制。两条齿根线都用粗实线画出，两条齿顶线，其中一条用粗实线绘制，而另一条用虚线或省略不画，如图 8-19a 所示；若不画成剖视图，啮合区内的齿顶线和齿根线都不必画出，节线用粗实线绘制，如图 8-19b 所示。

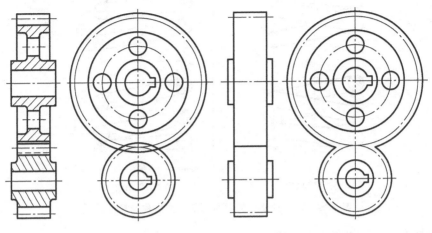

a) 剖切时的啮合画法　　　　　　　　b) 不剖切时的啮合画法

图 8-19　直齿圆柱齿轮啮合图

第四节　弹簧

弹簧是利用材料的弹性和结构特点，通过变形来储存能量工作的一种机械零（部）件，具有减振、夹紧、测力、贮存或输出能量等作用。弹簧的特点是：除去外力后，可立即恢复原状。弹簧的种类很多，常见的有圆柱螺旋弹簧（图 8-20）、平面蜗卷弹簧（图 8-21）等。这里只介绍圆柱螺旋压缩弹簧的画法，其他种类的画法参阅机械制图相关标准手册。

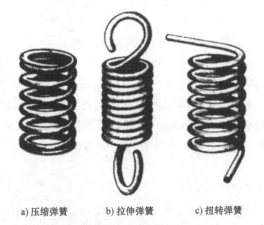

a) 压缩弹簧　　b) 拉伸弹簧　　c) 扭转弹簧

图 8-20　圆柱螺旋弹簧

图 8-21　平面蜗卷弹簧

一、圆柱螺旋压缩弹簧各部分的名称及尺寸关系

螺旋弹簧分为左旋和右旋两类，如图 8-22 所示为圆柱螺旋压缩弹簧各部分的名称及尺寸关系。

1）簧丝直径 d：制造弹簧的钢丝直径；

2）弹簧外径 D_2：弹簧的最大直径；

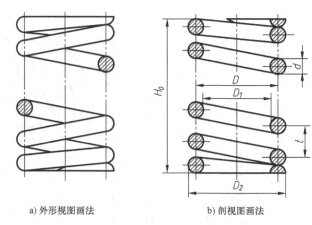

a) 外形视图画法　　　　　　　b) 剖视图画法

图 8-22　圆柱螺旋压缩弹簧各部分的名称及尺寸关系

3）弹簧内径 D_1：弹簧的最小直径；

4）弹簧中径 D：弹簧的平均直径，$D = (D_2 + D_1)/2 = D_1 + d = D_2 - d$；

5）节距 t：两相邻有效圈截面中心线的轴向距离；

6）支承圈数 n_2：弹簧端部用于支承或固定的圈数，一般为 1.5、2、2.5 圈三种，常用 2.5 圈；

7）有效圈数 n：用于计算弹簧总变形量的簧圈数量；

8）总圈数 n_1：沿螺旋线两端间的螺旋圈数，即：$n_1 = n + n_2$；

9）自由高度 H_0：弹簧无负荷时的高度，即：$H_0 = nt + (n_2 - 0.5)d$。

二、圆柱螺旋压缩弹簧的画法

1. 单个弹簧的画法

1）在平行于螺旋弹簧轴线的投影面的视图中，各圈的轮廓应画成直线；

2）螺旋弹簧均可画成右旋，对必须保证的旋向要求应在"技术要求"中注明"LH"；

3）螺旋压缩弹簧，如要求两端并紧且磨平时，不论支承圈的圈数多少和末端贴紧情况如何，均按支承圈数为 2.5、磨平圈数 1.5 画出，必要时也可按支承圈的实际结构绘制；

4）有效圈数在四圈以上的螺旋弹簧中间部分可以省略，允许适当缩短图形的长度。

若已知弹簧的中径 D、簧丝直径 d、节距 t 和圈数，先计算出自由高度 H_0，然后按下列步骤作图（图 8-23）：

1）根据 D 和 H_0 画矩形 $ABCD$，如图 8-23a 所示；

2）画支撑圈部分的圆和半圆，如图 8-23b 所示；

3）根据节距画有效圈部分的圆，如图 8-23c 所示；

4）按右旋方向作相应圆的公切线及剖面线，加深，完成作图，如图 8-23d 所示。

2. 在装配图中的画法

在装配图中被弹簧挡住的结构一般不画，可见部分应从弹簧的外轮廓线或弹簧钢丝断面的中心线画起，如图 8-24a 所示；当型材直径或厚度在图形上等于或小于 2mm 的螺旋弹簧，允许用示意画法，如图 8-24b 所示，当弹簧被剖切时，也可用涂黑表示，如图 8-24c 所示。

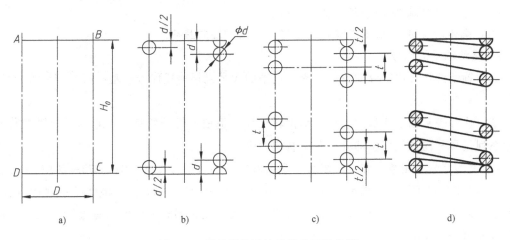

图 8-23　圆柱螺旋压缩弹簧的画图步骤

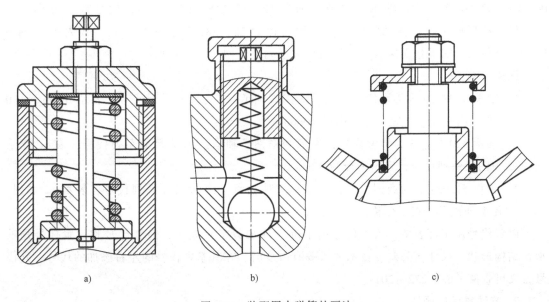

图 8-24　装配图中弹簧的画法

第五节　滚动轴承

　　滚动轴承用来支承旋转轴。由于它结构紧凑，具有较小的起动摩擦力矩和运转时的较小摩擦力矩，能在较大的载荷、转速及较高精度范围内工作，并容易满足不同的要求，所以它是现代机器中广泛采用的标准件。

1. 滚动轴承的结构及类型

　　滚动轴承的种类很多，但它们的结构大致相似，一般由外圈、内圈（或上圈、下圈）、滚动体和保持架所组成。常用的滚动轴承见表 8-5。

　　（1）深沟球轴承　适用于承受径向载荷。

（2）推力球轴承 适用于承受轴向载荷。

（3）圆锥滚子轴承 适用于同时承受径向载荷和轴向载荷。

2. 滚动轴承的代号

滚动轴承的代号用字母加数字组成，完整的代号包括前置代号、基本代号和后置代号三部分。

基本代号表示轴承的基本类型、结构和尺寸，是轴承代号的基础。它由轴承类型代号、尺寸系列代号和内径代号三部分自左至右排列组成。

1）类型代号：用数字和字母表示，数字和字母的含义可查阅 GB/T 272—2017。

2）尺寸系列代号：由轴承的宽（高）度系列代号（一位数字）和直径系列代号（一位数字）左右排列组成，它反映了同种轴承在内圈孔径相同时内外圈的宽度和厚度的不同。具体代号可查阅相关标准。

3）内径代号：表示滚动轴承内圈的孔径，一般用两位阿拉伯数字表示。代号数字为00、01、02、03 时，表示轴承的内径分别为 10，12，15，17（mm）；代号数字为 04～96 时，代号数字乘 5 即为轴承的内径；公称内径为 22，28，32，500（mm）或大于 500mm 时，用公称内径毫米数直接表示，但与尺寸系列之间用"/"分开。

标注示例：

1）轴承 6208：6 为类型代号，表示深沟球轴承；2 为尺寸系列代号，表示 02 系列（0 省略）；08 为内径代号，表示公称内径 40mm。

2）轴承 320/32：3 为类型代号，表示圆锥滚子轴承；20 为尺寸系列代号，表示 20 系列；32 为内径系列代号，表示内径为 32mm。

3）轴承 51203：5 为类型代号，表示推力球轴承；12 为尺寸系列代号，表示 12 系列；03 为内径系列代号，表示公称内径 17mm。

前置代号用字母表示，后置代号用字母（或加数字）表示，前置代号和后置代号是轴承在结构形状、尺寸、公差、技术要求等有改变时，在其基本代号的左右添加的代号。其代号含义可查阅 GB/T 272—2017。

3. 滚动轴承的画法

滚动轴承是标准件，不需要画零件图。在装配图中采用简化画法或规定画法绘制。

（1）简化画法 滚动轴承的外轮廓形状及大小不能简化，以使它能正确反映出与其相配合零件的装配关系，它的内部结构可以简化。简化画法分为通用画法和特征画法，在同一张图样中只采用一种画法。

1）通用画法。在剖视图中，采用矩形线框及位于线框中央正立的十字形符号表示。见表 8-5 规定画法中各图形的轴线下方的图示画法。

2）特征画法。在剖视图中，采用矩形线框及在线框内画出其滚动轴承结构要素符号的画法。见表 8-5 中特征画法所示。

（2）规定画法 滚动轴承的规定画法，见表 8-5 中规定画法示例的轴线上方图形所示。在画滚动轴承的图形时，通常在轴线的一侧按规定画法绘制，而另一侧按通用画法绘制。

表 8-5 轴承的规定画法和特征画法

轴承名称及代号	结构形式	规定画法	特征画法
深沟球轴承 60000 型 GB/T 276—2013			
圆锥滚子轴承 30000 型 GB/T 297—2015			
推力球轴承 50000 型 GB/T 301—2015			

本 章 小 结

本章介绍了螺纹、键、销、齿轮、弹簧及滚动轴承等标准件和常用零部件。重点掌握螺纹的种类、画法、标注以及螺纹连接画法；学会查阅及使用标准手册；了解键、销连接，滚动轴承，弹簧的画法及滚动轴承代号含义。

思 考 与 练 习

8-1　螺纹要素及它们的含义是什么？内外螺纹旋合时，应符合哪些条件？

8-2　螺纹有哪些规定画法？内外螺纹在剖视图中有什么不同？

8-3　练习螺栓、双头螺柱、螺钉的连接画法。

8-4　圆柱齿轮及其啮合的规定画法是什么？

8-5　螺纹紧固件、键、销、滚动轴承这些标准件如何标记？

8-6　常用的圆柱螺旋压缩弹簧有哪些规定画法？

第九章

装配体三维建模与装配图

一个机器或部件是由多个零件组成的装配体，由设计者根据产品的功能要求和制作要求进行设计，按一定装配关系和技术要求装配零件，以实现预期的功能。目前流行的设计方式趋于三维设计，本章将以旋塞阀为例介绍在 SOLIDWORKS 中实现装配体三维建模、创建装配工程图（装配图）的方法以及与装配图相关的国家标准。

第一节　装配体建模

在 SOLIDWORKS 中可以直接通过三维的零件立体建模实现设计意图，虚拟装配再将已经设计好的零件模型按照装配关系装配起来，完成零件到装配体的装配过程。用户也可以直接在软件的装配体环境中建立新零件、建立或修改零件的特征，建立相关零件之间的特征关联。

装配过程中要掌握产品的工作原理、装配干线、零件之间的装配关系。虚拟装配中要理解 SOLIDWORKS 中的特征、几何关系、关联、配合等相关概念。

一、了解工作原理

图 9-1 所示的旋塞阀是控制管路中流体的部件，其工作原理是：杆在外力作用下向左移动，推动钢珠也向左移动，从而打开阀门，管路处于通的状态；没有外力作用时，钢珠被弹簧顶在阀门上，阀门关闭，管路处于不通的状态。

管接头

旋塞

弹簧

钢珠

杆

塞子

阀体

图 9-1　旋塞阀的组成

二、找出装配干线

装配干线是指机器或部件装配时，零件依次围绕一根或几根轴线装配，体现主要的装配关系，该轴线就被称为装配干线。旋塞阀的装配干线如图 9-2 所示，旋塞、弹簧、钢珠、管接头、阀体、杆、塞子围绕共同的轴线装配。

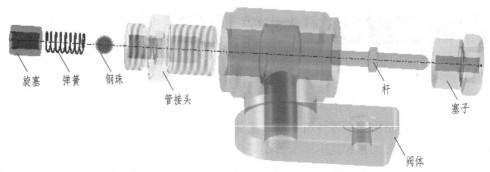

旋塞　弹簧　钢珠

管接头

杆

塞子

阀体

图 9-2　旋塞阀的装配干线

三、分析装配关系

装配关系是指零件与零件之间的相对位置及安装、配合情况。它主要包括面与面之间的重合关系、等距离关系、相切关系、同轴关系及直线与直线之间的重合关系等。在建立零件之间的配合时，要借助于零件上的几何元素来表示两个零件之间的配合关系。这些几何元素有：

1）零件模型的面，包括圆柱面或平面。

2）零件模型的边线或点。

3）参考几何体，包括基准面、基准轴、临时轴、原点。

旋塞阀中各零件的装配关系如图 9-3 所示。

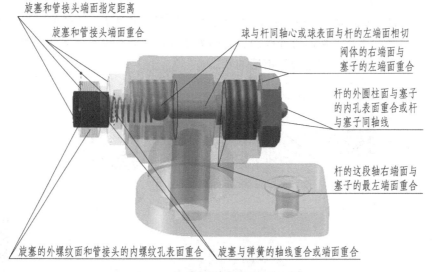

旋塞和管接头端面指定距离

旋塞和管接头端面重合

球与杆同轴心或球表面与杆的左端面相切

阀体的右端面与塞子的左端面重合

杆的外圆柱面与塞子的内孔表面重合或杆与塞子同轴线

杆的这段轴右端面与塞子的最左端面重合

旋塞的外螺纹面和管接头的内螺纹孔表面重合　旋塞与弹簧的轴线重合或端面重合

图 9-3　旋塞阀中各零件的装配关系

这些配合关系在 SOLIDWORKS 中都有所体现，SOLIDWORKS 将零件之间的配合关系分为三类：标准配合、高级配合和机械配合，如图 9-4 所示。

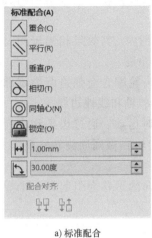

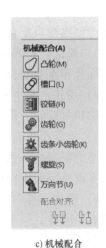

a) 标准配合　　　　　　　　　　b) 高级配合　　　　　　　　　c) 机械配合

图 9-4　SOLIDWORKS 中的配合关系

1. 标准配合

标准配合包括重合、距离、角度、平行、垂直、相切、同轴心和锁定，如图 9-4a 所示。

1）重合：将所选面、边线或基准面重合，则这些几何元素就被约束到同一平面上。这些几何元素可以是相互接触的，也可以彼此不接触。两个几何元素的具体位置还要通过配合对齐来确定。

2）距离：将所选项以彼此间指定的距离而放置。

3）角度：将所选项以彼此间指定的角度而放置。

4）平行：未指定距离的距离配合。

5）垂直：角度为 90° 的配合。

6）相切：线性几何元素与曲面相切。

7）同轴心：将所选项放置于中心线重合的位置。

8）锁定：保持两个零部件之间的相对位置和方向，零部件相对于对方被完全约束。

2. 高级配合

高级配合包括轮廓中心、对称、宽度、路径配合、线性/线性耦合等，如图 9-4b 所示。

1）轮廓中心配合：自动将几何轮廓的中心相互对齐并完全定义零部件。

2）对称：使两个相同实体关于基准面或平面对称。

3）宽度：将标签置中于凹槽宽度内。

4）路径配合：将零部件上所选的点约束到路径。可以在装配体中选择一个或多个实体来定义路径。可以定义零部件在沿路径经过时的偏转和摇摆。

5）线性/线性耦合配合：在一个零部件的平移和另一个零部件的平移之间建立几何关系。

3. 机械配合

机械配合包括凸轮、槽口、铰链、齿轮、齿条小齿轮、螺旋、万向节和限制，如图 9-4c

所示。

1）凸轮：使圆柱、基准面、点与一系列相切的拉伸面重合或相切。

2）槽口：适用于长槽孔的配合，可将螺栓配合到直通槽或圆弧槽。选择槽面与轴、圆柱面等创建槽口配合。

3）铰链：将两个零部件之间的移动限制在一定的旋转范围内。其效果相当于同时添加同心配合和重合配合。此外还可以限制两个零部件之间的移动角度。

4）齿轮：两个零件的配合类似于两个齿轮的相对运动。齿轮配合会强迫两个零部件绕所选轴相对旋转。齿轮配合的有效旋转轴包括圆柱面、圆锥面、轴和线性边线。

5）齿条小齿轮：两个零件的配合类似于齿条和齿轮的相对运动。通过齿条和小齿轮配合，某个零部件（齿条）的线性平移会引起另一零部件（小齿轮）做圆周旋转，反之亦然。这些零部件不需要有轮齿。

6）螺旋：将两个零部件约束为同心，一个零部件沿轴方向的平移会引起另一个零部件的旋转。同样，一个零部件的旋转可引起另一个零部件的平移。

7）万向节：一个零部件（输出轴）绕自身轴的旋转是由另一个零部件（输入轴）绕其轴的旋转驱动的。

8）限制：允许零部件在距离配合和角度配合的一定数值范围内移动。

在配合的性能管理器（PropertyManager）中可以设定标准配合、高级配合和机械配合的对齐条件。配合对齐（Mate Alignment）有同向对齐和反向对齐两种，同向对齐是按照所选面的法向或轴向量指向相同的方向来装配零部件，反向对齐是按照所选面的法向或轴向量指向相反的方向来装配零部件。

四、构建装配过程

以旋塞阀为例，通过将已经建立好的各个零件模型装配为旋塞阀装配体，说明在SOLIDWORKS中形成装配体的方法。旋塞阀装配体由7个零件组成，其零件模型分别存为以零件名称命名的零件文件。

1. 建立装配体文件

SOLIDWORKS中的装配体文件后缀为"sldasm"，新建文件时，系统有一个默认的文件模板供使用。建立装配体文件有两种方法：一是打开一个已有的文件，单击"标准"工具栏中的"从零件/装配体制作装配体"命令按钮 📦 建立新的装配体文件；二是直接使用"新建"命令，选择装配体文件模板gb_assembly，建立新的装配体文件，如图9-5所示。

2. 插入第一个零部件

执行"建立装配体文件"命令后，系统默认激活"插入零部件"功能。

如果零件文件在建立装配体文件之前已经打开，这时在"插入零部件"界面左侧的中间部位"打开文档"栏内，可以看到已经打开的零件模型的文件名称，直接从这些文件名称列表中选择"阀体"，单击"确定"按钮，则阀体的零件模型就被加入到装配体文件中，其默认的位置是阀体在零件图中的位置。这时可以看到"装配体"特征管理器（FeatureManager）中出现了"阀体"的图标，图标后是零件的位置状态"（固定）"，这是因为系统默认第一个插入的零部件的位置状态为"固定"，如图9-6所示。

如果插入的零件没有事先打开，则单击左侧的"浏览"按钮，选择要插入的零件文件。

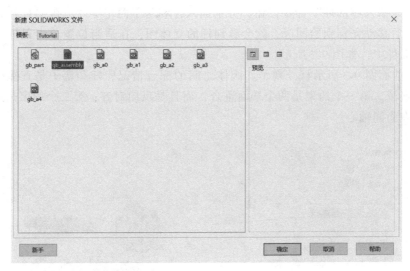

图 9-5　装配体文件模板

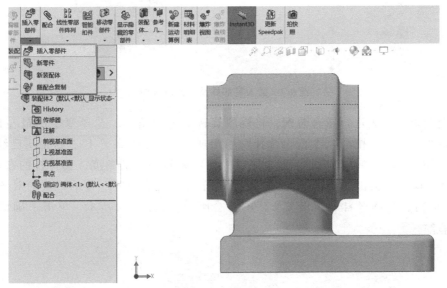

图 9-6　插入零部件

3. 插入其他零部件

在 SOLIDWORKS 中，零件被插入装配体文件后，要建立零件之间的定位和配合关系，才能完成装配。因此，零部件的插入顺序不会影响虚拟装配体的形成结果，但是会影响插入的效率。所以，在插入第一个零部件后，需要分析后续零部件的插入顺序，以方便零部件之间的定位。通常，可以将整个装配体划分为几个子装配体，先形成子装配体，再将子装配体装配到整个装配体。

分析旋塞阀装配体，可以先将剩下的六个零件分为两组子装配体，一组为装配在右侧的杆和塞子，一组为装配在左侧的剩余零件。

（1）右侧子装配体的装配　步骤如下：

1）单击"插入零部件"命令按钮，分别插入杆和塞子两个零件，在"打开文档"中选择"杆"，然后移动光标到绘图区，就会看到杆的立体图，在适当位置单击鼠标左键，杆即插入到当前文件中，如图9-7所示。

2）分析前面图9-3所示杆、塞子、阀体之间的配合情况，杆和塞子是直接接触的，通过两个约束定位。第一个约束是两个端面重合，而且是反向对齐；第二个约束是杆的外表面与塞子的孔表面同轴心。

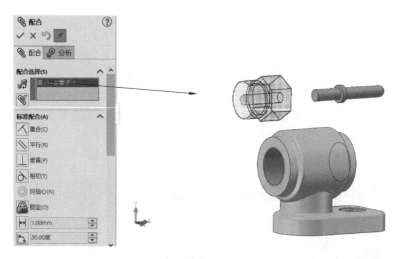

图9-7　插入零部件及选择配合面

3）将杆和塞子先进行重合装配。将视图旋转一定的角度，选择塞子的最左侧端面，然后选择"插入"→"配合"，"配合选择"中出现"面<1>@塞子-1"，这说明已经有一个配合面被选中，如图9-7箭头所示面。接着将视图旋转一定的角度，选择杆的右侧轴肩，在"配合选择"中会出现"面<2>@杆-1"，左下方"配合对齐"中的"反向对齐"功能被激活，同时在视图区自动弹出被激活的重合配合，如图9-8所示。单击"确认"按钮 ✔完成装配。

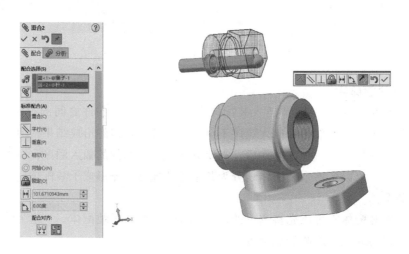

图9-8　添加重合配合

4）杆和塞子同轴心装配。如图 9-9 所示，分别选择杆右侧的外表面和塞子的内孔表面，在"配合"属性管理器的"配合选择"中会出现"面<3>@杆-1"和"面<4>@塞子-1"，在"标准配合"中系统自动选择"同轴心"，单击"确认"按钮 ✓，则在"配合"属性管理器的下方"配合"一栏里出现了"同心 1（杆<1>，塞子<1>）"，如图 9-10 所示，这样就完成了杆和塞子两个零件的子装配。

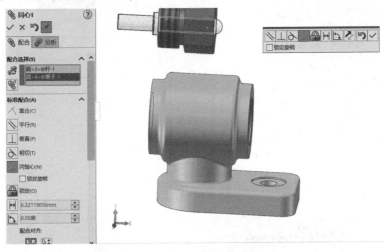

图 9-9　添加同轴心配合

5）杆和塞子的子装配体装配到阀体上，也是通过两个约束来实现的：阀体与塞子同轴心及塞子六棱柱左端面与阀体右端面重合。分别选择阀体的右端面和塞子六棱柱的左端面，在"配合"属性管理器中系统自动显示"重合"配合，单击"确认"按钮 ✓，完成了第一个约束——重合装配。再分别选择阀体右侧的螺纹孔内表面和塞子的外螺纹表面，在"配合"属性管理器中系统自动显示"同轴心"配合，单击"确认"按钮 ✓，完成了第二个约束——同轴心装配，如图 9-11 所示，在左侧"配合"属性管理器的下方"配合"一栏里出现了"重合 2（杆<1>，塞子<1>）""同心 1（杆<1>，塞子<1>）"等。至此，完成了第一组杆、塞子、阀体之间的装配。

图 9-10　同轴心配合在"配合"属性管理器内的显示

这里有一个操作技巧：为了能看清楚零件间的装配关系，可以将零件设置为透明状态，方法是将光标移至相应零件的任一表面，在浮动菜单中单击"更改透明度"命令按钮 🔲，或者单击鼠标右键，在弹出的快捷菜单中选择其中的"更改透明度"图标，则零件变为透明的，可以看清其内部的结构和零件。

（2）第二组子装配体的装配　步骤如下：

1）管接头和旋塞也是通过两组表面分别以距离（见图 9-12）及同轴心（见图 9-13）完成装配。

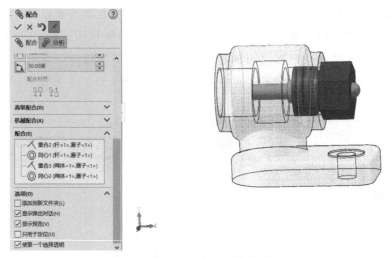

图 9-11　第一组零件与阀体的配合

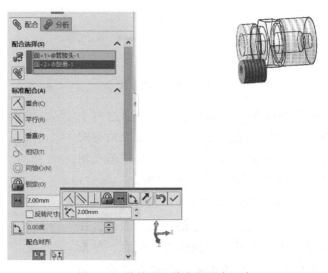

图 9-12　管接头和旋塞的距离配合

2）弹簧与旋塞通过一组表面重合及轴线重合完成装配。弹簧的轴线即基准轴，在零件文件中建模的时候，单击命令"插入"→"参考几何体"→"基准轴"的按钮，以"两个平面"方式指定基准轴，其中两个平面分别选择相交的两个基准面，如上视基准面和前视基准面，这两个基准面的交线即弹簧的轴线。具体选哪两个基准面，与弹簧建模方式有关。弹簧和旋塞轴线重合配合时，要将弹簧的基准轴和旋塞的临时轴从隐藏状态更改为显示状态，方法是单击命令"视图"→

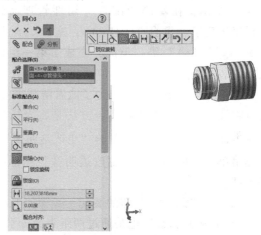

图 9-13　管接头和旋塞的同轴心配合

"隐藏/显示"→"基准轴"或"临时轴"按钮，或者直接单击图标 ，选择其中的"基准轴" 和"临时轴" 。为方便后续操作，先隐藏管接头，然后在视图中分别选择两个轴线进行重合配合，如图 9-14 所示。弹簧与旋塞在轴向的定位通过端面重合实现，如图 9-15 所示。

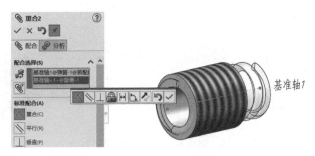

图 9-14 弹簧和旋塞的轴线重合配合

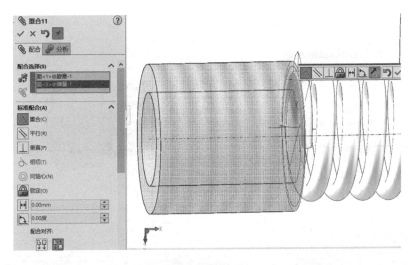

图 9-15 弹簧和旋塞的端面重合配合

3）钢珠和杆通过一组表面相切及一组表面同轴心实现装配。单击阀体任意表面，在弹出的浮动菜单里单击"隐藏零部件"图标 ，将阀体零件设置为"不可见"状态，再添加"配合"，单击钢珠表面和杆左端面，如图 9-16 所示，为两个表面添加"相切"配合 。

添加"配合"，单击钢珠表面和杆左端轴段的圆柱表面，如图 9-17 所示，为两个表面添加"同轴"配合 。

4）弹簧和旋塞等左端子装配体装配到阀体上，也是通过重合与同轴心两个约束来实现。单击左侧特征管理器中的阀体，或者单击绘图区的阀体任意表面，在弹出的菜单中单击"显示零部件"按钮 ，将阀体零件设置为显示状态。添加配合，使阀体与管接头六棱柱部分的右端面重合、阀体与左端子装配体中任意一个零件同轴配合。

至此，完成了整个旋塞阀的装配，如图 9-18 所示。

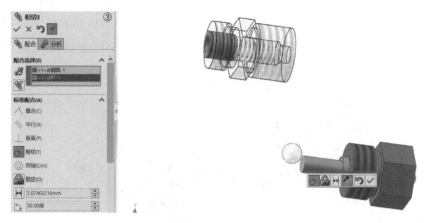

图 9-16 钢珠和杆的左端面相切配合

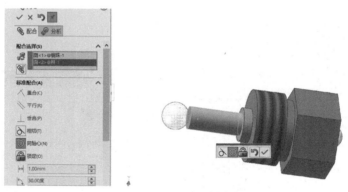

图 9-17 钢珠和杆同轴心配合

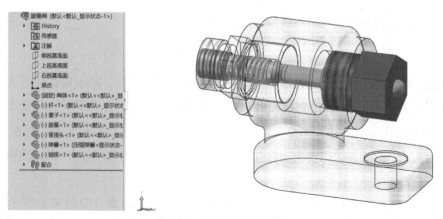

图 9-18 装配好的旋塞阀

其中需要注意的是，弹簧右端与钢珠之间的配合，是通过在弹簧零件中设定其压缩后的长度完成的，弹簧压缩后的长度与旋塞长度，以及装配旋塞与管接头的距离配合的距离有关，可以根据图 9-19 分析弹簧压缩后的长度。因此在装配前，弹簧零件建模文件中可添加一个压缩配置，设定弹簧压缩后的长度。另外，为了提高装配速度，可以在零件建模文件中添加"配合参考"，实现智能装配。

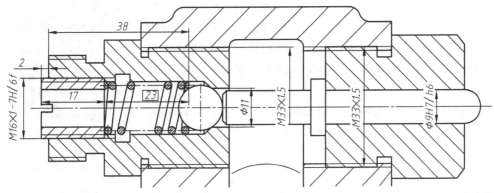

图 9-19　弹簧压缩长度与其他零件的相关性

4. 装配体建模中的其他问题

（1）装配体中零部件的状态　包括：

1）位置状态。在配合特征管理器（FeatureManager）中，每个零部件名称有一个前缀，此前缀提供了有关该零部件与其他零部件的位置关系。这些前缀有如下 5 种：

（-）欠定义：零部件名称前有"（-）"，表示零件位置是可以改变的。

（+）过定义：对零件的约束有冗余。

（f）固定：零部件名称前有"（固定）"两个字。默认情况下，装配体中的第一个零件是固定的，建议至少有一个装配体零部件是固定的，或者与装配体基准面或原点具有配合关系。这可为其余的配合提供参考，而且可以防止零部件在添加配合关系时意外地移动。

（?）无解：不可能存在的配合。

完全定义：零部件名称前没有前缀，则表明此零部件的位置已完全定义。

2）压缩状态。用户可以指定合适的零部件压缩状态，以减少工作时装入和计算的数据量，加快装配体的显示和重建过程，从而更有效地使用系统资源。装配体中的零部件共有 4 种压缩状态：还原、压缩、轻化、隐藏。

"还原"是装配体零部件的正常状态。完全还原的零部件，其所有数据会完全装入内存，可以使用所有功能并可以完全访问。

"压缩"即暂时将零部件从装配体中移除（而不是删除），其图标变为灰色（未激活状态）。其数据不装入内存，不再是装配体中有功能的部分，因而，其余的零部件的计算速度、重建速度、显示速度都会加快。压缩的零部件是不可见的，也无法被选择。其包含的配合关系也被压缩。因此，装配体中零部件的位置可能变为欠定义。参考压缩零部件的关联特征也可能受影响。当恢复压缩的零部件为完全还原状态，可能会发生矛盾。所以在生成模型时必须小心使用压缩状态。

"轻化"是指将零件的部分模型数据装入内存，其余的模型数据根据需要装入。当零部件为"轻化"时，零件的图标上重叠出现一根羽毛。通过使用轻化零部件，可以显著提高大型装配体的性能。使用轻化的零件装入装配体，比使用完全还原的零部件装入同一装配体速度更快，因为计算的数据更少，包含轻化零部件的装配体重建速度也加快。

"隐藏"与"还原"状态几乎一样，除了零件是不可见的。隐藏的零件图标变为透明的，表示该零部件为激活状态但不可见。

（2）装配体中的单位体系 在 SOLIDWORKS 中，零件建模和建立装配体文件时，都可以采用英寸（in）或毫米（mm）作为单位。将零件插入到装配体中，零件和装配体文件中的单位体系可以不一致，但是零件的单位自动采用装配体文件的单位来显示。

（3）装配体的特征管理器 装配体的特征管理器（Feature Manager）和零件特征管理器很相似，不同之处是比零件特征管理器多了一个配合文件夹，如图 9-20 所示。在这个文件夹内，包含了装配体中的全部配合关系，每个配合关系都包含相关零部件的名称。配合在配合文件夹中出现的顺序无关紧要，对这些配合关系可以进行删除和压缩操作。

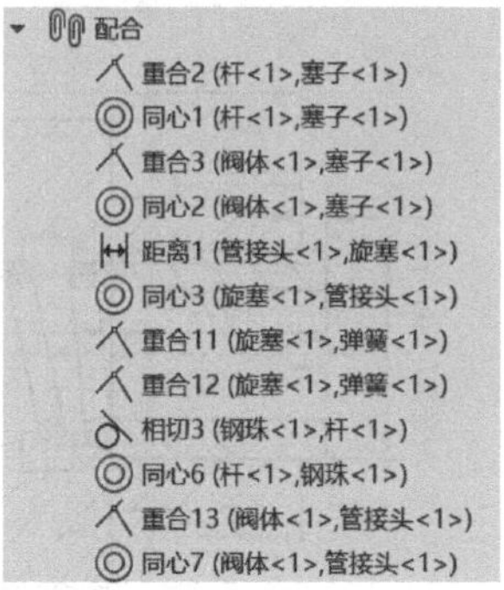

图 9-20 配合文件夹

在 SOLIDWORKS 中建立装配体的三维模型后，可通过命令自动生成装配工程图。

第二节 装配图的内容及视图表达

一、装配图的作用

表达产品各个组成部分的连接及装配关系的图样，称为装配图。装配图是传统的生产过程中重要的技术文件，它主要表达机器或部件的结构、形状、装配关系、工作原理和技术要求，同时也是装配、安装、调试、操作、使用和维修机器和部件的重要依据。图 9-21 所示是旋塞阀装配图。

二、装配图的内容

一张完整的装配图，应具有以下几方面的内容：

（1）一组视图 运用各种表达方法，来表达机器或部件的工作原理、各个组成部分的装配关系、连接方式和主要零件的结构形状。

（2）尺寸 为了满足装配、调整、安装、检验和维修的需求，在装配图中必须配有必要的尺寸。这些尺寸按照作用不同，通常被分为规格（或性能）尺寸、装配尺寸、安装尺寸、总体尺寸和其他一些重要尺寸。

（3）技术要求 装配图中的技术要求是指用来说明机器或部件的装配、安装、检验、运转和使用的文字部分。通常包括对机器或部件工作性能的要求、检验或试验的方法和条件、包装及运输和维修保养时应注意的问题。

（4）零部件序号和明细栏 为了便于图样管理、看图及组织生产，装配图上必须对每种零件或部件编写序号，并填写明细栏，用以说明各零件或部件的名称、数量、材料等有关内容。

（5）标题栏 说明装配体的名称、数量、绘图比例和责任人员的签署等。

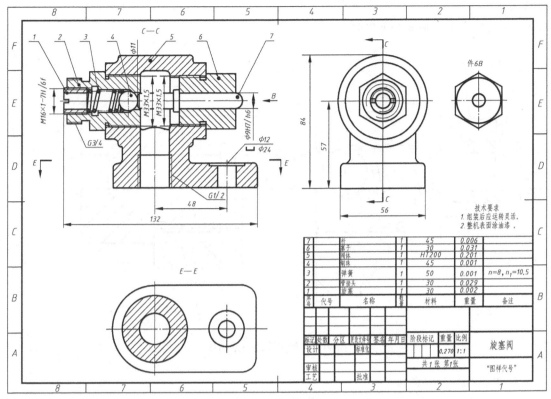

图 9-21　旋塞阀装配图

三、装配图的视图

在第五章中介绍的各种零件表达方法，如视图、剖视图、断面图、局部放大图及各种简化画法，同样适用于装配图的表达。零件图着重表达零件的各个细部结构及形状，而装配图是由多个零件组成的，着重表达零件之间的装配关系和主要零件的结构形状，因此，国家标准对装配图制定了规定画法和特殊画法，第八章中已有涉及。

1. 装配图的规定画法

（1）不同零件剖面线画法　相接触零件的剖面线方向应相反、错开或间隔不相等。当零件厚度较薄时，其剖面可以采用涂黑画法。

（2）同一个零件剖面线画法　同一零件在同一个装配图的各个剖视图中的剖面线，都应保证方向相同、间隔一致，如图 9-21 所示的零件 5 阀体在主视图和俯视图的剖面线方向和间隔必须一致。

（3）实心件和一些标准件的画法　当剖切平面通过实心件（如实心轴、连杆、球等）和一些标准件（如螺栓、垫圈、螺母、销、键等）的轴线时，这些零件均按不剖绘制，只画外形，如图 9-21 所示旋塞阀装配图中的零件 4 钢珠、零件 7 杆。当剖切面垂直于其轴线时，仍应该画出剖面线。当这些结构上的孔、槽需要表达时，可采用局部剖视。

（4）接触面和配合面画法　相邻两零件的接触面或配合面都只画一条轮廓线表示，如图 9-22 所示。两个不接触的表面，即使间隙很小，也不能画成一条轮廓线，必须用两条轮廊线表示，如图 9-23 所示，较薄零件上的光孔与螺柱直径相差 0.1*d*（*d* 为螺柱的公称直径），在装配图中要画成两条轮廓线。

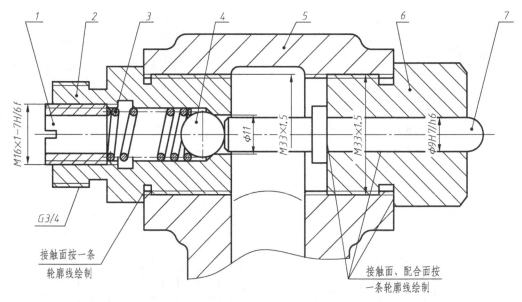

图 9-22　装配图的规定画法

2. 装配图的特殊画法

国家标准针对装配图规定了如下几种特殊画法：

（1）沿零件间的结合面剖切画法　装配图中，可以假想沿着零件的结合面进行剖切，在零件结合面上不画剖面线。如图 9-24 所示，为了表达轴瓦与轴承座的装配情况，俯视图的右半部分是沿着轴承盖与轴承座的接合面剖开而得到的视图。

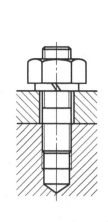

图 9-23　双头螺柱连接

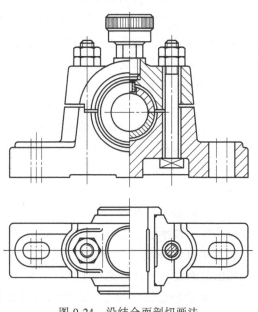

图 9-24　沿结合面剖切画法

必须注意，被横向剖切的实心零件，如轴、螺栓、销等，必须画出剖面线，而结合面上不画剖面线。

（2）拆卸画法　装配图中，当某些零件遮住了需要表达的结构或装配关系时，可拆卸去某些零件后绘制，必要时可以加注"拆去件××等"，如图 9-25 所示，止回阀的俯视图和左视图都是拆掉了件 6，以清楚的表达装配体中其他零件的结构形状。

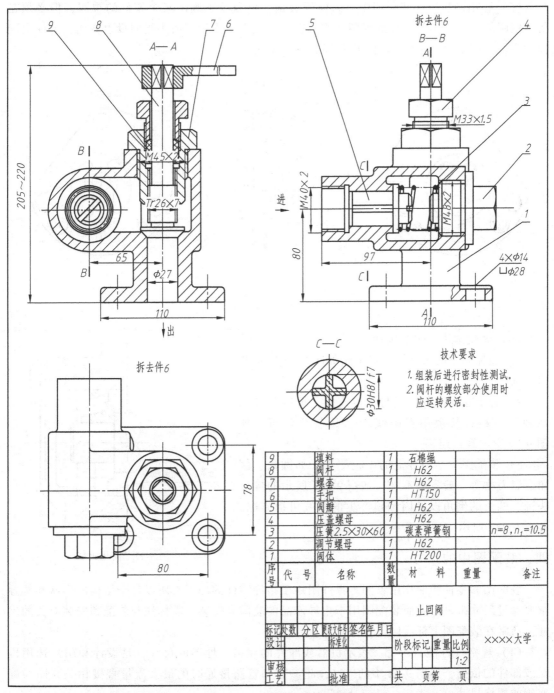

9		填料	1	石棉绳		
8		阀杆	1	H62		
7		螺套	1	H62		
6		手把	1	HT150		
5		阀瓣	1	H62		
4		压盖螺母	1	H62		
3		压簧2.5×30×60	1	碳素弹簧钢		n=8,n₁=10.5
2		调节螺母	1	H62		
1		阀体	1	HT200		
序号	代　号	名　称	数量	材　料	重量	备注

图 9-25　止回阀的拆卸画法

（3）假想画法　为了表示某个零件的运动范围和极限位置，可用双点画线画出这些零件的极限位置；在装配图中当需要表达本部件与相邻零部件的装配关系时，可用双点画线画出相邻部分的轮廓线，如图 9-26 所示。这两种情况采用的都是假想画法。

（4）夸大画法　对直径或厚度小于 2mm 的孔、薄垫片或小的间隙以及较小的锥度和斜度，允许该部分不按比例而夸大画出，如图 9-26 中被涂黑的垫片厚度就是夸大绘制的。

（5）移出画法　在装配图中，为便于装配，可以单独画出某个零件的视图，但必须在所画视图的上方注出该零件的视图名称，在相应视图的附近用箭头指明投射方向，并注上同样的字母，图 9-26 中的"泵盖 B"，都是移出画法。

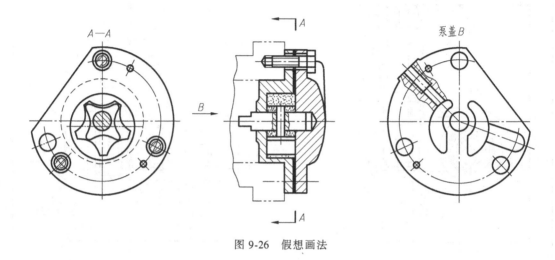

图 9-26　假想画法

（6）简化画法　主要包括：

1）装配图中的滚动轴承可采用如图 9-27 所示的简化画法。

2）若干相同的零件组与螺栓连接，可以只详细地画出一组，其余用点画线表示其装配位置，如图 9-27 所示螺钉连接。

3）装配图中，零件上的工艺结构，如圆角、倒角、退刀槽等一般省略不画，如图 9-28a 所示的螺栓头部、螺母的倒角以及因倒角产生的曲线可以省略，如图 9-28b 所示。

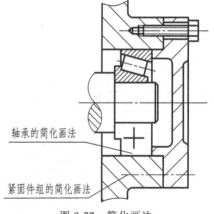

轴承的简化画法

紧固件组的简化画法

图 9-27　简化画法

四、装配图中的尺寸

装配图和零件图的作用不同。零件图用于指导零件的加工，所以每个结构的形状和位置都要通过尺寸来确定；而装配图用于指导产品的装配和安装，需标注与装配和安装有关的尺寸。通常在装配图上标注以下几种尺寸：

（1）规格（性能）尺寸　表示机器或部件的规格、性能的尺寸，是设计和用户选用机器或部件的依据，如图 9-22 中的 $\phi11$，此参数和管路接通时的最大流量直接相关，即为旋塞阀的规格尺寸。

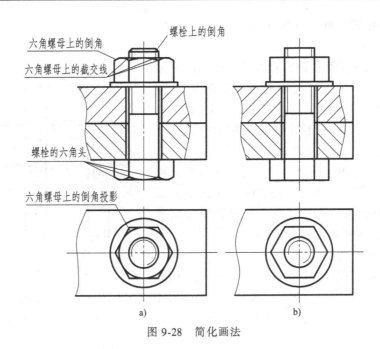

图 9-28　简化画法

（2）装配尺寸　表示零件间装配关系和工作精度的尺寸，一般包括：

1）配合尺寸。表示两零件间具有配合要求的尺寸，如图 9-21 所示的 $\phi9H7/h6$、$M16\times$ 1-7H/6f 都是配合尺寸。

2）相对位置尺寸。表示零件之间或部件之间比较重要的相对位置尺寸，如图 9-21 所示高度方向的尺寸 57。

3）在装配时需要加工的尺寸。有些零件需要装配在一起后才能进行加工，这些装配后再加工的结构需要在装配图上注出尺寸。

（3）安装尺寸　将装配体安装到工作位置上时所需要确定的尺寸，如图 9-21 所示旋塞阀中，G1/2、G3/4 两处要通过螺纹连接与其他管路连接在一起，而底板上的孔是用来安装固定旋塞阀的螺栓的，尺寸 $\phi12$、$\phi24$ 和 48 是该孔的定形和定位尺寸，因此都是安装尺寸。

（4）总体尺寸　表示机器或部件的总长、总宽和总高，又称为外形尺寸，是包装、安装、运输时需要的尺寸，如图 9-21 所示 132、56、84 分别为旋塞阀的总长、总宽和总高。

（5）其他重要尺寸　如零件运动的极限尺寸、主要零件的重要尺寸。

以上五种尺寸，在一张装配图上不一定同时存在，有的尺寸兼具几种含义。因此，在标注装配图的尺寸时，要根据装配图的具体情况而定。

五、装配图中的序号、明细栏和技术要求

为了便于看图、组织生产和管理图样，对装配图上的每种零件进行编注序号，并在标题栏的上方编制相应的明细栏，列出其序号、代号以及名称、材料、数量、标准号等有关信息。

1. 零部件序号

序号是装配图中对零件或部件按一定顺序的编号。国家标准中有关编写序号的规定如下：

1）装配图中相同的零、部件序号只标注一次，占用一个序号。

2）指引线用细实线绘制，自可见轮廓线内引出的一端（零件端）画一个实心圆点，如图 9-29 所示。如果所指部分为很薄的零件或涂黑的剖面区域，不便画实心圆点时，可在指引线的零件端画出箭头，指向该部分的轮廓，如图 9-29 中件 5 的指引线。

3）指引线相互不能相交。当通过剖面线的区域时，尽量避免与剖面线平行。必要时，允许指引线画成折线，但是只允许弯折一次。一组紧固件以及装配关系清楚的零件组，可以采用公共指引线，如图 9-29、图 9-30a 所示。

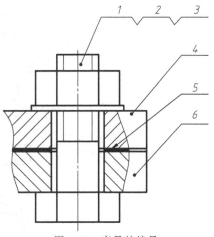

图 9-29　序号的编号

4）序号的形式有三种，如图 9-30b 所示，从指引线的非零件端引出一水平线或圆，水平线或圆都用细实线绘制。在水平线上或圆内注写序号，字高比装配图中的尺寸数字大一号或两号。也可不画水平线或圆，在指引线非零件端附近注写序号，序号字高比尺寸数字大两号。

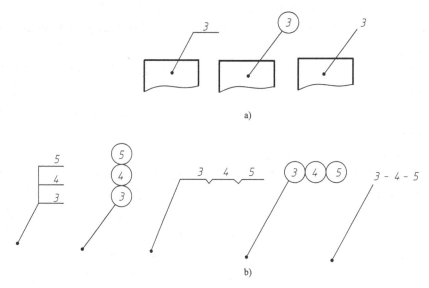

图 9-30　序号的形式

5）同一装配图中编排序号的形式应一致。

6）序号应注写在视图外面，沿水平或垂直方向，依据顺时针或逆时针顺次排列整齐。

2. 明细栏

明细栏是装配图中零、部件的详细目录，一般由序号、代号、名称、数量、材料、重量、备注等组成，也可按实际需要增加或减少。

明细栏可以直接画在标题栏上方，序号按照自下而上的顺序填写，如果空间不够，可紧靠在标题栏左边自下而上延续。明细栏中的编号与装配图中的序号必须一致。对于标准件，应将其规定标记填写在备注栏内。

明细栏的所有竖线均为粗实线。本课程推荐使用的标题栏和明细栏格式如第二章图 2-4 所示。

3. 技术要求

装配图中的技术要求，一般可从以下几个方面来考虑：

1）装配体装配后应达到的性能要求。

2）装配体在装配过程中应注意的事项及特殊加工要求。

3）检验、试验方面的要求。

4）对装配体的维护、保养方面的要求及操作使用时应注意的事项等。

技术要求一般注写在明细栏的上方或图样下部空白处。如果内容很多，也可另外编写成技术文件作为图样的附件。

第三节　装配的工艺结构

零件的结构除了要满足设计要求外，还要满足装配工艺的合理性要求。只有这样，才能使零件装配成机器或部件后，不但能达到设计要求，而且装拆方便。下面介绍几种常见的装配工艺对零件结构的合理性要求。

1）为了保证轴肩和孔端紧密配合，孔端要倒角或在轴肩根部开槽。如果轴肩连接处用圆角过渡，则圆角半径要小于孔端的倒角宽度。如图 9-31 所示。

2）两个零件接触时，在同一方向上只能有一个接触面，这样既可以降低加工精度，又能够保证装配时接触面的可靠接触，如图 9-32 所示。

a) 合理　　b) 合理　　c) 不合理

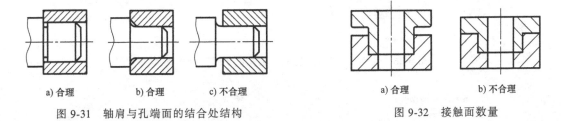

图 9-31　轴肩与孔端面的结合处结构

a) 合理　　b) 不合理

图 9-32　接触面数量

3）圆锥面接触面要有足够的接触长度，同时不能有其他的端面接触，以保证良好的接触效果，如图 9-33 所示。

4）为了便于加工和装拆，应将相应的零件结构处做成通孔，如图 9-34 所示。前面图 9-27 中轴的轴肩直径应小于圆锥滚子轴承内圈的外直径，否则拆卸轴承会发生困难。

a) 合理　　b) 不合理

图 9-33　圆锥面的装配结构

a) 合理　　b) 不合理

图 9-34　便于拆卸的通孔结构

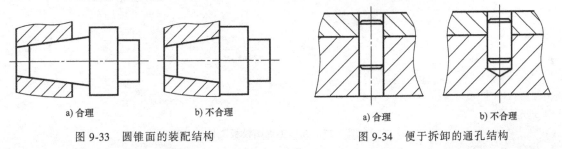

第四节　使用 SOLIDWORKS 生成装配图

零件和装配体设计完成之后，根据国家标准建立装配图。在 SOLIDWORKS 中，零件、装配体以及相应的装配图是互相关联的，对零件和装配体的任何改变都会自动引起装配图的相应变动。装配图和零件图 SOLIDWORKS 中统称为"工程图"，其后缀为"slddrw"。

下面仍以旋塞阀为例来说明在 SOLIDWORKS 中建立装配图的方法。

一、建立装配图文件

建立装配图文件有两种方法：

1）从已打开的装配体文件中，单击"新建"图标 右边的黑三角，会弹出如图 9-35 所示的界面，选择"从零件/装配体制作工程图"选项，第一次使用时会弹出图 9-36a 所示的界面，单击"取消"按钮，弹出如图 9-36b 所示的界面，单击"确定"按钮，弹出如图 9-37 所示界面，选择相应的模板文件，单击"确定"按钮。

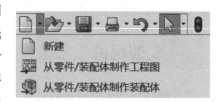

图 9-35　"新建"弹出的菜单

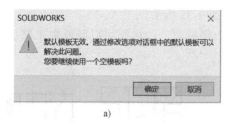

a)

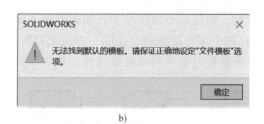

b)

图 9-36　使用"从零件/装配体制作工程图"弹出的界面

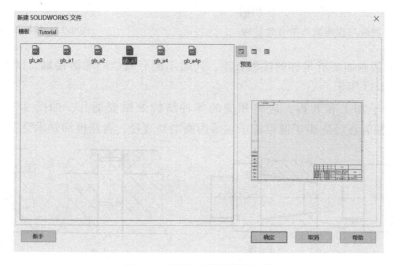

图 9-37　选择工程图模板文件

2）直接单击"新建"按钮 ，第一次使用时会弹出图 9-38 所示界面，单击左下方的"高级"按钮，弹出图 9-37 所示的界面，根据旋塞阀装配体大小，选择装配图文件模板"gb_a3"，单击"确定"按钮。多次使用"新建"或者"从零件/装配体制作工程图"，就会直接弹出图 9-37 所示的界面了。

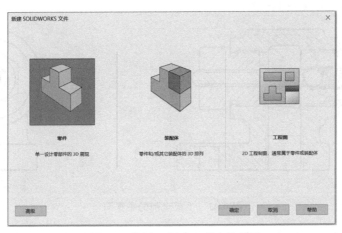

图 9-38　使用"新建"弹出的界面

二、生成装配图视图

1）分析装配体表达所需的视图和视图的添加顺序。在进行下一步操作之前，需要确定能够将装配体表达清楚的视图数量。如图 9-21 所示，旋塞阀的装配图需要三个标准视图，即主、俯、左三视图，其中主视图和俯视图是剖视图，因此需要先添加左视图，再由左视图剖切得到主视图和俯视图。

2）添加需要的视图。装配体文件打开后，系统自动弹出右侧的"视图调色板"界面，如图 9-39 所示。通过这个界面，用户可以选择合适的视图以向工程图中添加。选择"标准视图"中的左视图图标，按住光标左键，并移动光标到视图区适当的位置，松开鼠标左键，单击左侧"确定"按钮，左视图就被添加到旋塞阀的装配图中，如图 9-40 所示。

图 9-39　"视图调色板"界面

图 9-40　添加左视图

3）添加全剖的主视图。单击"视图布局"→"剖面视图"⟳，在弹出如图 9-40 所示的界面中选择竖直方向的"切割线"，将铅笔形状的光标移至左视图的圆心位置，单击鼠标左键，在弹出的各个菜单中依次选择"确定"，则生成如图 9-41 所示的主视图。

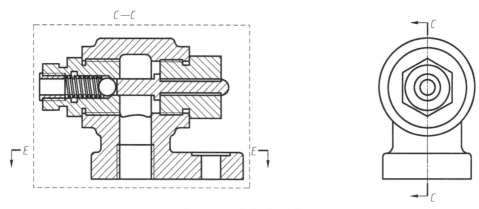

图 9-41 生成全剖的主视图

4）用同样的方法添加俯视图。在弹出的界面中选择水平方向的"切割线"。也可以添加轴测图观看立体效果。在右侧的"视图调色板"下方，按住鼠标左键，拖动"左右二等角轴测图"到三视图右下角，结果如图 9-42 所示。

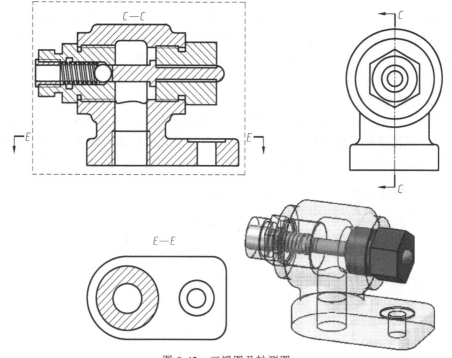

图 9-42 三视图及轴测图

5）指定不剖切零件。主视图中的杆和钢珠应按不剖绘制，修改方法是单击左侧的视图名称，单击鼠标右键，在如图 9-43 所示快捷菜单中选择"属性"，弹出如图 9-44 所示

"工程视图属性"对话框，选择"剖面范围"。移动光标至主视图，单击杆和钢珠。此时会在"不包括零部件/筋特征"内显示所选零件名称，单击"确认"按钮，结果如图 9-45 所示。

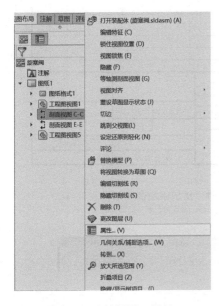

图 9-43　选择视图"属性"

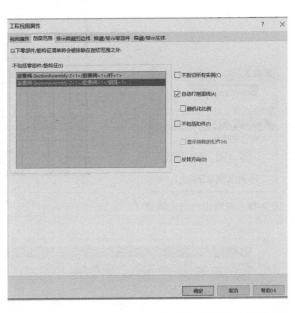

图 9-44　在"工程视图属性"对话框中确定剖面范围

6）按照装配图的规定画法修改视图。添加中心线、修改过渡线线型、螺纹旋合部分的剖面线等。添加中心线可通过"注解"→"中心符号线"或单击"中心线"按钮，按照提示进行选择，如果系统自动绘制的中心线长度不够，可用鼠标动态地拖动到指定长度。中心线是添加回转体的轴线或者形体的对称线，中心符号线是添加圆的中心线。

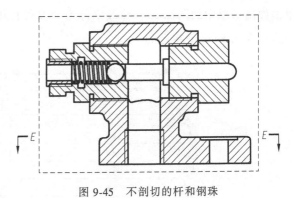

图 9-45　不剖切的杆和钢珠

三、生成序号和明细栏

依次单击"注解"→"零件序号"，标注零件序号。依次单击"注解"→"表格"→"材料明细表"⊖ 如图 9-46 所示，确定表格定位点的位置，插入的明细栏如图 9-47 所示，此时的明细栏不符合国家标准的规定，可以手动修改成国家标准规定的格式。按照国家标准的规定，明细栏包括序号、代号、名称、数量、材料和备注，零件序号应由下而上的顺序编排。修改步骤如下：

1）修改表格标题。单击表格任意位置，出现如图 9-48 所示菜单，单击表格标题图标

⊖　SOLIDWORKS 软件中，称"明细栏"为"明细表"。

，将明细栏的标题置于表格下方，序号自动变为由下而上排列。

图 9-46　表格定位点的确定

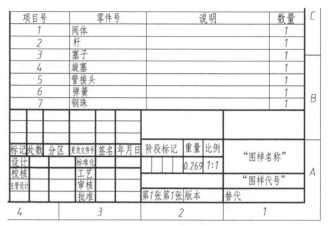

图 9-47　初始添加的明细栏

图 9-48　明细栏菜单

2）修改字体。单击表格任意位置，出现如图 9-49 所示界面，单击左上角图标 ✛，再单击弹出菜单中的图标 A，修改字体为"汉仪长仿宋体"，字高为 12，即 3.39mm，这是与国家标准 3.5mm 最接近的。

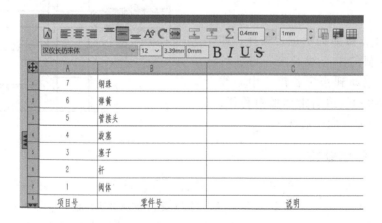

图 9-49　明细栏字体及字高

3）修改列名称。双击明细栏的第一列"项目号"，将其改名为"序号"。同样的方法修改"零件号"为"名称"，"说明"为"备注"。

4）修改数量列位置。选中明细栏中的"数量"列，将光标移至表格最上方的蓝色区域，按下鼠标左键，向左拖动到名称列的右边。

5）加入材料和重量列。选中明细栏中的"数量"列，单击鼠标右键，选择"插入"→"右列"，双击每一行，输入每个零件的材料牌号。在材料列右边添加"重量"列。

6）按国家标准规定，选择"格式化"→"列宽"，如图 9-50 所示，分别修改各列的宽度依次为8、40、44、8、38、22、20。

格式化	▶	列宽 (A)
分割	▶	锁定列宽 (B)
排序 (O)		行高度 (C)
插入 - 新零件 (P)		锁定行高 (D)
另存为... (Q)		整个表 (E)

图 9-50　修改列宽

7）修改明细栏零件顺序与视图中一致。明细栏中零件序号和视图中标注的零件序号若不一致，进行修改时先选中第"4"行，用鼠标左键按住表格最左侧的蓝色区域，向下拖动至"1"行所在位置，松开鼠标，则旋塞对应的序号自动变为 1。同样的方法，调整各零件序号，使得明细栏和视图中序号一致，调整后的明细栏如图 9-51 所示。

序号	代号	名称	数量	材料	重量	备注
7	"图样代号"	杆	1	45	0.006	
6	"图样代号"	塞子	1	30	0.030	
5	"图样代号"	阀体	1	HT200	0.201	
4	"图样代号"	钢珠	1	45	0.001	
3	"图样代号"	弹簧	1	50	0.001	
2	"图样代号"	管接头	1	30	0.029	
1	"图样代号"	旋塞	1	30	0.002	

图 9-51　调整零件顺序后的明细栏

8）填写备注。明细栏中的备注栏通常填写标准件的国标代号，以及齿轮、弹簧等零件的相关参数，对旋塞阀这个装配体，需要填写弹簧的有效圈数和总圈数。

按照上述步骤填写的明细栏就符合国家标准的规定了。

9）明细栏模板。填写完整的明细栏可以另存为模板文件，如图 9-52 所示，模板文件命名为"GB-mingxilanTemplate. sldbmtbt"。

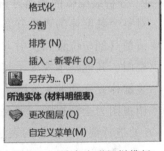

格式化	▶
分割	▶
排序 (N)	
插入 - 新零件 (O)	
另存为... (P)	
所选实体 (材料明细表)	
更改图层 (Q)	
自定义菜单 (M)	

图 9-52　另存为明细栏模板

四、标注尺寸

采用手动方式标注旋塞阀装配图的尺寸，包括规格尺寸 $\phi 11$、装配尺寸 $M33 \times 1.5$、$\phi 9H7/h6$、57，安装尺寸 G1/2、G3/4、48 、$\phi 12 \underline{\quad} \phi 24$，总体尺寸 132、56 及 84 分别为总长、总宽、总高。

五、填写标题栏

在图样的任意位置，单击鼠标右键，单击"编辑图纸格式"命令，双击标题栏右下方的"图样名称"，进入编辑状态，将其改为"旋塞阀"，并设定其字高为 24，相当于国家标准中的 7 号字字高。单击绘图区域右上角的图标，退出图纸格式编辑状态。

至此，就得到了完整的旋塞阀装配图，如图 9-21 所示。

六、填写技术要求

单击"注解"命令按钮**A**，选择引线（L）中的"无引线 ⁄⊙"方式，鼠标移至图纸中标题栏附近空白区域单击，出现编辑窗口，注写技术要求内容。

至此，得到如图 9-21 所示旋塞阀装配图。

第五节 读装配图和拆画零件图

一、读装配图

在设计、制造、装配、使用、维修和技术交流中，都会遇到读装配图的问题。读装配图的目的是了解装配体的用途、工作原理，以及零件之间的装配关系、连接方式、拆装顺序、各零件名称、数量、材料与零件的结构和作用，并分析尺寸和技术要求。

下面以如图 9-21 所示的旋塞阀装配图为例来说明读装配图的方法和步骤。

1. 概括了解

在标题栏中，可以知道装配体的名称、绘图比例。如果有工作原理的说明，可以先阅读工作原理。然后结合明细栏与视图上的序号一一对应，了解装配体各组成零件的名称、类型、数量、材料、所在位置。零件的数量有时对理解装配体和其组成零件的结构很有帮助，比如通过螺纹紧固件的数量可以推断零件上孔的个数。由此大致判断装配体及其组成零件的作用、复杂程度、制造方法等。

2. 分析装配体的表达方法

对整个装配体的表达方案进行初步分析。装配图常用到视图、剖视图和断面图。对剖视图要清楚其剖切位置和投射方向，以及此处采用剖视要表达的重点是什么。读图时，一般应按主视图、其他基本视图、其他辅助视图的顺序进行。

装配体旋塞阀的主视图采用了全剖视图，表达了全部 7 个零件的装配关系。

俯视图为全剖视图，主要表达了底板的形状、底板上孔的形状及其相对位置。采用在 E—E 处进行剖切，这样的表达简洁明了，一个是因为上部的结构较简单，没有必要再进行表达，二是可以将 E—E 处的形状特征表达出来。

左视图表达采用视图表达外形特征，B 向视图是移出画法，单独表示零件 6 塞子的形状特征。

3. 分析装配关系和工作原理

在前面分析的基础上，要进一步阅读装配图，包括分析各条装配干线，弄清各零件间相互配合关系，以及零件间的定位、连接方式。装配体中，一般情况下，总有部分零件是可以运动的，可以借助于工作原理（如果有的话）的说明，了解运动在零件间如何传递。

从左向右看旋塞阀的主视图，旋塞 1 通过螺纹与管接头 2 相连，二者的配合 7H/6f 为间隙配合。管接头 2 通过螺纹与阀体 5 连接在一起，二者的配合为 6H/6g，按照国家标准规定在装配图上不标注。弹簧 3 的一端靠紧旋塞 1 的右端面，另一端靠在钢珠 4 上，由弹簧 3 传递的力使钢珠 4 靠在阀门 φ11 孔上。右端为杆 7 和塞子 6，杆 7 的右侧轴肩靠在塞子 6 的左端面上。塞子则通过螺纹与阀体 5 连在一起，二者的配合也是 6H/6g，按照国家标准规定在装配图上不标注。杆 7 的左端面与钢珠 4 接触。杆 7 与塞子 6 的配合为 H7/h6。

旋塞阀用来控制管路的"通"或"不通"，其工作原理是：当杆 7 受到外力作用时，向左移动，推动钢珠也向左侧移动，这样打开阀门 $\phi 11$ 孔，下面的 G1/2 孔与左侧的孔腔就通了。如果没有外力作用，则钢珠 4 在弹簧 3 的作用下紧靠在阀门上，阀门关闭，管路处于"不通"状态，也就是装配图所表达的状态。

旋塞阀的装配图只有一条装配干线，这一条装配干线将旋塞阀的工作原理、零件之间的连接和装配关系都清楚地表达出来了。

4. 分析零件

装配体中出现的零件包括轴套类、盘盖类、叉架类、箱体类以及标准件和常用件。弄清楚装配体中每个零件的结构形状和用途，看图时，一般先从主要零件入手，根据零件的编号和零件在各个剖视图上剖面线方向、间隔，找出零件的对应投影关系，借助组合体部分介绍的形体分析法和线面分析法，进行综合分析，想象出零件的形状。对在装配图中未表达清楚的部分，则可通过其相邻零件的接触或连接情况以及工作原理，推断该零件的结构形状。在分析过程中，还可以借助尺寸和技术要求进行判断。

如图 9-21 所示的旋塞阀，通过不同零件剖面符号不同的特点，就可以区分不同的零件。阀体 5 是阀的主要零件，需要包容其他零件，属箱体类零件。根据主、俯两视图可知，阀体 5 是由上中下三部分组合而成的。上部为轴线垂直于侧面的空心圆柱体，其两侧为螺纹孔，中间为光孔，两侧的螺纹孔分别与零件 6 塞子及零件 2 管接头的外螺纹实现螺纹连接。中部为轴线铅垂的空心圆柱，该孔与上部的光孔贯通。下部底板为长方形与半圆柱外切的形体，底板左侧的孔与中部、上部的孔贯通，形成旋塞阀的通路。其底板右侧有一沉孔结构，用来将旋塞阀固定在管路系统中。通过分析，综合起来，就可以想象出阀体的完整形状。

其他零件的结构都较简单，这里不再赘述。

5. 归纳总结

通过以上分析，可以很好地理解装配体的工作原理、零件的装配关系、零件间相对运动的传递、零件的拆装顺序等。

上述读装配图的方法和步骤，不能机械地截然分开，实际读图的过程中，这些步骤往往是交叉进行的。只有通过不断实践，才能掌握读图规律，提高读图能力。

二、由装配图拆画零件图

在设计过程中，由装配图画零件图，简称拆图。除了标准件不需要绘制零件图，设计时一般都要对装配图中的零件进行拆画。

拆图时，要在完全看懂装配图的基础上，根据零件的用途和与其他零件的装配和连接关系，根据零件图的表达要求，完整而又简洁地表达零件的形状、尺寸、技术要求等。

拆画零件图的过程中，要注意以下几个问题：

（1）零件的视图要重新考虑表达方案 选择能将零件结构表达清楚的最佳表达方案，不能从装配图上照搬。通常，箱体类零件的主视图的位置和投射方向选择，多与装配图中的选择一致，即按工作位置选择主视图；而轴套类零件的主视图一般应按加工位置放置，即轴线水平放置。由于装配图和零件图的表达重点不同，因此在装配图中没有表达清楚的结构，要根据零件的用途和装配结构，在零件图中清楚地表达出来。

（2）添加工艺结构　装配图上省略的工艺结构，如圆角、倒角、退刀槽等，在零件图中都应画出来。

（3）零件图的尺寸　包含如下几种：

1）装配图上已标出的尺寸，可直接注到零件图上，如图 9-21 所示的尺寸 48、57、56、ϕ11、G1/2、沉孔尺寸等。

2）标准结构的尺寸，如键槽、退刀槽等需要查表确定，齿轮的分度圆、齿顶圆等则需要通过计算确定。

3）装配图中的配合尺寸，在零件图中要标注公差带代号。注意所拆画的零件在配合处是轴（即被包容面或者外表面）还是孔（即包容面或者内表面）。如图 9-21 所示上部左右两侧的螺纹孔，在零件图上要标注尺寸 M32×1.5。

4）装配图上未注出的尺寸，直接从装配图中量取标注。

（4）补全装配图上没有的表面结构要求、技术要求等　要根据零件的作用、依靠有关专业知识和生产实践经验来确定，或参照类似产品确定。

（5）填写标题栏　在标题栏中填写零件名称、材料、数量等，要与装配图明细栏中的内容一致。

完整的阀体零件图如图 9-53 所示。

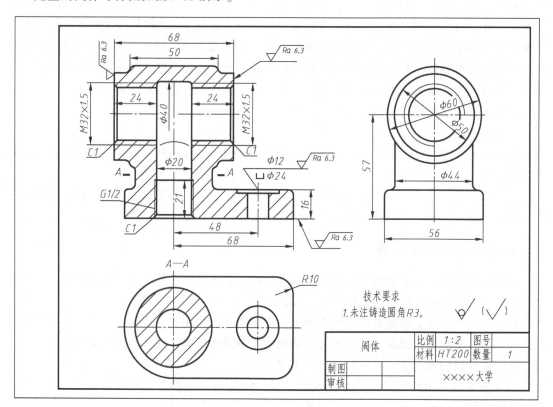

图 9-53　阀体零件图

装配爆炸图是为了方便理解和查看设计而生成的特殊视图，如图 9-2 所示。装配体通过爆炸视图的方式分离其中的零部件，以便查看装配体，类似于把零件的安装和拆卸过程像动画一样动态地表示出来。在 SOLIDWORKS 中，一个爆炸视图由一个或多个爆炸步骤组成。每一个爆炸视图都保存在所生成的装配体配置中。一个配置对应一个爆炸视图。

下面仍以装配体旋塞阀为例，说明在 SOLIDWORKS 中建立爆炸视图的方法。

装配体形成后，就可以开始建立装配爆炸图。

1. 建立新的配置

SOLIDWORKS 中一个配置对应一个爆炸视图，因而在建立爆炸视图前，要先建立一个新的配置。打开旋塞阀的装配体文件，单击配置管理器（Configuration Manager）、配置名称，单击鼠标右键，在弹出的快捷菜单中选择"添加配置"，如图 9-54 所示。

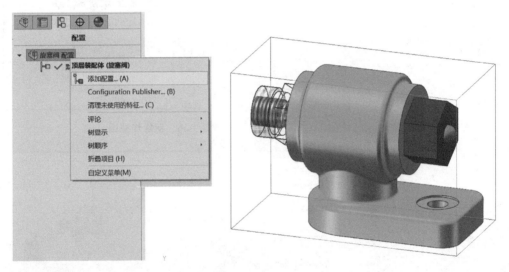

图 9-54　添加配置

在如图 9-55 所示的"添加配置"界面中，在"配置名称"文本框内填写"旋塞阀爆炸图"，单击"确认"按钮✔。

2. 建立新爆炸视图

如图 9-56 所示，建立新爆炸视图。

3. 建立爆炸步骤

建立爆炸步骤，就是设定每个零件移出的路线，相当于零件的拆卸过程。旋塞阀的零件移出顺序同装配顺序类似，也可以分为两组，一组是杆和塞子向右移出，然后杆再向左移出。另外一组是左侧的管接头和旋塞移出，然后依次是弹簧、钢珠、旋塞分别向左移出。下面就按照这个顺序建立爆炸步骤。

1）将杆和塞子向右移出。在视图区选择杆和塞子，在爆炸界面的"设定"中出现了如图 9-57 所示的提示，在视图区则出现了三重轴图标。轴正向所指方向就是零件要移动的方向，如果零件移动的方向是反向轴方向，则点击"设定"下方的方向图标 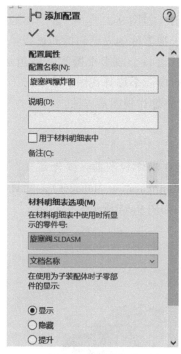，使移动方向变为反向。

图 9-55　配置名称

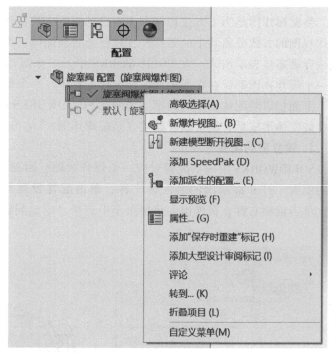

图 9-56　新爆炸视图

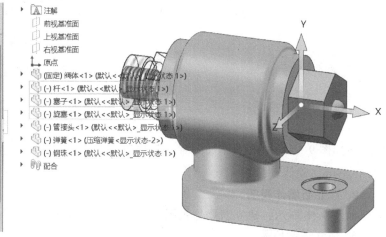

图 9-57　选择零件和三重轴的出现

确定零件的移动方向后，将光标移向代表该方向的轴，单击代表移动方向的轴，则变为蓝色，单击相应轴后，其他两个轴虚化。按住鼠标左键，沿着设定的方向拖动鼠标。方向图标下方可以设定移动距离。拖动光标时，这个距离值实时的改变，与拖动的距离保持一致。也可以通过直接输入的方式确定距离值。距离和方向都确定好以后，单击距离下方的"应用"按钮，也可以直接拖动到期望的位置，则添加了第一个爆炸步骤，如图 9-58 所示。

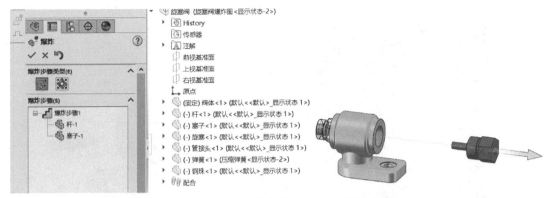

图 9-58　建立第一个爆炸步骤：杆和塞子向右移出

2）将杆向左移开。在视图区选择杆，选择"X"轴，再在爆炸界面内将方向改为反向，按住鼠标左键，向左拖动杆至合适的距离，松开鼠标左键，系统则自动添加了第二个爆炸步骤。如图 9-59 所示。

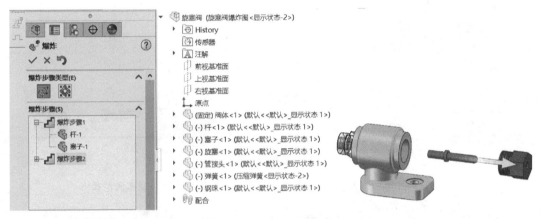

图 9-59　建立第二个爆炸步骤：杆向左移开

3）将管接头和旋塞向左移出。在视图区选择管接头、旋塞，选择时可以从装配体特征管理器中直接单击零件名称，将移动方向单击改为反方向，按住鼠标左键向左拖动移出，松开鼠标左键，系统则自动添加了第三个爆炸步骤。如图 9-60 所示。

4）依次将弹簧、钢珠、旋塞向左移出。在视图区依次对弹簧、钢珠、旋塞进行向左移出操作，如图 9-61 所示。

5）单击"确认"按钮，这样就完成了旋塞阀的爆炸视图。

4. 编辑修改爆炸步骤

在生成装配体爆炸视图的过程中，可能会有零件移动的位置、距离或者零件移动顺序等需要修改的地方，这时就需要对爆炸步骤进行编辑。具体操作如下：

1）单击"旋塞阀爆炸图"前的加号，再单击展开的"爆炸视图"，单击鼠标的右键，在弹出的快捷菜单中选择"编辑特征"，系统自动弹出"爆炸"界面，就可以对爆炸步骤进行修改了，如图 9-62 所示。

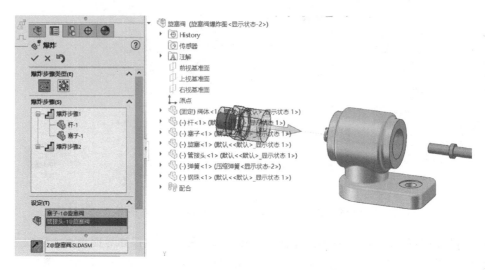

图 9-60　建立第三个爆炸步骤：管接头和旋塞向左移出

图 9-61　添加第四、五、六个爆炸步骤：依次将弹簧、钢珠、旋塞向左移出

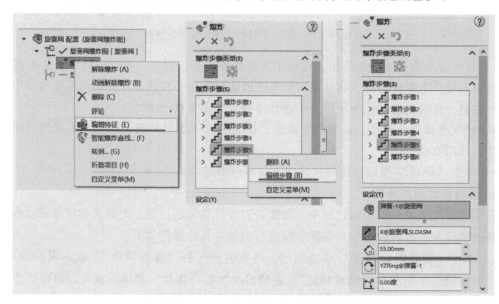

图 9-62　编辑修改爆炸图中的位置

2）修改爆炸顺序。单击要修改顺序的步骤，按住鼠标左键，向前或向后拖动该步骤名称，即可更改某一步骤的顺序。

3）修改爆炸距离。单击要修改距离的步骤，在视图区拖动代表移动方向的那个轴，即可改变距离。或者，在左侧的界面里，对距离值进行修改，输入新的数值。

4）添加新的零件。要在某个步骤里添加新的零件，则双击该步骤，在"设定"会显示该步骤中参与的零件名称。在视图区点击待添加的新零件，单击"应用"按钮，则零件被添加到该步骤中。

5）添加新的爆炸步骤。在视图区选择零件，确定移动方向和移动距离，如前述"3.建立爆炸步骤"中的操作一样。

5. 观看动画效果

单击配置名称，单击鼠标右键，在弹出的快捷菜单中选择"动画解除爆炸"，出现"动画控制器"界面，在视图区可以看到零件装配的动画过程。

在"动画控制器"界面里，单击不同的按钮，可以改变动画显示的速度、循环方式等，也可以将动画保存为文件，如图9-63所示。

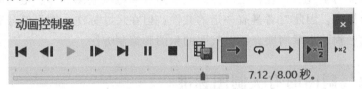

图 9-63　"动画控制器"界面

本 章 小 结

本章介绍了国家标准中对装配图画法的规定、读装配图的基本原则，同时讲述了在SOLIDWORKS中建立三维装配体以及生成爆炸图的方法。

读装配图是本章的重点和难点。装配图上综合了国家标准关于机械制图的很多内容，熟悉国家标准的各项规定是读懂装配图的前提。每个装配体的功能和应用场合不同，其结构也有较多差异，但是其表达方法都应遵循国家标准的规定。只有多看多练，逐渐积累和丰富机械结构及其表达习惯方面的经验，才能掌握装配图的读图方法。

思考与练习

9-1　装配图的规定画法和特殊画法有哪些？

9-2　装配图中常见的尺寸有哪些？

9-3　在SOLIDWORKS中，装配体中零部件之间的标准装配关系有哪些？

9-4　在SOLIDWORKS中，装配图文件和零件图文件的扩展名是什么？

9-5　添加明细栏和序号时要注意什么问题？

9-6　如何建立爆炸视图？

9-7　试以旋塞阀各零件完成装配体及工程图，并生成装配爆炸图。

第十章

电气制图

　　电气图是电气技术领域的基本技术语言。为了表达电气工作原理、描述电气产品的构成和功能，同时也便于设备的安装、调试和维修，而将系统中各电气元件及连接关系用一定的图样反映出来，在图样上用规定的图形符号表示各电气元件，并用文字符号说明各电气元件，这样的图样称为电气图，也称电气控制系统图。和机械制图一样，电气制图同样需要遵守技术制图国家标准，因此二者具有一定的共性；但在尺寸标注、图形符号和文字符号等方面也存在一定的区别。本章简要介绍电气图的识图和绘制方法。

第一节　电气制图的有关制图标准

　　电气制图中的图纸幅面、图框、标题栏、字体、比例、投影法、图样画法等应符合《技术　制图》标准中的相关规则，而这部分内容在第二章中已作过详细的介绍，在此不再重复讲述。各种电气元件的图形符号和文字符号应按照我国已颁布实施的有关国家标准绘制，如电气简图用图形符号（GB/T 4728.1—2018）、电气技术用文件的编制（GB/T 6988.1—2008）、技术产品及技术产品文件结构原则字母代码按项目用途和任务划分的主类和子类（GB/T 20939—2007）。这里简要介绍有关电气制图方面的特有规则和标准。

　　1. 图线

　　（1）图线形式　在电气制图中，一般使用四种形式的图线，分别为实线、虚线、点画线和双点画线。其图线形式和一般用途应用见表 10-1。

表 10-1　电气制图图线形式和一般用途

图线名称	图线形式	一般用途
实线	——————————	基本线、简图主要内容（图形符号及连线）用线、可见轮廓线、可见导线
虚线	— — — — — — — —	辅助线、屏蔽线、机械（液压、气动等）连接线、不可见导线、不可见轮廓线
点画线	— · — · — · — · —	分界线（表示结构、功能分组用）、围框线、控制及信号线路（电力及照明用）
双点画线	— ·· — ·· — ·· —	辅助围框线 50V 及以下电力及照明线路

（2）图线宽度 在电气技术文件的编制中，图线的粗细可根据图形符号的大小选择，通常只选用两种宽度的图线，并尽可能地采用细图线。有时为区分或突出符号，或避免混淆和特别需要，也可采用粗图线。一般粗图线的宽度为细图线宽度的两倍。在绘图中，如需两种或两种以上宽度的图线，则应按照细图线宽度 2 的倍数依次递增选择。图线的宽度一般从下列数值中选取：0.25、0.35、0.5、0.7、1.0、1.4（单位为 mm）。

2. 箭头与指引线

（1）箭头 电气制图中的箭头符号有开口箭头和实心箭头两种形式。开口箭头如图 10-1a 所示，主要用于表示能量和信号流的传播方向。实

a) 开口箭头   b) 实心箭头

图 10-1 电气图中的箭头

心箭头如图 10-1b 所示，主要用于表示可变性、力和运动方向及指引线方向。需要注意的是，这些箭头不可触及任何图形符号。

（2）指引线 指引线主要用于指示注释的对象，采用细实线绘制，其末端指向被注释处，并加注以下标记：若末端在一物体的轮廓线内，用一圆点表示，如图 10-2a 所示；若末端在一物体的轮廓线上，用一箭头表示，如图 10-2b 所示；若末端在尺寸线上，则既不用圆点，也不用箭头表示。末端在连接线上的指引线，采用在连接线和指引线交点上画一短斜线或箭头表示终止，并允许有多个末端，如图 10-2c 所示。

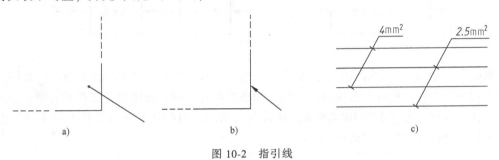

图 10-2 指引线

第二节　几种常见的电气图

电气图不同于机械工程图、建筑工程图，其主要特点归纳为：

（1）电气图的主要形式 包括：

1）简图（diagram），主要是通过图形符号表示项目及它们之间关系的图示形式来表达信息，如概略图、功能图、电路图、接线图、等效电路图、逻辑功能图等。

2）表图（chart；graph），是表达两个或多个变量、操作或状态之间关系的图示形式，如表达系统各单元间工作次序或状态信息的顺序表图（sequence chart）。

3）表格（table；list），以行和列的形式表达信息，如表达项目组件或单元之间物理连接信息的接线表（connection table）。

（2）电气图描述的主要内容 电气元件和连接线。

（3）电气图的主要布局方法 包括位置布局法和功能布局法两种。

（4）电气图的基本要素 图形符号、文字符号和项目代号。

对系统元件和连接线的描述方法不同，构成了电气图的多样性。

一、概略图

1. 概略图的一般规定

概率图也称系统图或框图，是指表示系统、分系统、装置、部件、设备与软件中各项目之间主要关系和连接的相对比较简单的简图。概略图通过展示项目的主要成分和他们之间的关系来提供项目的总体印象，如收音机、发电厂或控制程序，概率图可包括非电气的组成部分，通常应强调所描述的项目的一个方面，如功能方面，地形学方面、连接性方面。忽略结构所在位置的任何项目均可表示在同一个概略图中。概略图中，多回路电路应用单线表示。

2. 概略图的布局

概略图有功能布局法和位置布局法两种，分别强调功能关系和实际位置。一般应按功能布局法绘制，图中可补充位置信息，当位置信息对理解功能很重要时，可以采用位置布局法。

概略图可以在功能或结构的不同层次上绘制，较高的层次描述总系统，而较低的层次描述分系统。某一层次的概略图应包含检索描述较低层次文件的标记，每一个图形符号，包括方框符号（如图 10-3 所示），必要时，应标注项目代号。

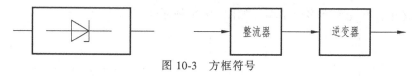

图 10-3　方框符号

概略图的布局一般按信号的流向从左至右排成一行，当一行尚不足以排布时，允许自上而下排成相互平行的横行。布局时，将输入端布置在其左侧，输出端布置在其右侧，辅助电路布置在主电路下方，如图 10-4 所示，这样在读图时，根据从左向右，从上到下的读图原则，很容易分析该图的工作原理。

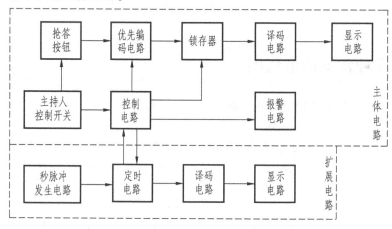

图 10-4　概略图的布局

二、电路图

1. 电路图的一般规定

电路图是使用图形符号、文字符号表示各元器件、单元之间的电路工作原理及相互连接关系的简图，如图 10-5 所示，电路图又称电气原理图。电路图应表示系统、分系统、成套装置、设备等实际电路的细节，但不必考虑其组成项目的实体尺寸、形状或位置。它应为以下用途提供必要的信息：

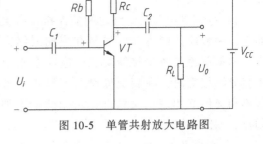

图 10-5　单管共射放大电路图

1）了解电路所起的作用。

2）编制接线文件。

3）测试和寻找故障。

4）安装和维修。

2. 常用电气设备的文字、图形符号

在绘制电路图时，所有元器件应采用图形符号绘制，并标注相应的文字符号，文字符号应标注在图形符号的上方或左方，需标注技术参数时，应在文字符号下方。

图形符号应符合 GB/T 4728.1—2018 的规定，文字符号应符合 GB/T 20939—2007 的规定。表 10-2 中列出了部分电气设备的文字、图形符号。

表 10-2　部分电气设备的文字、图形符号

名称	文字符号	图形符号	名称	文字符号	图形符号
电阻器的一般符号	R		可调电容器	C	
可变电阻器	R		半导体二极管一般符号	V	
带滑动触点电位器	RP		单向击穿二极管 电压调整二极管 齐纳二极管	V	
电容器的一般符号	C		PNP 型半导体管	V	
极性电容器	C		集电极接管壳 NPN 型半导体管	V	

3. 电路图的绘制

电路图的布局原则为"布局合理、排列均匀、画面清晰、便于看图"。绘制电路图可按以下步骤进行：

1）按电路不同功能将全电路分成若干级，然后以各级电路中的主要元件为中心，在图中沿水平方向分成若干段。

2）电路的输入端画在图的左侧，输出端画在图的右侧，使电信号从左到右，从上而下流动。

3）排布各级电路主要元件的图形符号（字母），如 R（电阻器）、C（电容器）等，使其尽量位于图形中心水平线上。应注意电路图上每一个图形符号都要标注元器件的文字符

号，每一类元器件要按照它们在图中的位置，自上而下，从左到右注出它们的位置顺序号，如 R_1，R_2，R_3……

4）分别画出各级电路之间的连接及有关元器件，一般应使同类元件尽量在横向或纵向对齐，尽量避免或减少接线交叉。应注意水平和垂直导线相交时，在相交处画一黑圆点；若导线不相交但又出现交叉情况，在相交处不加黑圆点，如图10-6所示。

图 10-6　导线相交与不相交的画法

5）画出其他附加电路及元器件，标注数据及代号。

6）检查全图连接是否有误，布局是否合理，最后加深。

三、接线图

1. 接线图的一般规定

接线图是用符号表示电子产品中各个项目（元器件、组件、设备等）之间电连接以及相对位置的一种简图。它提供各个项目如元件、器件、组件和装置之间实际连接的信息，用于设备的装配、安装和维修。

2. 接线图的绘制

接线图应采用位置布局法，无须按比例绘制。

1）按元器件在设备中的真实位置画出外形和接头。

2）从设备背面看元器件的接头或管脚编号是顺时针方向。

3）图中每一根导线均应编号，编号的方法有两种：

顺序法：按接线的次序进行标号。每根导线有一个编号，分别写在导线两端接头处，如图10-7所示为直接式接线图。

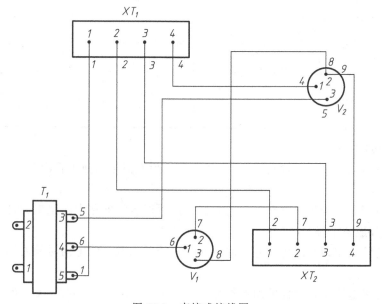

图 10-7　直接式接线图

等电位法：每根导线用两组号码进行编号，第一组表示等电位序号，第二组表示相同电位导线的序号，如图 10-8 所示为基线式接线图。

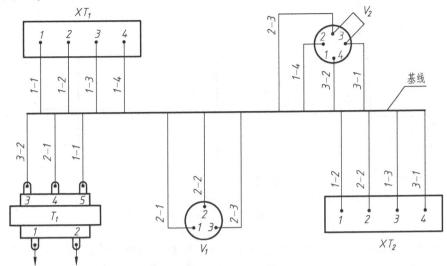

图 10-8　基线式接线图

4）通常在接线图中附一接线表，表内填写各导线编号、颜色、规格、长度及两端应连接处等内容。

3. 接线图的表达形式

接线图在其表达上有四种不同的形式，即直接式、基线式、走线式（干线式）和表格式。各种接线方式适用于不同情况，在学习时应注意正确应用。

（1）直接式接线图　在元器件的接头与接头之间，用各种不同规格和颜色的导线连接起来，表示这种接线方式的图称为直接式接线图，如图 10-7 所示。直接式接线图适用于简单电子部件的接线，能使读者直接在图上看出每一条导线的通路，具有用线短和易于检查线路的优点，故应用较广。

（2）基线式接线图　从各端点引出的导线，全部都绑扎在一条称为"基线"的直线上，基线一般选画在元器件的中间，表示这种接线方式的图称为基线式接线图，如图 10-8 所示。基线式接线图对线扎的固定比较方便，适用于易受振动的产品和多层重叠接线面的布线。为了更清楚地说明基线式接线图上各端点的连接关系，可附加接线表。

（3）走线式接线图　将元器件走线相同的导线绑扎成一束，这种接线方式的图为走线式（干线式）接线图，简称走线图或干线图，如图 10-9 所示。

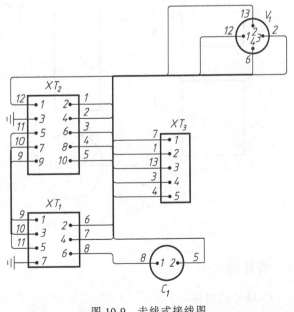

图 10-9　走线式接线图

走线图能近似反映内部线路接法。因此走线图与基线图的特点近似，但比基线图直观。画图时走向线用粗实线表示，导线用细实线表示，两线汇交处有三种画法，如图 10-10 所示。

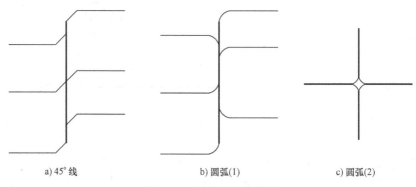

a) 45° 线   b) 圆弧(1)   c) 圆弧(2)

图 10-10　两线汇交处画法

（4）表格式接线图　在图上只画元器件外形和端点，不画导线，以表格形式代替导线通路，表示这种接线方式的图称为表格式接线图（简称表格图），如图 10-11 所示。

表格图的最大特点是没有接线，这对于用几张图纸绘制复杂的接线图时特别适用。

在表格中元器件仍按在设备中的位置画出，表格放在图样右上角。

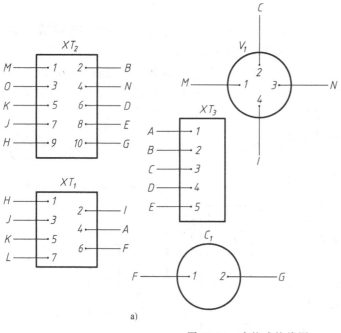

线号	导线规格	自何处来	接到何处
A	橙	XT3-1	XT1-4
B	白	XT3-2	XT2-2
C	紫	XT3-3	V1-2
D	蓝	XT3-4	XT2-6
E	绿	XT3-5	XT2-8
F	棕	C1-1	XT1-6
G	红	C1-2	XT2-10
H	灰白	XT1-1	XT2-9
I	黄	XT1-2	V1-4
J	蓝-紫	XT1-3	XT2-7
K	黄-绿	XT1-5	XT2-5
L	黑	XT1-7	接地
M	黑-红	V1-1	XT2-1
N	灰	V1-3	XT2-4
O	黑	XT2-3	接地

a)   b)

图 10-11　表格式接线图

四、线扎图

1. 线扎图概述

线扎图是用来表示多根导线或电缆线按布线及接线的要求绑扎或粘合在一起的图样。它是根据设备中各接线点的实际位置及接线图中走线的要求绘制的。

2. 线扎图的表达方式

（1）结构式　线扎的主干和分支外形轮廓用粗实线表示；线扎处的绑扎线用两条细实线表示；导线抽头也用细实线表示，并预留适当的抽头长度，如图10-12所示。

（2）示意式　线扎的主干和分支用特粗线表示，导线抽头用细实线表示，如图10-13所示。

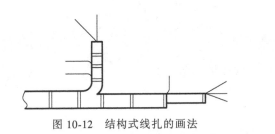

图10-12　结构式线扎的画法

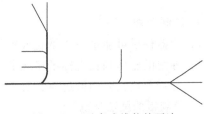

图10-13　示意式线扎的画法

3. 绘制线扎图的一些规定

线扎图应按投影关系进行绘制，投射方向应选择主干和分支最多的平面以表示线扎的大部分轮廓。对于不在此平面内的主干和分支，可用适当的视图和规定的折弯符号来表示，见表10-3。

表10-3　线扎图的折弯符号

基本折弯符号		组合折弯符号	
符号	表示意义	符号	表示意义
⊙	向上折弯90°	⊖	向上折弯90°后，再按箭头方向折弯90°
⊕	向下折弯90°	⊕	同时向上、向下折弯90°
⊖	表示主干（或分支）中有部分分支	⊕	表示主干（或分支）中有部分分支向上折弯90°
→	表示再次折弯方向	⊕	向下折弯90°后，再按箭头方向折弯90°

五、印制电路板

1. 印制电路板概述

印制电路板又称印刷电路板（Printed Circuit Board，PCB），是以覆铜的绝缘板为基材，采用保护性腐蚀法，按电路所需将其上面覆盖的铜箔腐蚀掉一部分，保留的铜箔作为导线，也简称印制板。它将电路图中各有关图形符号之间的电气连接转变成所对应的实际元器件之间的电气连接，同时也起着结构支撑的作用。

印制板的使用，很大程度上提高了元器件的装配速度，保证了元器件之间电气连接的可靠性，大大缩小了整机的结构尺寸，为设备的调试和维修提供了方便，为装配生产自动化提供了先决条件。

印制板图样可分为设计草图、装配图、布线图和机加工图等四类图样。

印制板设计草图——根据产品的电原理图绘制。首先分析电原理图，熟悉全部元器件，设计出最佳方案。

印制板装配图——按照设计草图绘制。它着重表达各元器件或结构件在板上的安装位置、连接情况以及外形尺寸等。

印制板布线图——根据印制板装配图绘制，专供拍照制版用。

印制板零件图——根据印制板装配图绘制，用来表示印制板的形状、有公差要求的重要尺寸、板面上安装孔和槽等要素的尺寸以及有关技术要求的图样，供机械加工印制板时使用。

2．绘制须知

1）元器件尽可能水平或垂直放置。

2）导线的轮廓画在坐标纸格线上，孔的中心圆在格线交点上。

3）导线要短，要圆滑过渡，避免出现尖角。

3．印制板的画法举例

以如图10-14所示电路原理图为例说明印制电路板的绘图过程。

（1）分析电路原理图　在图10-14中有两个电阻、两个电容、一个晶体管和四个输入端。

（2）画设计草图　设计草图如图10-15所示。

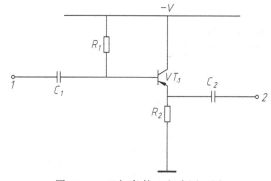

图10-14　已知条件：电路原理图

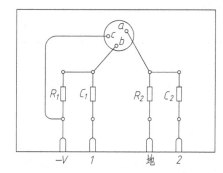

图10-15　设计草图

（3）绘制印制板装配图　设计草图结束之后，就可以绘制装配图。印制板装配图是表示各种元器件和结构件等与印制板连接关系的图样。印制板装配图绘制应考虑如下因素：

1）首先考虑看图方便，根据安（贴、插）装元器件的结构特点，选用恰当的表示方法。在完整、清晰地表达元器件和结构件等与印制板的连接关系前提下，力求制图简便。

2）图样中应有必要的外形尺寸、安装尺寸以及其他产品的连接位置和尺寸。

3）各种有极性的元器件，应在图样中标出极性。

4）允许时，技术要求和有关规范也应该标注。

5）当用一个视图就能表达清楚时，也可只画出一个视图，此时应将镜像的元器件和结构件用虚线绘制。当元器件采用图形符号绘制时，仅引线用虚线绘制。

印制板装配图常选择安装元器件的一面为主视图，所以底板的布线用虚线表示，如图10-16所示。

（4）绘制印制板布线图　根据印制板装配图来绘制布线图以反映出印制板布线的真实情况，如图10-17所示。

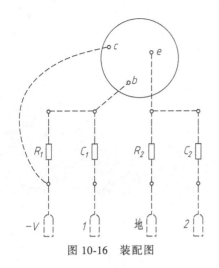

图 10-16　装配图

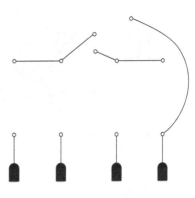

图 10-17　布线图

（5）印制板零件图　根据印制板装配图绘制零件图。印制电路板零件图上应标注板的外形尺寸、安装尺寸、元件孔尺寸、机械连接孔尺寸等。尺寸标注除了采用机械制图中的尺寸注法外，还常采用直角坐标网格法。对于有公差要求的尺寸，必须在图上注明。对公差要求不高的尺寸可省略不注，由坐标网格确定。各类孔的直径、数量可用表格形式注在图旁。

本 章 小 结

　　本章简要介绍了部分有关电子、电气制图的基础知识和一般规则。通过对本章的学习，应了解几种常见的电气图：概略图、电路图、接线图、线扎图和印制电路板。重点掌握常用图形符号的绘制原则，熟悉概略图、电路图和接线图的作用及绘制方法。

思考与练习

　　10-1　试述五种电气图的作用及特点。

　　10-2　结合专业知识，电子、电气专业的同学可在计算机上练习绘制见表 10-2 列出的图形符号，以及绘制简单的电子、电气图等。

附　录

附录 A　常用标准尺寸和零件结构要素

表 A-1　零件倒角和倒圆（摘自 GB/T 6403.4—2008）　　　　（单位：mm）

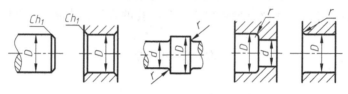

直径 D	3~6	>6~10	>10~18	>18~30	>30~50	>50~80	>80~120	>120~180
r 或 h_1	0.3	0.5、0.6	0.8	1.0	1.2、1.6	2.0	2.5	3.5

注：倒角一般均用 45°，也允许用 30°、60°。

表 A-2　砂轮越程槽（摘自 GB/T 6403.5—2008）　　　　（单位：mm）

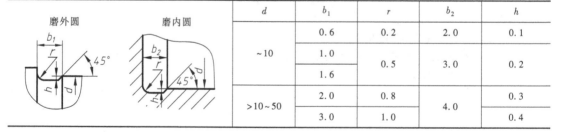

d	b_1	r	b_2	h
~10	0.6	0.2	2.0	0.1
	1.0	0.5	3.0	0.2
	1.6			
>10~50	2.0	0.8	4.0	0.3
	3.0	1.0		0.4

表 A-3　普通螺纹直径与螺距系列（摘自 GB/T 193—2003、GB/T 196—2003）

（单位：mm）

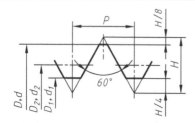

$D_1 = d_1 = D - 2 \times 5/8H$

$D_2 = d_2 = D - 2 \times 3/8H$

$H = 0.866025404P$

P—螺距

（续）

公称直径 D,d		螺距 P		中径 D_2,d_2	小径 D_1,d_1
第一系列	第二系列	粗牙	细牙	粗牙	
3		0.5	0.35	2.675	2.459
	3.5	(0.6)	0.35	3.110	2.850
4		0.7		3.545	3.242
	4.5	(0.75)	0.5	4.013	3.688
5		0.8		4.480	4.134
6		1	0.75	5.350	4.917
8		1.25	1,0.75	7.188	6.647
10		1.5	1.25,1,0.75	9.026	8.376
12		1.75	1.5,1.25,1	10.863	10.106
	14	2	1.5,(1.25)*,1	12.701	11.835
16		2	1.5,1	14.701	13.835
	18	2.5	2,1.5,1	16.376	15.294
20		2.5	2,1.5,1	18.376	17.294
	22	2.5	2,1.5,1	20.376	19.294
24		3	2,1.5,1	22.051	20.752
	27	3	2,1.5,1	25.051	23.752
30		3.5	(3),2,1.5,(1),(0.75)	27.727	26.211
	33	3.5	(3),2,1.5,(1),(0.75)	30.727	29.211
36		4	3,2,1.5,(1)	33.402	31.670

注：1. 螺纹公称直径应优先选用第一系列，第三系列未列入。
    2. 括号内的螺距尽可能不用。
    3. * M14×1.25 仅用于火花塞。
    4. 表中的小径按 $D_1=d_1=d-2\times5/8H$，$H=0.8660025404P$

表 A-4 梯形螺纹（摘自 GB/T 5796.2—2005） （单位：mm）

公称直径	第一系列	10		12		16		20		24		28		32		36		40		44		48		52		60
	第二系列		11		14		18		22		26		30		34		38		42		46		50		55	
螺距	优先选用	2		3		4		5			6			7			8				9			
	一般	1.5	3		2			3,8			3,10				3,12				3,14					

表 A-5 55°非密封管螺纹（摘自 GB/T 7307—2001） （单位：mm）

尺寸代号	每25.4mm内的牙数 n	螺距 P	基本直径或基面上的基本直径	
			大径 $d=D$	小径 $d_1=D_1$
1/8	28	0.907	9.728	8.566
1/4	19	1.337	13.157	11.445
3/8			16.662	14.950

（续）

尺寸代号	每25.4mm 内的牙数 n	螺距 P	基本直径或基面上的基本直径	
			大径 $d=D$	小径 $d_1=D_1$
1/2	14	1.814	20.955	18.631
5/8			22.911	20.587
3/4			26.441	24.117
7/8			30.201	27.877
1	11	2.309	33.249	30.291
1⅛			37.897	34.939
2			59.614	56.656
2½			75.184	72.226
3			87.884	84.926
3½			100.330	97.372

表 A-6　紧固件通孔及沉头座尺寸（摘自 GB/T 5277—1985、GB/T 152.2—2014、

GB/T 152.3—1988、GB/T 152.4—1988）　　　（单位：mm）

螺栓或螺钉直径 d			4	5	6	8	10	12	14	16	18	20	22	24	30	36
通孔直径 d_1		精装配	4.3	5.3	6.4	8.4	10.5	13	15	17	19	21	23	25	31	37
		中等装配	4.5	5.5	6.6	9	11	13.5	15.5	17.5	20	22	24	26	33	39
		粗装配	4.8	5.8	7	10	12	14.5	16.5	18.5	21	24	26	28	35	42
用于沉头螺钉	GB/T 152.2—2014	d_2	9.6	10.6	12.8	17.6	20.3	24.4	28.4	32.4	—	40.4	—	—	—	—
		$t\approx$	2.7	2.7	3.3	4.6	5	6	7	8	—	10	—	—	—	—
		d_1	4.5	5.5	6.6	9	11	13.5	15.5	17.5	—	22	—	—	—	—
用于圆柱头内六角螺钉	GB/T 152.3—1988	d_2	8	10	11	15	18	20	24	26	—	33	—	40	48	57
		t	4.6	5.7	6.8	9	11	13	15	17.5	—	21.5	—	25.5	32	38
		d_3	—	—	—	—	—	16	18	20	—	24	—	28	36	42
		d_1	4.5	5.5	6.6	9	11	13.5	15.5	17.5	—	22	—	26	33	39
用于开槽柱盘头螺钉		d_2	8	10	11	15	18	20	24	26	—	33	—	—	—	—
		t	3.2	4	4.7	6	7	8	9	10.5	—	12.5	—	—	—	—
		d_3	—	—	—	—	—	16	18	20	—	24	—	—	—	—
		d_1	4.5	5.5	6.6	9	11	13.5	15.5	17.5	—	22	—	—	—	—

（续）

螺栓或螺钉直径 d		4	5	6	8	10	12	14	16	18	20	22	24	30	36
GB/T 152.4——1988 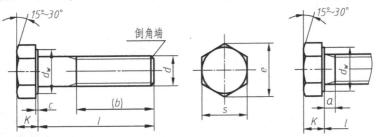	d_2	10	11	13	18	22	26	30	33	36	40	43	48	61	71
	t	只要能制出与通孔轴线垂直的圆平面即可													
	d_3	—	—	—	—	—	16	18	20	22	24	26	28	36	42
	d_1	4.5	5.5	6.6	9	11	13.5	15.5	17.5	20	22	24	26	33	39

用于六角头螺栓和螺母

附录 B　常用标准件

表 B-1　六角头螺栓　　　　　　　　　　　　　　　　　　（单位：mm）

六角头螺栓—A 和 B 级（GB/T 5782—2016）　　　六角头螺栓—全螺纹—A 和 B 级（GB/T 5783—2016）

标记示例

螺纹规格 d＝M12、公称长度 l＝80mm、性能等级为 8.8 级、表面氧化、A 级的六角头螺栓：
　　　　螺栓 GB/T 5782　M12×80

螺纹规格 d＝M12、公称长度 l＝80mm、全螺纹、A 级的六角头螺栓：
　　　　螺栓 GB/T 5783　M12×80

螺纹规格			M4	M5	M6	M8	M10	M12	M16	M20	M24	M30	M36
s			7	8	10	13	16	18	24	30	36	46	55
K			2.8	3.5	4	5.3	6.4	7.5	10	12.5	15	18.7	22.5
$e(\min)$		A 级	7.66	8.79	11.05	14.38	17.77	20.03	26.75	33.53	39.98	50.85	60.79
		B 级	7.50	8.63	10.89	14.20	17.59	19.85	26.17	32.95	39.55	50.85	60.79
$d_w(\min)$		A 级	5.88	6.88	8.88	11.63	14.63	16.63	22.49	28.19	33.61	42.75	51.11
		B 级	5.74	6.74	8.74	11.47	14.47	16.47	22	27.7	33.25	42.75	51.11
c			0.4	0.5	0.5	0.6	0.6	0.6	0.8	0.8	0.8	0.8	0.8
GB/T 5782—2016	b 参考	$l\leqslant125$	14	16	18	22	26	30	38	46	54	66	78
		$125<l\leqslant200$	20	22	24	28	32	36	44	52	60	72	84
		$l>200$	33	35	37	41	45	49	57	65	73	85	97
	l 范围		25～40	25～50	30～60	35～80	40～100	45～120	55～160	65～200	80～200	90～300	110～360
GB/T 5783—2016	$a(\max)$		2.1	2.4	3	3.75	4.5	5.25	6	7.5	9	10.5	12
	l 范围		8～40	10～50	12～60	16～80	20～100	25～100	35～100	40～100	40～100	40～100	40～100
l 系列			6,8,10,12,16,20,25,30,35,40,45,50,55,60,70～160（10 进位），180～360（20 进位）										

注：1. A 级用于 $d\leqslant24$ 和 $l\leqslant10d$ 或 $l\leqslant150$ 的螺栓；B 级用于 $d>24$ 和 $l>10d$ 或 $l>150$ 的螺栓
　　2. a 为螺杆上具有螺尾部分的长度。

表 B-2　双头螺柱　　　　　　　　　　　　　　　（单位：mm）

$b_m = 1d(\text{GB/T }897—1988)$，　　　　$b_m = 1.25d(\text{GB/T }898—1988)$

$b_m = 1.5d(\text{GB/T }899—1988)$，　　　$b_m = 2d(\text{GB/T }900—1988)$

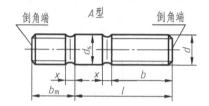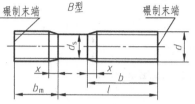

标记示例

两端均为粗牙普通螺纹，$d=10,l=50,b_m=1d$，B 型，力学性能等级为 4.8 级：

螺柱 GB/T 897　　M10×50

旋入端为粗牙普通螺纹，旋螺母一端为细牙螺纹，$P=1\text{mm}, d=10, l=50, b_m=1.25d$，A 型，力学性能等级为 4.8 级：

螺柱 GB/T 898　　AM10—M10×1×50

螺纹规格 d	b_m				l/b
	GB/T 897 —1988	GB/T 898 —1988	GB/T 899 —1988	GB/T 900 —1988	
M4	4	5	6	8	$(16\sim20)/8$、$(25\sim45)/14$
M5	5	6	8	10	$(16\sim22)/10$、$(25\sim50)/16$
M6	6	8	10	12	$(20\sim22)/10$、$(25\sim30)/14$、$(32\sim75)/18$
M8	8	10	12	16	$(20\sim22)/12$、$(25\sim30)/16$、$(32\sim90)/22$
M10	10	12	15	20	$(25\sim28)/14$、$(30\sim38)/16$、$(40\sim120)/26$、$130/32$
M12	12	15	18	24	$(25\sim30)/16$、$(32\sim40)/20$、$(45\sim120)/30$、$(130\sim180)/36$
M16	16	20	24	32	$(30\sim38)/20$、$(40\sim55)/30$、$(60\sim120)/38$、$(130\sim200)/44$
M20	20	25	30	40	$(35\sim40)/25$、$(45\sim65)/35$、$(70\sim120)/46$、$(130\sim200)/52$
M24	24	30	36	48	$(45\sim50)/30$、$(55\sim75)/45$、$(80\sim120)/54$、$(130\sim200)/60$
M30	30	38	45	60	$(60\sim65)/40$、$(70\sim90)/50$、$(95\sim120)/66$、$(130\sim200)/72$、$(210\sim250)/85$
M36	36	45	54	72	$(60\sim75)/45$、$(80\sim110)/60$、$120/78$、$(130\sim200)/84$、$(210\sim300)/97$
l 系列	16、(18)、20、(22)、25、(28)、30、(32)、35、(38)、40、45、50、(55)、60、(65)、70、(75)、80、(85)、90、(95)、100、110、120、130、140、150、160、170、180、190、200、210、220、230、240、250、260、280、300				

注：1. 尽可能不用括号内的规格。

　　2. 本表所列双头螺柱之力学性能等级为 4.8 级或 8.8 级。

　　3. $d_s \approx$ 螺纹中径，$x = 2.5P$（螺距）。

表 B-3　螺母　　　　　　　　　　　　　　　　（单位：mm）

1 型六角螺母—A 级和 B 级　　　　2 型六角螺母—A 级和 B 级　　　　六角薄螺母

GB/T 6170—2015　　　　　　　　GB/T 6175—2016　　　　　　　GB/T 6172.1—2016

标记示例

螺纹规格 $D=$M12、性能等级 10 级、不经表面处理，A 级 1 型六角螺母：　螺母 GB/T 6170　M12

螺纹规格 $D=$M12、性能等级 10 级、不经表面处理，A 级的六角薄螺母：　螺母 GB/T 6172.1　M12

（续）

螺纹规格 D		M5	M6	M8	M10	M12	M16	M20	M24	M30	M36
e	min	8.79	11.05	14.38	17.77	20.03	26.75	32.95	39.55	50.85	60.79
s	max	8	10	13	16	18	24	30	36	46	55
	min	7.78	9.78	12.73	15.73	17.73	23.67	29.16	35	45	53.8
d_w	min	6.9	8.9	11.6	14.6	16.6	22.5	27.7	33.2	42.8	51.1
d_a	max	5.75	6.75	8.75	10.8	13	17.3	21.6	25.9	32.4	38.9
c	max	0.5	0.5	0.6	0.6	0.6	0.8	0.8	0.8	0.8	0.8
M_w	min	3.5	3.9	5.2	6.4	8.3	11.3	13.5	16,2	19.4	23.5
m	max	4.7	5.2	6.8	8.4	10.8	14.8	18	21.5	25.6	31
GB/T 6170—2015	min	4.4	4.9	6.44	8.04	10.37	14.1	16.9	20.2	24.3	29.4
m	max	2.7	3.2	4	5	6	8	10	12	15	18
GB/T 6172.1—2016	min	2.45	2.9	3.7	4.7	5.7	7.42	9.10	10.9	13.9	16.9
m	max	5.1	5.7	7.5	9.3	12	16.4	20.3	23.9	28.6	34.7
GB/T 6175—2016	min	4.8	5.4	7.14	8.94	11.57	15.7	19	22.6	27.3	33.1

注：A 级用于 $D \leqslant 16\text{mm}$；B 级用于 $D > 16\text{mm}$。

表 B-4　垫圈 　　　　　　　　　　　　　　　　　（单位：mm）

小垫圈—A 级　　　　平垫圈—A 级　　　　平垫圈倒角型—A 级　　　平垫圈—C 级
GB/T 848—2002　　GB/T 97.1—2002　　GB/T 97.2—2002　　　GB/T 95—2002

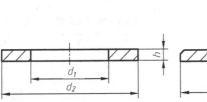

标记示例
标准系列、公称尺寸 $d = 8\text{mm}$，钢硬度等级为 140HV 级，不经表面处理的平垫圈：
垫圈 GB/T 97.1　8—140HV

公称尺寸（螺纹规格 d）			4	5	6	8	10	12	14	16	20	24	30	36
内径 d_1	产品等级	A	4.3	5.3	6.4	8.4	10.5	13	15	17	21	25	31	37
		C		5.5	6.5	9	11	13.5	15.5	17.5	22	26	33	39
GB/T 848—2002	外径 d_2		8	9	11	15	18	20	24	28	34	39	50	60
	厚度 h		0.5	1	1.6	1.6	1.6	2	2.5	2.5	3	4	4	5
GB/T 97.1—2002、GB/T 97.2—2002、GB/T 95—2002	外径 d_2		9	10	12	16	20	24	28	30	37	44	56	66
	厚度 h		0.8	1	1.6	1.6	2	2.5	2.5	3	3	4	4	5

表 B-5　标准型弹簧垫圈（摘自 GB/T 93—1987） 　　　　（单位：mm）

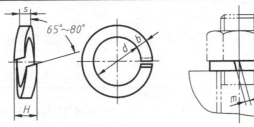

标记示例
规格 16mm、材料为 65Mn、表面氧化的标准型弹簧垫圈：垫圈　GB/T 93　16

（续）

规格(螺纹大径)		4	5	6	8	10	12	16	20	24	30
d	min	4.1	5.1	6.1	8.1	10.2	12.2	16.2	20.2	24.5	30.5
	max	4.4	5.4	6.68	8.68	10.9	12.9	16.9	21.04	25.5	31.5
$s(b)$	公称	1.1	1.3	1.6	2.1	2.6	3.1	4.1	5	6	7.5
	min	1	1.2	1.5	2	2.45	2.95	3.9	4.8	5.8	7.2
	max	1.2	1.4	1.7	2.2	2.75	3.25	4.3	5.2	6.2	7.8
H	min	2.2	2.6	3.2	4.2	5.2	6.2	8.2	10	12	15
	max	2.75	3.25	4	5.25	6.5	7.75	10.25	12.5	15	18.75
$m \leqslant$		0.55	0.65	0.8	1.05	1.3	1.55	2.05	2.5	3	3.75

表 B-6　螺钉　　　　　　　　　　　（单位：mm）

开槽圆柱头螺钉（GB/T 65—2016）　　开槽盘头螺钉（GB/T 67—2016）　　开槽沉头螺钉（GB/T 68—2016）

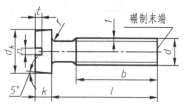 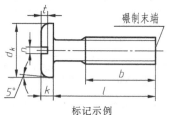 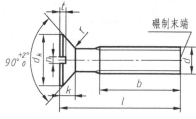

标记示例

螺纹规格 d＝M5，公称长度 l＝20、性能等级 10 级，不经表面处理的开槽圆柱头螺钉：螺钉 GB/T 65　M5×20

螺纹规格		M1.6	M2	M2.5	M3	M4	M5	M6	M8	M10
P(螺距)		0.35	0.4	0.45	0.5	0.7	0.8	1	1.25	1.5
b		25				38				
n		0.4	0.5	0.6	0.8	1.2		1.6	2	2.5
GB/T 65—2016	d_k	3	3.8	4.5	5.5	7	8.5	10	13	16
	k	1.1	1.4	1.8	2	2.6	3.3	3.9	5	6
	t	0.45	0.6	0.7	0.85	1.1	1.3	1.6	2	2.4
	r	0.1				0.2		0.25	0.4	
	l	2~16	3~20	3~25	4~30	5~40	6~50	8~60	10~80	12~80
	全螺纹时最大长度	30				40				
GB/T 67—2016	d_k	3.2	4	5	5.6	8	9.5	12	16	20
	k	1	1.3	1.5	1.8	2.4	3	3.6	4.8	6
	t	0.35	0.5	0.6	0.7	1	1.2	1.4	1.9	2.4
	r	0.1				0.2		0.25	0.4	
	l	2~16	2.5~20	3~25	4~30	5~40	6~50	8~60	10~80	12~80
	全螺纹时最大长度	30				40				
GB/T 68—2016	d_k	3	3.8	4.7	5.5	8.4	9.3	11.3	15.8	18.3
	k	1	1.2	1.5	1.65	2.7		3.3	4.65	5
	t	0.32	0.4	0.5	0.6	1	1.1	1.2	1.8	2
	r	0.4	0.5	0.6	0.8	1	1.3	1.5	2	2.5
	l	2.5~16	3~20	4~25	5~30	6~40	8~50	8~60	10~80	12~80
	全螺纹时最大长度	30				45				
l(系列)		2,2.5,3,4,5,6,8,10,12,(14),16,20,25,30,35,40,45,50,(55),60,(65),70,(75),80								

注：1. 对 GB/T 65—2016 公称长度 $l \leqslant 40$ 的螺钉，制出全螺纹。

　　2. 对 GB/T 67—2016　M1.6~M3 的螺钉，公称长度 $l \leqslant 30$ 的，制出全螺纹；M4~M10 的螺钉，公称长度 $l \leqslant 40$ 的，制出全螺纹。

　　3. 对 GB/T 68—2016　M1.6~M3 的螺钉，公称长度 $l \leqslant 30$ 的，制出全螺纹；M4~M10 的螺钉，公称长度 $l \leqslant 45$ 的，制出全螺纹。

表 B-7 平键、键槽的剖面尺寸（摘自 GB/T 1095—2003）、普通型 平键（摘自 GB/T 1096—2003）

（单位：mm）

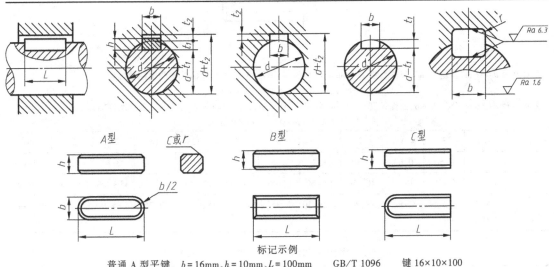

标记示例

普通 A 型平键	$b = 16mm$、$h = 10mm$、$L = 100mm$	GB/T 1096	键 16×10×100
普通 B 型平键	$b = 16mm$、$h = 10mm$、$L = 100mm$	GB/T 1096	键 B16×10×100
普通 C 型平键	$b = 16mm$、$h = 10mm$、$L = 100mm$	GB/T 1096	键 C16×10×100

轴	键		键槽										
			宽度 b						深度				半径 r
公称直径 d	键尺寸 $b×h$	长度 L 范围	公称尺寸 b	极限偏差					轴 t_1		毂 t_2		
				松联结		正常联结		紧密联结	公称尺寸	极限偏差	公称尺寸	极限偏差	
				轴 H9	毂 D10	轴 N9	毂 JS9	轴和毂 P9					min	max
自 6~8	2×2	6~20	2	+0.025 0	+0.060 +0.020	−0.004 −0.029	±0.0125	−0.006 −0.031	1.2		1		0.08	0.16
>8~10	3×3	6~36	3						1.8	+0.1 0	1.4	+0.1 0	
>10~12	4×4	8~45	4	+0.030 0	+0.078 +0.030	0 −0.030	±0.015	−0.012 −0.042	2.5		1.8		
>12~17	5×5	10~56	5						3.0		2.3		
>17~22	6×6	14~70	6						3.5		2.8		0.16	0.25
>22~30	8×7	18~90	8	+0.036 0	+0.098 +0.040	0 −0.036	±0.018	−0.015 −0.051	4.0		3.3		
>30~38	10×8	22~110	10						5.0		3.3		
>38~44	12×8	28~140	12						5.0		3.3		
>44~50	14×9	36~160	14	+0.043 0	+0.120 +0.050	0 −0.043	±0.0215	−0.018 −0.061	5.5		3.8		0.25	0.40
>50~58	16×10	45~180	16						6.0	+0.2 0	4.3	+0.2 0	
>58~65	18×11	50~200	18						7.0		4.4		
>65~75	20×12	56~220	20						7.5		4.9		
>75~85	22×14	63~250	22	+0.052 0	+0.149 +0.065	0 −0.052	±0.026	−0.022 −0.074	9.0		5.4		
>85~95	25×14	70~280	25						9.0		5.4		0.4	0.6
>95~110	28×16	80~320	28						10.0		604		
>110~130	32×18	90~360	32						11.0		7.4		
>130~150	36×20	100~400	36	+0.062 0	+0.180 +0.080	0 −0.062	±0.031	−0.026 −0.088	12.0		8.4		
>150~170	40×22	100~400	40						13.0	+0.3 0	9.4	+0.3 0	0.7	0.1
>170~200	45×25	110~450	45						15.0		10.4		

L 系列：6、8、10、12、14、16、18、20、22、25、28、32、36、40、45、50、56、63、70、80、90、100、110、125、140、160、180、200、220、250、280、320、360、400、450、500

注：在 2003 年发布的国家标准 GB/T 1095 表中取消"公称直径 d"一列。本附表增加"公称直径 d 和长度 L 范围"两列，是为初学者在完成作业时提供方便，根据轴径来确定键尺寸 $b×h$，选定键的长度值 L。本附表中未给出普通平键的尺寸与公差。

表 B-8　圆柱销（摘自 GB/T 119.1—2000）　　　　　　（单位：mm）

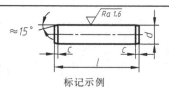

标记示例

公称直径 d = 8mm、公差为 m6、公称长度 l = 30mm、材料为钢、不经淬火、不经表面处理的圆柱销标记：

销　GB/T119.1　8m6×30

公称直径 d = 6mm、公差为 m6、公称长度 l = 30mm、材料为 Al 组奥氏体不锈钢、表面简单处理的圆柱销标记：

销 GB/T 119.1　6m6×30-Al

d（公称）	2.5	3	4	5	6	8	10	12	16	20	25	30
$c \approx$	0.4	0.50	0.63	0.80	1.2	1.6	2.0	2.5	3.0	3.5	4.0	5.0
l	6～24	8～30	8～40	10～50	12～60	14～80	18～95	22～140	26～180	35～200	50～200	60～200
l 系列	6、8、10、12、14、16、18、20、22、24、26、28、30、32、35、40、45、50、55、60、65、70、75、80、85、90、95、100、120、140、160、180、200										

表 B-9　深沟球轴承（摘自 GB/T 276—2013）　　　　　　（单位：mm）

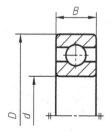

标记示例

60000 型　　滚动轴承 6012　GB/T 276

轴承代号	尺寸			轴承代号	尺寸		
	d	D	B		d	D	B
01 尺寸系列				02 尺寸系列			
6000	10	26	8	6200	10	30	9
6001	12	28	8	6201	12	32	10
6002	15	32	9	6202	15	35	11
6003	17	35	10	6203	17	40	12
6004	20	42	12	6204	20	47	14
6005	25	47	12	6205	25	52	15
6006	30	55	13	6206	30	62	16
6007	35	62	14	6207	35	72	17
6008	40	68	15	6208	40	80	18
6009	45	75	16	6209	45	85	19
6010	50	80	16	6210	50	90	20
6011	55	90	18	6211	55	100	21
6012	60	95	18	6212	60	110	22
6013	65	100	18	6213	65	120	23
6014	70	110	20	6214	70	125	24
6015	75	115	20				

（续）

轴承代号	尺寸			轴承代号	尺寸		
	d	D	B		d	D	B
03 尺寸系列				04 尺寸系列			
6300	10	35	11	6403	17	62	17
6301	12	37	12	6404	20	72	19
6302	15	42	13	6405	25	80	21
6303	17	47	14	6406	30	90	23
6304	20	52	15	6407	35	100	25
6305	25	62	17	6408	40	110	27
6306	30	72	19	6409	45	120	29
6307	35	80	21	6410	50	130	31
6308	40	90	23	6411	55	140	33
6309	45	100	25	6412	60	150	35
6310	50	110	27	6413	65	160	37
6311	55	120	29	6414	70	180	42
6312	60	130	31	6415	75	190	45
6312	65	140	33	6416	80	200	48
6314	70	150	35	6417	85	210	52
6315	75	160	37				

表 B-10 圆锥滚子轴承（摘自 GB/T 297—2015）   （单位：mm）

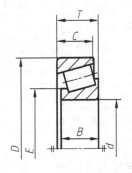

30000 型

标记示例
滚动轴承 30205 GB/T 297

（续）

轴承代号	尺寸						轴承代号	尺寸					
	d	D	T	B	C	E		d	D	T	B	C	E
02 系列							22 尺寸系列						
30204	20	47	15.25	14	12	37.3	32206	30	62	21.25	20	17	4.0
30205	25	52	16.25	15	13	41.1	32207	35	72	24.25	23	19	57
30206	30	62	17.25	16	14	49.9	32208	40	80	24.75	23	19	64.7
30207	35	72	18.25	17	15	58.8	32209	45	85	24.75	23	19	69.6
30208	40	80	19.75	18	16	65.7	32210	50	90	24.75	23	19	74.2
30209	45	85	20.75	19	16	70.4	32211	55	100	26.75	25	21	82.8
30210	50	90	21.75	20	17	75	32212	60	110	29.75	28	24	90.2
30211	55	100	22.75	21	18	84.1	32213	65	120	32.75	31	27	99.4
30212	60	110	23.75	22	19	91.8	32214	70	125	33.25	31	27	103.7
30213	65	120	24.75	23	20	101.9	32215	75	130	33.25	31	27	108.9
30214	70	125	26.25	24	21	105.7	32216	80	140	35.25	33	28	117.4
30215	75	130	27.25	25	22	110.4	32217	85	150	38.5	36	30	124.9
30216	80	140	28.25	26	22	119.1	32218	90	160	42.5	40	34	132.6
30217	85	150	30.5	28	24	126.6	32219	95	170	45.5	43	37	140.2
30218	90	160	32.5	30	26	134.9	32220	100	180	49	46	39	148.1
03 系列							23 尺寸系列 20						
30304	20	52	16.25	15	13	41.3	32304	20	52	22.25	21	18	39.5
30305	25	62	18.25	17	15	50.6	32305	25	62	25.25	24	20	48.6
30306	30	72	20.75	19	16	58.2	32306	30	72	28.75	27	23	55.7
30307	35	80	22.75	21	18	65.7	32307	35	80	32.75	31	25	62.8
30308	40	90	25.25	23	20	72.7	32308	40	90	35.25	33	27	69.2
30309	45	100	27.25	25	22	81.7	32309	45	100	38.25	36	30	78.3
30310	50	110	29.25	27	23	90.6	32310	50	110	42.25	40	33	86.2
30311	55	120	31.5	29	25	99.1	32311	55	120	45.5	43	35	94.3
30312	60	130	33.5	31	26	107.7	32312	60	130	48.5	46	37	102.9
30313	65	140	36	33	28	116.8	32313	65	140	51	48	39	111.7
30314	70	150	38	35	30	125.2	32314	70	150	54	51	42	119.7
30315	75	160	40	37	31	134	32315	75	160	58	55	45	127.8
30316	80	170	42.5	39	33	143.1	32316	80	170	61.5	58	48	136.5
30317	85	180	44.5	41	34	150.4	32317	85	180	63.5	60	49	144.2
30318	90	190	46.5	43	36	159	32318	90	190	67.5	64	53	151.7

附录 C 极限与配合

表 C-1 常用及优先用途轴的极限偏差

基本尺寸/mm		常用及优先公差带(带圈者为优先公差带)/μm												
		a	b		c			d				e		
大于	至	11	11	12	9	10	⑪	8	⑨	10	11	7	8	9
—	3	−270 −330	−140 −200	−140 −240	−60 −85	−60 −100	−60 −120	−20 −34	−20 −45	−20 −60	−20 −80	−14 −24	−14 −28	−14 −39
3	6	−270 −345	−140 −215	−140 −260	−70 −100	−70 −118	−70 −145	−30 −48	−30 −60	−30 −78	−30 −105	−20 −32	−20 −38	−20 −50
6	10	−280 −370	−150 −240	−150 −300	−80 −116	−80 −138	−80 −170	−40 −62	−40 −76	−40 −98	−40 −130	−25 −40	−25 −47	−25 −61
10	14	−290 −400	−150 −260	−150 −330	−95 −138	−95 −165	−95 −205	−50 −77	−50 −93	−50 −120	−50 −160	−32 −50	−32 −59	−32 −75
14	18													
18	24	−300 −430	−160 −290	−160 −370	−110 −162	−110 −194	−110 −240	−65 −98	−65 −117	−65 −149	−65 −195	−40 −61	−40 −73	−40 −92
24	30													
30	40	−310 −470	−170 −330	−170 −420	−120 −182	−120 −220	−120 −280	−80 −119	−80 −142	−80 −180	−80 −240	−50 −75	−50 −89	−50 −112
40	50	−320 −480	−180 −340	−180 −430	−130 −192	−130 −230	−130 −290							
50	65	−340 −530	−190 −380	−190 −490	−140 −214	−140 −260	−140 −330	−100 −146	−100 −174	−100 −220	−100 −290	−60 −90	−60 −106	−60 −134
65	80	−360 −550	−200 −390	−200 −500	−150 −224	−150 −270	−150 −340							
80	100	−380 −600	−200 −440	−220 −570	−170 −257	−170 −310	−170 −390	−120 −174	−120 −207	−120 −260	−120 −340	−72 −107	−72 −126	−72 −159
100	120	−410 −630	−240 −460	−240 −590	−180 −267	−180 −320	−180 −400							
120	140	−460 −710	−260 −510	−260 −660	−200 −300	−200 −360	−200 −450	−145 −208	−145 −245	−145 −305	−145 −395	−85 −125	−85 −148	−85 −185
140	160	−520 −770	−280 −530	−280 −680	−210 −310	−210 −370	−210 −460							
160	180	−580 −830	−310 −560	−310 −710	−230 −330	−230 −390	−230 −480							
180	200	−660 −950	−340 −630	−340 −800	−240 −355	−240 −425	−240 −530	−170 −242	−170 −285	−170 −355	−170 −460	−100 −146	−100 −172	−100 −215
200	225	−740 −1030	−380 −670	−380 −840	−260 −375	−260 −445	−260 −550							
225	250	−820 −1110	−420 −710	−420 −880	−280 −395	−280 −465	−280 −570							
250	280	−920 −1240	−480 −800	−480 −1000	−300 −430	−300 −510	−300 −620	−190 −271	−190 −320	−190 −400	−190 −510	−110 −162	−110 −191	−110 −240
280	315	−1050 −1370	−540 −860	−540 −1060	−330 −460	−330 −540	−330 −650							
315	355	−1200 −1560	−600 −960	−600 −1170	−360 −500	−360 −590	−360 −720	−210 −299	−210 −350	−210 −440	−210 −570	−125 −182	−125 −214	−125 −265
355	400	−1350 −1710	−680 −1040	−680 −1250	−400 −540	−400 −630	−400 −760							
400	450	−1500 −1900	−760 −1160	−760 −1390	−440 −595	−440 −690	−440 −840	−230 −327	−230 −385	−230 −480	−230 −630	−135 −198	−135 −232	−135 −290
450	500	−1650 −2050	−840 −1240	−840 −1470	−480 −635	−480 −730	−480 −880							

基本尺寸/mm		常用及优先公差带															
		f					g			h							
大于	至	5	6	⑦	8	9	5	⑥	7	5	⑥	⑦	8	⑨	10	⑪	12
—	3	-6	-6	-6	-6	-6	-2	-2	-2	0	0	0	0	0	0	0	0
		-10	-12	-16	-20	-31	-6	-8	-12	-4	-6	-10	-14	-25	-40	-60	-100
3	6	-10	-10	-10	-10	-10	-4	-4	-4	0	0	0	0	0	0	0	0
		-15	-18	-22	-28	-40	-9	-12	-16	-5	-8	-12	-18	-30	-48	-75	-120
6	10	-13	-13	-13	-13	-13	-5	-5	-5	0	0	0	0	0	0	0	0
		-19	-22	-28	-35	-49	-11	-14	-20	-6	-9	-15	-22	-36	-58	-90	-150
10	14	-16	-16	-16	-16	-16	-6	-6	-6	0	0	0	0	0	0	0	0
14	18	-24	-27	-34	-43	-59	-14	-17	-24	-8	-11	-18	-27	-43	-70	-110	-180
18	24	-20	-20	-20	-20	-20	-7	-7	-7	0	0	0	0	0	0	0	0
24	30	-29	-33	-41	-53	-72	-16	-20	-28	-9	-13	-21	-33	-52	-84	-130	-210
30	40	-25	-25	-25	-25	-25	-9	-9	-9	0	0	0	0	0	0	0	0
40	50	-36	-41	-50	-64	-87	-20	-25	-34	-11	-16	-25	-39	-62	-100	-160	-250
50	65	-30	-30	-30	-30	-30	-10	-10	-10	0	0	0	0	0	0	0	0
65	80	-43	-49	-60	-76	-104	-23	-29	-40	-13	-19	-30	-46	-74	-120	-190	-300
80	100	-36	-36	-36	-36	-36	-12	-12	-12	0	0	0	0	0	0	0	0
100	120	-51	-58	-71	-90	-123	-27	-34	-47	-15	-22	-35	-54	-87	-140	-220	-350
120	140																
140	160	-43	-43	-43	-43	-43	-14	-14	-14	0	0	0	0	0	0	0	0
		-61	-68	-83	-106	-143	-32	-39	-54	-18	-25	-40	-63	-100	-160	-250	-400
160	180																
180	200																
200	225	-50	-50	-50	-50	-50	-15	-15	-15	0	0	0	0	0	0	0	0
		-70	-79	-96	-122	-165	-35	-44	-61	-20	-29	-46	-72	-115	-185	-290	-460
225	250																
250	280	-56	-56	-56	-56	-56	-17	-17	-17	0	0	0	0	0	0	0	0
280	315	-79	-88	-108	-137	-186	-40	-49	-69	-23	-32	-52	-81	-130	-210	-320	-520
315	355	-62	-62	-62	-62	-62	-18	-18	-18	0	0	0	0	0	0	0	0
355	400	-87	-98	-119	-151	-202	-43	-54	-75	-25	-36	-57	-89	-140	-230	-360	-570
400	450	-68	-68	-68	-68	-68	-20	-20	-20	0	0	0	0	0	0	0	0
450	500	-95	-108	-131	-165	-223	-47	-60	-83	-27	-40	-63	-97	-155	-250	-400	-630

（带圈者为优先公差带）/μm

js			k			m			n			p		
5	6	7	5	⑥	7	5	6	7	5	⑥	7	5	⑥	7
±2	±3	±5	+4 0	+6 0	+10 0	+6 +2	+8 +2	+12 +2	+8 +4	+10 +4	+14 +4	+10 +6	+12 +6	+16 +6
±2.5	±4	±6	+6 +1	+9 +1	+13 +1	+9 +4	+12 +4	+16 +4	+13 +8	+16 +8	+20 +8	+17 +12	+20 +12	+24 +12
±3	±4.5	±7	+7 +1	+10 +1	+16 +1	+12 +6	+15 +6	+21 +6	+16 +10	+19 +10	+25 +10	+21 +15	+24 +15	+30 +15
±4	±5.5	±9	+9 +1	+12 +1	+19 +1	+15 +7	+18 +7	+25 +7	+20 +12	+23 +12	+30 +12	+26 +18	+29 +18	+36 +18
±4.5	±6.5	±10	+11 +2	+15 +2	+23 +2	+17 +8	+21 +8	+29 +8	+24 +15	+28 +15	+36 +15	+31 +22	+35 +22	+43 +22
±5.5	±8	±12	+13 +2	+18 +2	+27 +2	+20 +9	+25 +9	+34 +9	+28 +17	+33 +17	+42 +17	+37 +26	+42 +26	+51 +26
±6.5	±9.5	±15	+15 +2	+21 +2	+32 +2	+24 +11	+30 +11	+41 +11	+33 +20	+39 +20	+50 +20	+45 +32	+51 +32	+62 +32
±7.5	±11	±17	+18 +3	+25 +3	+38 +3	+28 +13	+35 +13	+48 +13	+38 +23	+45 +23	+58 +23	+52 +37	+59 +37	+72 +37
±9	±12.5	±20	+21 +3	+28 +3	+43 +3	+33 +15	+40 +15	+55 +15	+45 +27	+52 +27	+67 +27	+61 +43	+68 +43	+83 +43
±10	±14.5	±23	+24 +4	+33 +4	+50 +4	+37 +17	+46 +17	+63 +17	+54 +31	+60 +31	+77 +31	+70 +50	+79 +50	+96 +50
±11.5	±16	±26	+27 +4	+36 +4	+56 +4	+43 +20	+52 +20	+72 +20	+57 +34	+66 +34	+86 +34	+79 +56	+88 +56	+108 +56
±12.5	±18	±28	+29 +4	+40 +4	+61 +4	+46 +21	+57 +21	+78 +21	+62 +37	+73 +37	+94 +37	+87 +62	+98 +62	+119 +62
±13.5	±20	±31	+32 +5	+45 +5	+68 +5	+50 +23	+63 +23	+86 +23	+67 +40	+80 +40	+103 +40	+95 +68	+108 +68	+131 +68

（续）

基本尺寸/mm		常用及优先公差带(带圈者为优先公差带)/μm														
		r			s			t			u		v	x	y	z
大于	至	5	6	7	5	⑥	7	5	6	7	⑥	7	6	6	6	6
—	3	+14 +10	+16 +10	+20 +10	+18 +14	+20 +14	+24 +14	—	—	—	+24 +18	+28 +18	—	+26 +20	—	+32 +26
3	6	+20 +15	+23 +15	+27 +15	+24 +19	+27 +19	+31 +19	—	—	—	+31 +23	+35 +23	—	+36 +28	—	+43 +35
6	10	+25 +19	+28 +19	+34 +19	+29 +23	+32 +23	+38 +23	—	—	—	+37 +28	+43 +28	—	+43 +34	—	+51 +42
10	14	+31 +23	+34 +23	+41 +23	+36 +28	+39 +28	+46 +28				+44 +33	+51 +33	—	+51 +40	—	+61 +50
14	18	+31 +23	+34 +23	+41 +23	+36 +28	+39 +28	+46 +28				+44 +33	+51 +33	+50 +39	+56 +45	—	+71 +60
18	24	+37 +28	+41 +28	+49 +28	+44 +35	+48 +35	+56 +35	—	—	—	+54 +41	+62 +41	+60 +47	+67 +54	+76 +63	+86 +73
24	30	+37 +28	+41 +28	+49 +28	+44 +35	+48 +35	+56 +35	+50 +41	+54 +41	+62 +41	+61 +43	+69 +48	+68 +55	+77 +64	+88 +75	+101 +88
30	40	+45 +34	+50 +34	+59 +34	+54 +43	+59 +43	+68 +43	+59 +48	+64 +48	+73 +48	+76 +60	+85 +60	+84 +68	+96 +80	+110 +94	+128 +112
40	50	+45 +34	+50 +34	+59 +34	+54 +43	+59 +43	+68 +43	+65 +54	+70 +54	+79 +54	+86 +70	+95 +70	+97 +81	+113 +97	+130 +114	+152 +136
50	65	+54 +41	+60 +41	+71 +41	+66 +53	+72 +53	+83 +53	+79 +66	+85 +66	+96 +66	+106 +87	+117 +87	+121 +102	+141 +122	+163 +144	+191 +172
65	80	+56 +43	+62 +43	+73 +43	+72 +59	+78 +59	+89 +59	+88 +75	+94 +75	+105 +75	+121 +102	+132 +102	+139 +120	+165 +146	+193 +174	+229 +210
80	100	+66 +51	+73 +51	+86 +51	+86 +71	+93 +71	+106 +71	+106 +91	+113 +91	+126 +91	+146 +124	+159 +124	+168 +146	+200 +178	+236 +214	+280 +258
100	120	+69 +54	+76 +54	+89 +54	+94 +79	+101 +79	+114 +79	+110 +104	+126 +104	+136 +104	+166 +144	+179 +144	+194 +172	+232 +210	+276 +254	+332 +310
120	140	+81 +63	+88 +63	+103 +63	+110 +92	+117 +92	+132 +92	+140 +122	+147 +122	+162 +122	+195 +170	+210 +170	+227 +202	+273 +248	+325 +300	+390 +365
140	160	+83 +65	+90 +65	+105 +65	+118 +100	+125 +100	+140 +100	+152 +134	+159 +134	+174 +134	+215 +190	+230 +190	+253 +228	+305 +280	+365 +340	+440 +415
160	180	+86 +68	+93 +68	+108 +68	+126 +108	+133 +108	+148 +108	+164 +146	+171 +146	+186 +146	+235 +210	+250 +210	+277 +252	+335 +310	+405 +380	+490 +465
180	200	+97 +77	+106 +77	+123 +77	+142 +122	+151 +122	+168 +122	+186 +166	+195 +166	+212 +166	+265 +236	+282 +236	+313 +284	+379 +350	+454 +425	+549 +520
200	225	+100 +80	+109 +80	+126 +80	+150 +130	+159 +130	+176 +130	+200 +180	+209 +180	+226 +180	+287 +258	+304 +258	+339 +310	+414 +385	+499 +470	+604 +575
225	250	+104 +84	+113 +84	+130 +84	+160 +140	+169 +140	+186 +140	+216 +196	+225 +196	+242 +196	+313 +284	+330 +284	+369 +340	+454 +425	+549 +520	+669 +640
250	280	+117 +94	+126 +94	+146 +94	+181 +158	+190 +158	+210 +158	+241 +218	+250 +218	+270 +218	+347 +315	+367 +315	+417 +385	+507 +475	+612 +580	+742 +710
280	315	+121 +98	+130 +98	+150 +98	+193 +170	+202 +170	+222 +170	+263 +240	+272 +240	+292 +240	+382 +350	+402 +350	+457 +425	+557 +525	+682 +650	+822 +790
315	355	+133 +108	+144 +108	+165 +108	+215 +190	+226 +190	+247 +190	+293 +268	+304 +268	+325 +268	+426 +390	+447 +390	+511 +475	+626 +590	+766 +730	+936 +900
355	400	+139 +114	+150 +114	+171 +114	+233 +208	+244 +208	+265 +208	+319 +294	+330 +294	+351 +294	+471 +435	+492 +435	+566 +530	+696 +660	+856 +820	+1036 +1000
400	450	+153 +126	+166 +126	+189 +126	+259 +232	+272 +232	+295 +232	+357 +330	+370 +330	+393 +330	+530 +490	+553 +490	+635 +595	+780 +740	+960 +920	+1140 +1100
450	500	+159 +132	+172 +132	+195 +132	+279 +252	+292 +252	+315 +252	+387 +360	+400 +360	+423 +360	+580 +540	+603 +540	+700 +660	+860 +820	+1040 +1000	+1290 +1250

表 C-2　常用及优先用途孔的极限偏差

常用及优先公差带(带圈者为优先公差带)/μm

公称尺寸/mm 大于	至	A 11	B 11	B 12	C ⑪	D 8	D ⑨	D 10	D 11	E 8	E 9	F 6	F 7	F ⑧	F 9
—	3	+330 / +270	+200 / +140	+240 / +140	+120 / +60	+34 / +20	+45 / +20	+60 / +20	+80 / +20	+28 / +14	+39 / +14	+12 / +6	+16 / +6	+20 / +6	+31 / +6
3	6	+345 / +270	+215 / +140	+260 / +140	+145 / +70	+48 / +30	+60 / +30	+78 / +30	+105 / +30	+38 / +20	+50 / +20	+18 / +10	+22 / +10	+28 / +10	+40 / +10
6	10	+370 / +280	+240 / +150	+300 / +150	+170 / +80	+62 / +40	+76 / +40	+98 / +40	+130 / +40	+47 / +25	+61 / +25	+22 / +13	+28 / +13	+35 / +13	+49 / +13
10	14	+400 / +290	+260 / +150	+330 / +150	+205 / +95	+77 / +50	+93 / +50	+120 / +50	+160 / +50	+59 / +32	+75 / +32	+27 / +16	+34 / +16	+43 / +16	+59 / +16
14	18	+400 / +290	+260 / +150	+330 / +150	+205 / +95	+77 / +50	+93 / +50	+120 / +50	+160 / +50	+59 / +32	+75 / +32	+27 / +16	+34 / +16	+43 / +16	+59 / +16
18	24	+430 / +300	+290 / +160	+370 / +160	+240 / +110	+98 / +65	+117 / +65	+149 / +65	+195 / +65	+73 / +40	+92 / +40	+33 / +20	+41 / +20	+53 / +20	+72 / +20
24	30	+430 / +300	+290 / +160	+370 / +160	+240 / +110	+98 / +65	+117 / +65	+149 / +65	+195 / +65	+73 / +40	+92 / +40	+33 / +20	+41 / +20	+53 / +20	+72 / +20
30	40	+470 / +310	+330 / +170	+420 / +170	+280 / +120	+119 / +80	+142 / +80	+180 / +80	+240 / +80	+89 / +50	+112 / +50	+41 / +25	+50 / +25	+64 / +25	+87 / +25
40	50	+480 / +320	+340 / +180	+430 / +180	+290 / +130	+119 / +80	+142 / +80	+180 / +80	+240 / +80	+89 / +50	+112 / +50	+41 / +25	+50 / +25	+64 / +25	+87 / +25
50	65	+530 / +340	+380 / +190	+490 / +190	+330 / +140	+146 / +100	+170 / +100	+220 / +100	+290 / +100	+106 / +60	+134 / +60	+49 / +30	+60 / +30	+76 / +30	+104 / +30
65	80	+550 / +360	+390 / +200	+500 / +200	+340 / +150	+146 / +100	+170 / +100	+220 / +100	+290 / +100	+106 / +60	+134 / +60	+49 / +30	+60 / +30	+76 / +30	+104 / +30
80	100	+600 / +380	+440 / +220	+570 / +220	+390 / +170	+174 / +120	+207 / +120	+260 / +120	+340 / +120	+126 / +72	+159 / +72	+58 / +36	+71 / +36	+90 / +36	+123 / +36
100	120	+630 / +410	+460 / +240	+590 / +240	+400 / +180	+174 / +120	+207 / +120	+260 / +120	+340 / +120	+126 / +72	+159 / +72	+58 / +36	+71 / +36	+90 / +36	+123 / +36
120	140	+710 / +460	+510 / +260	+660 / +260	+450 / +200	+208 / +145	+245 / +145	+305 / +145	+395 / +145	+148 / +85	+185 / +85	+68 / +43	+83 / +43	+106 / +43	+143 / +43
140	160	+770 / +520	+530 / +280	+680 / +280	+460 / +210	+208 / +145	+245 / +145	+305 / +145	+395 / +145	+148 / +85	+185 / +85	+68 / +43	+83 / +43	+106 / +43	+143 / +43
160	180	+830 / +580	+560 / +310	+710 / +310	+480 / +230	+208 / +145	+245 / +145	+305 / +145	+395 / +145	+148 / +85	+185 / +85	+68 / +43	+83 / +43	+106 / +43	+143 / +43
180	200	+950 / +660	+630 / +340	+800 / +340	+530 / +240	+242 / +170	+285 / +170	+355 / +170	+460 / +170	+172 / +100	+215 / +100	+79 / +50	+96 / +50	+122 / +50	+165 / +50
200	225	+1030 / +740	+670 / +380	+840 / +380	+550 / +260	+242 / +170	+285 / +170	+355 / +170	+460 / +170	+172 / +100	+215 / +100	+79 / +50	+96 / +50	+122 / +50	+165 / +50
225	250	+1110 / +820	+710 / +420	+880 / +420	+570 / +280	+242 / +170	+285 / +170	+355 / +170	+460 / +170	+172 / +100	+215 / +100	+79 / +50	+96 / +50	+122 / +50	+165 / +50
250	280	+1240 / +920	+800 / +480	+1000 / +480	+620 / +300	+271 / +190	+320 / +190	+400 / +190	+510 / +190	+191 / +110	+240 / +110	+88 / +56	+108 / +56	+137 / +56	+186 / +56
280	315	+1370 / +1050	+860 / +540	+1060 / +540	+650 / +330	+271 / +190	+320 / +190	+400 / +190	+510 / +190	+191 / +110	+240 / +110	+88 / +56	+108 / +56	+137 / +56	+186 / +56
315	355	+1560 / +1200	+960 / +600	+1170 / +600	+720 / +360	+299 / +210	+350 / +210	+440 / +210	+570 / +210	+214 / +125	+265 / +125	+98 / +62	+119 / +62	+151 / +62	+202 / +62
355	400	+1710 / +1350	+1040 / +680	+1250 / +680	+760 / +400	+299 / +210	+350 / +210	+440 / +210	+570 / +210	+214 / +125	+265 / +125	+98 / +62	+119 / +62	+151 / +62	+202 / +62
400	450	+1900 / +1500	+1160 / +760	+1390 / +760	+840 / +440	+327 / +230	+385 / +230	+480 / +230	+630 / +230	+232 / +135	+290 / +135	+108 / +68	+131 / +68	+165 / +68	+223 / +68
450	500	+2050 / +1650	+1240 / +840	+1470 / +840	+880 / +480	+327 / +230	+385 / +230	+480 / +230	+630 / +230	+232 / +135	+290 / +135	+108 / +68	+131 / +68	+165 / +68	+223 / +68

公称尺寸 /mm		常用及优先公差带																	
		G		H							Js			K			M		
大于	至	6	⑦	6	⑦	⑧	⑨	10	⑪	12	6	7	8	6	⑦	8	6	7	8
—	3	+8 / +2	+12 / +2	+6 / 0	+10 / 0	+14 / 0	+25 / 0	+40 / 0	+60 / 0	+100 / 0	±3	±5	±7	0 / −6	0 / −10	0 / −11	−2 / −8	−2 / −12	−2 / −16
3	6	+12 / +4	+16 / +4	+8 / 0	+12 / 0	+18 / 0	+30 / 0	+48 / 0	+75 / 0	+120 / 0	±4	±6	±9	+2 / −6	+3 / −9	+5 / −13	−1 / −9	0 / −12	+2 / −16
6	10	+14 / +5	+20 / +5	+9 / 0	+15 / 0	+22 / 0	+36 / 0	+58 / 0	+90 / 0	+150 / 0	±4.5	±7	±11	+2 / −7	+5 / −10	+6 / −16	−3 / −12	0 / −15	+1 / −21
10	14	+17 / +6	+24 / +6	+11 / 0	+18 / 0	+27 / 0	+43 / 0	+70 / 0	+110 / 0	+180 / 0	±5.5	±9	±13	+2 / −9	+6 / −12	+8 / −19	−4 / −15	0 / −18	+2 / −25
14	18	+17 / +6	+24 / +6	+11 / 0	+18 / 0	+27 / 0	+43 / 0	+70 / 0	+110 / 0	+180 / 0	±5.5	±9	±13	+2 / −9	+6 / −12	+8 / −19	−4 / −15	0 / −18	+2 / −25
18	24	+20 / +7	+28 / +7	+13 / 0	+21 / 0	+33 / 0	+52 / 0	+84 / 0	+130 / 0	+210 / 0	±6.5	±10	±16	+2 / −11	+6 / −15	+10 / −23	−4 / −17	0 / −21	+4 / −29
24	30	+20 / +7	+28 / +7	+13 / 0	+21 / 0	+33 / 0	+52 / 0	+84 / 0	+130 / 0	+210 / 0	±6.5	±10	±16	+2 / −11	+6 / −15	+10 / −23	−4 / −17	0 / −21	+4 / −29
30	40	+25 / +9	+34 / +9	+16 / 0	+25 / 0	+39 / 0	+62 / 0	+100 / 0	+160 / 0	+250 / 0	±8	±12	±19	+3 / −13	+7 / −18	+12 / −27	−4 / −20	0 / −25	+5 / −34
40	50	+25 / +9	+34 / +9	+16 / 0	+25 / 0	+39 / 0	+62 / 0	+100 / 0	+160 / 0	+250 / 0	±8	±12	±19	+3 / −13	+7 / −18	+12 / −27	−4 / −20	0 / −25	+5 / −34
50	65	+29 / +10	+40 / +10	+19 / 0	+30 / 0	+46 / 0	+74 / 0	+120 / 0	+190 / 0	+300 / 0	±9.5	±15	±23	+4 / −15	+9 / −21	+14 / −32	−5 / −24	0 / −30	+5 / −41
65	80	+29 / +10	+40 / +10	+19 / 0	+30 / 0	+46 / 0	+74 / 0	+120 / 0	+190 / 0	+300 / 0	±9.5	±15	±23	+4 / −15	+9 / −21	+14 / −32	−5 / −24	0 / −30	+5 / −41
80	100	+34 / +12	+47 / +12	+22 / 0	+35 / 0	+54 / 0	+87 / 0	+140 / 0	+220 / 0	+350 / 0	±11	±17	±27	+4 / −18	+10 / −25	+16 / −38	−6 / −28	0 / −35	+6 / −48
100	120	+34 / +12	+47 / +12	+22 / 0	+35 / 0	+54 / 0	+87 / 0	+140 / 0	+220 / 0	+350 / 0	±11	±17	±27	+4 / −18	+10 / −25	+16 / −38	−6 / −28	0 / −35	+6 / −48
120	140	+39 / +14	+54 / +14	+25 / 0	+40 / 0	+63 / 0	+100 / 0	+160 / 0	+250 / 0	+400 / 0	±12.5	±20	±31	+4 / −21	+12 / −28	+20 / −43	−8 / −33	0 / −40	+8 / −55
140	160	+39 / +14	+54 / +14	+25 / 0	+40 / 0	+63 / 0	+100 / 0	+160 / 0	+250 / 0	+400 / 0	±12.5	±20	±31	+4 / −21	+12 / −28	+20 / −43	−8 / −33	0 / −40	+8 / −55
160	180	+39 / +14	+54 / +14	+25 / 0	+40 / 0	+63 / 0	+100 / 0	+160 / 0	+250 / 0	+400 / 0	±12.5	±20	±31	+4 / −21	+12 / −28	+20 / −43	−8 / −33	0 / −40	+8 / −55
180	200	+44 / +15	+61 / +15	+29 / 0	+46 / 0	+72 / 0	+115 / 0	+185 / 0	+290 / 0	+460 / 0	±14.5	±23	±36	+5 / −24	+13 / −33	+22 / −50	−8 / −37	0 / −46	+9 / −63
200	225	+44 / +15	+61 / +15	+29 / 0	+46 / 0	+72 / 0	+115 / 0	+185 / 0	+290 / 0	+460 / 0	±14.5	±23	±36	+5 / −24	+13 / −33	+22 / −50	−8 / −37	0 / −46	+9 / −63
225	250	+44 / +15	+61 / +15	+29 / 0	+46 / 0	+72 / 0	+115 / 0	+185 / 0	+290 / 0	+460 / 0	±14.5	±23	±36	+5 / −24	+13 / −33	+22 / −50	−8 / −37	0 / −46	+9 / −63
250	280	+49 / +17	+69 / +17	+32 / 0	+52 / 0	+81 / 0	+130 / 0	+210 / 0	+320 / 0	+520 / 0	±16	±26	±40	+5 / −27	+16 / −36	+25 / −56	−9 / −41	0 / −52	+9 / −72
280	315	+49 / +17	+69 / +17	+32 / 0	+52 / 0	+81 / 0	+130 / 0	+210 / 0	+320 / 0	+520 / 0	±16	±26	±40	+5 / −27	+16 / −36	+25 / −56	−9 / −41	0 / −52	+9 / −72
315	355	+54 / +18	+75 / +18	+36 / 0	+57 / 0	+89 / 0	+140 / 0	+230 / 0	+360 / 0	+570 / 0	±18	±28	±44	+7 / −29	+17 / −40	+28 / −61	−10 / −46	0 / −57	+11 / −78
355	400	+54 / +18	+75 / +18	+36 / 0	+57 / 0	+89 / 0	+140 / 0	+230 / 0	+360 / 0	+570 / 0	±18	±28	±44	+7 / −29	+17 / −40	+28 / −61	−10 / −46	0 / −57	+11 / −78
400	450	+60 / +20	+83 / +20	+40 / 0	+63 / 0	+97 / 0	+155 / 0	+250 / 0	+400 / 0	+630 / 0	±20	±31	±48	+8 / −32	+18 / −45	+29 / −68	−10 / −50	0 / −63	+11 / −86
450	500	+60 / +20	+83 / +20	+40 / 0	+63 / 0	+97 / 0	+155 / 0	+250 / 0	+400 / 0	+630 / 0	±20	±31	±48	+8 / −32	+18 / −45	+29 / −68	−10 / −50	0 / −63	+11 / −86

（续）

（带圈者为优先公差带）/μm

N			P		R		S		T		U
6	⑦	8	6	⑦	6	7	6	⑦	6	7	⑦
-4 -10	-4 -14	-4 -18	-6 -12	-6 -16	-10 -16	-10 -20	-14 -20	-14 -24	—	—	-18 -28
-5 -13	-4 -16	-2 -20	-9 -17	-8 -20	-12 -20	-11 -23	-16 -24	-15 -27	—	—	-19 -31
-7 -16	-4 -19	-3 -25	-12 -21	-9 -24	-16 -25	-13 -28	-20 -29	-17 -32	—	—	-22 -37
-9 -20	-5 -23	-3 -30	-15 -26	-11 -29	-20 -31	-16 -34	-25 -36	-21 -39	—	—	-26 -44
-11 -24	-7 -28	-3 -36	-18 -31	-14 -35	-24 -37	-20 -41	-31 -44	-27 -48	—	—	-33 -54
									-37 -50	-33 -54	-40 -61
-12 -28	-8 -33	-3 -42	-21 -37	-17 -42	-29 -45	-25 -50	-38 -54	-34 -59	-43 -59	-39 -64	-51 -76
									-49 -65	-45 -70	-61 -86
-14 -33	-9 -39	-4 -50	-26 -45	-21 -51	-35 -54	-30 -60	-47 -66	-42 -72	-60 -79	-55 -85	-76 -106
					-37 -56	-32 -62	-53 -72	-48 -78	-69 -88	-64 -94	-91 -121
-16 -38	-10 -45	-4 -58	-30 -52	-24 -59	-44 -66	-38 -73	-64 -86	-58 -93	-84 -106	-78 -113	-111 -146
					-47 -69	-41 -76	-72 -94	-66 -101	-97 -119	-91 -126	-131 -166
-20 -45	-12 -52	-4 -67	-36 -61	-28 -68	-56 -81	-48 -88	-85 -110	-77 -117	-115 -140	-107 -147	-155 -195
					-58 -83	-50 -90	-93 -118	-85 -125	-127 -152	-119 -159	-175 -215
					-61 -86	-53 -93	-101 -126	-93 -133	-139 -164	-131 -171	-195 -235
-22 -51	-14 -60	-5 -77	-41 -70	-33 -79	-68 -97	-60 -106	-113 -142	-105 -151	-157 -186	-149 -195	-219 -265
					-71 -100	-63 -109	-121 -150	-113 -159	-171 -200	-163 -209	-241 -287
					-75 -104	-67 -113	-131 -160	-123 -169	-187 -216	-179 -225	-267 -313
-25 -57	-14 -66	-5 -86	-47 -79	-36 -88	-85 -117	-74 -126	-149 -181	-138 -190	-209 -241	-198 -250	-295 -347
					-89 -121	-78 -130	-161 -193	-150 -202	-231 -263	-220 -272	-330 -382
-26 -62	-16 -73	-5 -94	-51 -87	-41 -98	-97 -133	-87 -144	-179 -215	-169 -226	-257 -293	-247 -304	-369 -426
					-103 -139	-93 -150	-197 -233	-187 -244	-283 -319	-273 -330	-414 -471
-27 -67	-17 -80	-6 -103	-55 -95	-45 -108	-113 -153	-103 -166	-219 -259	-209 -272	-317 -357	-307 -370	-467 -530
					-119 -159	-109 -172	-239 -279	-229 -292	-347 -387	-337 -400	-517 -580

参 考 文 献

［1］ 窦忠强，曹彤，等. 工业产品设计与表达 ［M］. 3 版. 北京：高等教育出版社，2016.

［2］ 大连理工大学工程图学教研室. 机械制图 ［M］. 7 版. 北京：高等教育出版社，2013.

［3］ 焦永和，林宏. 画法几何及工程制图（修订版）［M］. 北京：北京理工大学出版社，2011.

［4］ 刘朝儒，吴志军，等. 机械制图 ［M］. 5 版. 北京：高等教育出版社，2006.

［5］ 李丽，张彦娥. 现代工程制图基础 ［M］. 3 版. 北京：中国农业出版社，2014.

［6］ 刘小年，郭克希. 工程制图 ［M］. 2 版. 北京：高等教育出版社. 2010.

［7］ 天工在线. 中文版 SOLIDWORKS 2018 从入门到精通实战案例版 ［M］. 北京：中国水利水电出版社，2018.

［8］ 万静，陈平. 机械工程制图基础 ［M］. 3 版. 北京：机械工业出版社，2018.

［9］ 吴红丹，张彦娥. 机械制图与计算机绘图习题集 ［M］. 3 版. 北京：中国农业出版社，2016.

［10］ 续丹. 3D 机械制图 ［M］. 2 版. 北京：机械工业出版社，2009.

［11］ 谢军，王国顺. 现代机械制图 ［M］. 2 版. 北京：机械工业出版社，2015.

［12］ 裘文言，瞿元赏. 机械制图 ［M］. 2 版. 北京：高等教育出版社，2009.

［13］ 邢启恩. SolidWorks 2007 零件设计与案例精粹 ［M］. 北京：机械工业出版社，2007.

［14］ 唐克中，郑镁. 画法几何及工程制图 ［M］. 5 版. 北京：高等教育出版社，2017.

［15］ 张彦娥，潘白桦. 机械制图与计算机绘图 ［M］. 3 版. 北京：中国农业出版社，2016.

［16］ 邹宜侯. 机械制图习题集 ［M］. 6 版. 北京：清华大学出版社，2012.

［17］ 张洪，倪莉. 画法几何及机械制图（附习题集）［M］. 北京：中国电力出版社，2018.

［18］ 赵罘，杨晓晋，赵楠. SOLIDWORKS 2018 中文版机械设计从入门到精通 ［M］. 北京：人民邮电出版社，2018.